畜禽产品安全生产综合配套技术丛书

畜禽环境管理
关键技术

席 磊 程 璞 主编

中原农民出版社

·郑州·

图书在版编目(CIP)数据

畜禽环境管理关键技术/席磊,程璞主编.—郑州:
中原农民出版社,2015.9.
(畜禽产品安全生产综合配套技术丛书)
ISBN 978-7-5542-1296-7

Ⅰ.①畜… Ⅱ.①席… ②程… Ⅲ.①畜禽舍-环境
卫生-环境管理 Ⅳ.①S851.2

中国版本图书馆 CIP 数据核字(2015)第 220204 号

畜禽环境管理关键技术

席 磊 程 璞 主编

出版社:中原农民出版社

地址:河南省郑州市经五路 66 号　　　　**邮编**:450002

网址:http://www.zynm.com　　　　　　**电话**:0371-65788655

发行单位:全国新华书店　　　　　　　　**传真**:0371-65751257

承印单位:新乡市豫北印务有限公司

投稿邮箱:1093999369@qq.com

交流 QQ:1093999369

邮购热线:0371-65788040

开本:710mm×1010mm　 1/16

印张:19.75

字数:332 千字

版次:2016 年 8 月第 1 版　　　　　　　**印次**:2016 年 8 月第 1 次印刷

书号:ISBN 978-7-5542-1296-7　　　　　**定价**:49.00 元

本书如有印装质量问题,由承印厂负责调换

序

近年来,我国采取有力措施加快转变畜牧业发展方式,提高质量效益和竞争力,现代畜牧业建设取得明显进展。第一,转方式,调结构,畜牧业发展水平快速提升。持续推进畜禽标准化规模养殖,加快生产方式转变,深入开展畜禽养殖标准化示范创建,国家级畜禽标准化示范场累计超过 4 000 家。规模养殖水平保持快速增长。制定发布《关于促进草食畜牧业发展的意见》,加快草食畜牧业转型升级,进一步优化畜禽生产结构。第二,强质量,抓安全,努力增强市场消费信心。坚持产管结合、源头治理,严格实施饲料和生鲜乳质量安全监测计划,严厉打击饲料和生鲜乳违禁添加等违法犯罪行为。切实抓好饲料和生鲜乳质量安全监管,保障了人民群众"舌尖上的安全"。畜牧业发展坚持"创新、协调、绿色、开放、共享"发展理念,坚持保供给、保安全、保生态目标不动摇,加快转变生产方式,强化政策支持和法制保障,努力实现畜牧业在农业现代化进程中率先突破的目标任务。

随着互联网、云计算、物联网等信息技术渗透到畜牧业各个领域,越来越多的畜牧从业者开始体会到科技应用带来的巨变,并在实践中将这些先进技术运用到整条产业链中,利用传感器和软件通过移动平台或电脑平台对各环节进行控制,使传统畜牧业更具"智慧"。智慧畜牧业以互联网、云计算、物联网等技术为依托,以信息资源共享运用、信息技术高度集成为主要特征,全力发挥实时监控、视频会议、远程培训、远程诊疗、数字化生产和畜牧网上服务超市等功能,达到提升现代畜牧业智能化、装备化水平,以及提高行业产能和效率的目的。最终打造出集健康养殖、安全屠宰、无害处理、放心流通、绿色消费、追溯有源为一体的现代畜牧业发展模式。

同时,"十三五"进入全面建成小康社会的决胜阶段,保障肉蛋奶有效供给和质量安全、推动种养结合循环发展、促进养殖增收和草原增绿,任务繁重而艰巨。实现畜牧业持续稳定发展,面临着一系列亟待解决的问题:畜产品消费增速放缓使增产和增收之间矛盾突出,资源环境约束趋紧对传统养殖方式形成了巨大挑战,廉价畜产品进口冲击对提升国内畜产品竞争力提出了迫切要求,食品安全关注度提高使饲料和生鲜乳质量安全监管面临着更大的压力。

"十三五"畜牧业发展,要更加注重产业结构和组织模式优化调整,引导产业专业化分工生产,提高生产效率;要加快现代畜禽牧草种业创新,强化政策支持和科技支撑,调动育种企业积极性,形成富有活力的自主育种机制,提升产业核心竞争力;要进一步推进标准化规模养殖,促进国内养殖水平上新台阶;要积极适应经济"新常态"变化,主动做好畜产品生产消费信息监测分析,加强畜产品质量安全宣传,引导生产者立足消费需求开展生产;要按照"提质增效转方式,稳粮增收可持续"工作主线,推进供给侧结构性改革,加快转型升级,推行种养结合、绿色环保的高效生态养殖,进一步优化产业结构,完善组织模式,强化政策支持和法制保障,依靠创新驱动,不断提升综合生产能力、市场竞争能力和可持续发展能力,加快推进现代畜牧业建设;要充分发挥畜牧业带动能力强、增收见效快的优势,加快贫困地区特色畜牧业发展,促进精准扶贫、精准脱贫。

由张晓根教授组织编写的《畜禽产品安全生产综合配套技术丛书》涵盖了畜禽产品质量、生产、安全评价与检测技术,畜禽生产环境控制,畜禽场废弃物有效控制与综合利用,兽药规范化生产与合理使用,安全环保型饲料生产,饲料添加剂与高效利用技术,畜禽标准化健康养殖,畜禽疫病预警、诊断与综合防控等方面的内容。

丛书适应新阶段新形势的要求,总结经验,勇于创新。除了进一步激发养殖业科技人员总结在实践中的创新经验外,无疑将对畜牧业从业者培训,促进产业转型发展,促进畜牧业在农业现代化进程中率先取得突破,起到强有力的推动作用。

中国工程院院士

2016 年 6 月

目 录

绪 论…………………………………………………………………………… 1

第一章　畜禽温热环境管理关键技术……………………………………… 9

　　第一节　畜禽舍温度管理技术 …………………………………… 10

　　第二节　畜禽舍湿度管理技术 …………………………………… 56

第二章　畜禽舍光声环境管理关键技术…………………………………… 94

　　第一节　光环境管理技术 ………………………………………… 95

　　第二节　声环境管理技术 ………………………………………… 124

第三章　畜禽舍空气质量管理关键技术…………………………………… 128

　　第一节　畜禽舍内有害气体及其控制技术 …………………… 129

　　第二节　畜禽舍内空气中微粒控制技术 ……………………… 142

　　第三节　畜禽舍内空气中微生物控制技术 …………………… 152

第四章　畜禽舍内环境卫生管理关键技术………………………………… 158

　　第一节　舍内环境卫生管理 ……………………………………… 159

　　第二节　生产用具卫生管理 ……………………………………… 182

　　第三节　畜禽体卫生管理 ………………………………………… 183

　　第四节　人员卫生管理 …………………………………………… 186

第五章　畜禽行为与福利环境管理关键技术……………………………… 190

　　第一节　动物福利 ………………………………………………… 191

　　第二节　生产管理与畜禽行为 …………………………………… 195

第六章　畜禽场环境防疫管理关键技术…………………………………… 220

　　第一节　畜禽场环境消毒技术 …………………………………… 221

　　第二节　畜禽场废弃物的处理与利用 …………………………… 236

　　第三节　畜禽场环境监测与评价 ………………………………… 261

　　第四节　畜禽场绿化 ……………………………………………… 277

第五节　畜禽场灭鼠灭虫 …………………………………………… 281

第七章　畜禽场规划与设计关键技术 ……………………………… 286

第一节　畜禽场场址选择 …………………………………………… 287

第二节　畜禽场工艺设计 …………………………………………… 292

第三节　畜禽场分区规划与布局 …………………………………… 300

第四节　畜禽场的配套设施 ………………………………………… 305

主要参考文献 ………………………………………………………… 307

绪　　论

　　畜禽的生长发育和生产活动等生命活动都和环境密切相关,适宜的外界环境条件,才能使一切生命活动得以继续。畜禽的一切生命活动现象是畜禽对环境因素的一种应答,是畜禽与环境相互保持动态平衡的一种反映。畜禽长期在与环境相互适应的进化过程中,形成了一系列特有的生活习性、生理功能和体形结构。畜禽和环境之间是相互作用的,畜禽既是环境的依赖者,也是影响者。本章主要阐述了畜禽环境的概念、畜禽环境管理的含义、现代畜牧业的特点与面临的环境问题、畜禽环境管理技术的主要内容和发展趋势等相关方面的内容。

一、畜禽环境的概念

环境是指某一特定生物体或生物群体以外的空间,以及直接或间接影响该生物体或群体生存与发展的一切事物的综合。环境总是针对某一特定的主体而言,是一个相对的概念。畜禽环境是指畜禽生存的周围空间中对其有直接或间接影响的,除遗传因素外的所有影响畜禽生存、繁殖、生产、健康的各种因素的总和。畜禽环境也可分为内部环境、外界环境。内部环境是指畜禽机体内一切与生存有关的物理、化学及生物因素,几个组织、器官进行物质和能量代谢的环境。而外界环境则是指畜禽体外部与畜禽有直接或间接关系的环境。狭义的环境就是指外界环境,也是本书将要阐述的内容。

1. 环境的分类

(1)自然环境与社会环境　从人类对畜禽环境的影响程度分类,可将环境分为自然环境与社会环境。自然环境指的是自然界中存在的与畜禽有直接或间接关系的外界因素,主要包含气候因素(光照、降水量、温热等)、土地因素(土壤、地貌、地形)和生物因素(动物、植物、微生物)。自然环境在畜禽生产中受到人类的干扰,已不同于原始环境。社会环境指的是对畜禽生产、健康以及分布具有影响的人类社会活动的总和,包括人口状况、人口分布、人们的宗教信仰、风俗习惯、经济力量、消费水平、国家的法规、法律、政策、科学技术水平,畜牧场的设计、设备、管理、畜产品的加工、运输、饲养管理条件及选育方法等。

(2)生物环境与非生物环境　依据环境中有无生物因素,可将环境分为生物环境与非生物环境。所谓生物环境就是指所有与畜禽有直接或间接关系的生物因子,其主要包括植物、微生物、动物等。生物环境中一切因素都会对畜禽生存与生产性能造成一定程度的影响。例如,植物进行光合作用,合成有机物并储存能量,一方面为畜禽提供氧气与食物,另一方面植物又能调节气候条件,为畜禽提供优良的生存、生产环境。微生物不仅对畜禽产生有利的作用,而且产生有害的作用。例如,反刍动物瘤胃中微生物与单胃生物肠道中微生物不仅帮助动物消化食物,而且还可合成一部分动物所需的营养;但病原微生物可造成动物的疾病。环境中的动物会对畜禽造成影响,环境中的原生动物也会造成畜禽寄生虫病;而其他动物既是畜禽的竞争着,又是畜禽的促进者。例如,草场一定时,牛与羊就会成为竞争者;而随畜禽养殖量的增加,诸如蛋黄、动物内脏等又能为水产动物提供饲料,继而促进水产养殖业的发展。

所谓非生物环境指的是自然环境中的物理因素与化学因素,即畜禽的无机环境。物理因素主要有地势、地形、海拔、土壤、温热、光照、噪声、牧场和畜舍等。其中牧场和畜舍一般为人工因素,但是现畜禽业生产中,这一因素的形成经过了大量科学实验积累而可以安排,甚至包括畜禽舍内温湿、采暖和光照。随着畜禽品种的改变,生产力水平的提高,必须有相应的变化,继而满足畜禽的需要。物理因素看似简单,实质对畜禽生产影响最强,特别是光照和温热因素的控制,是优良畜禽品种实现全球推广应用的首要保证;化学因素主要包括空气中的氧气、二氧化碳、水、有害气体和土壤中的化学成分等,通常情况下空气中的氧气和二氧化碳组成变化不大,可是随着海拔的升高,氧的含量与分压都会下降进而危害畜禽,长期通风不良的畜禽舍都会造成这两种成分的改变。畜禽舍的有害气体有内源性和外源性两种,内源性指的是粪尿与尸体等分解生成的氨和硫化氢。而外源性指的是工业生产中排放的氮氧化合物、氟化物、硫化物等,形成酸雨危害畜禽,比如在二氧化硫的长期作用下,可使禽类的输卵管和卵巢萎缩。土壤中的化学成分是造成很多畜禽地方性缺乏症的主要原因,放牧的畜禽尤为明显。大的方面非生物环境又分为三大类:第一大类是太阳辐射,它是所有生命的基础;第二大类是一些小分子,比如气和土壤中的氧、二氧化碳、水及其他矿质元素(钾、钠、钙、磷、碳、硫等);三是气候因素,包括气温、空气湿度、气流和气压等气象因子,它们的变化都会对畜禽产生一定影响。

　　总的来说,生物圈中的一切因素,都是畜禽生存的根本,畜禽的生存离不开这些因素。畜禽环境分类可以归纳如下图所示:

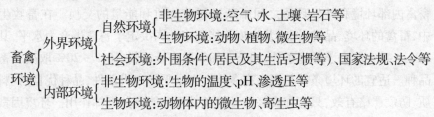

畜禽环境分类

2. 畜禽和环境之间的关系

　　环境在现代畜禽生产中起着举足轻重的作用,贯穿于畜禽生长的每个生理阶段、生理过程,甚至用于评价畜禽生产性能的各项生长指标都与环境因子息息相关。当环境变化在畜禽的适应范围之内时,畜禽可以通过自身的调节而保持适应,因而能够保持正常的生理机能和生产性能。如果环境因子的变化超出了适宜范围,机体就必须动员体内防御能力,以克服环境变化的不良影响,使机体保持体内平衡。当畜禽受到有益环境因子刺激时,可增强体质、提高抗病力,促进生长发育,最终可达到提高生产性能的目的;而当畜禽受到不良环境因子刺激时,则会阻碍其生长发育,危害健康。动物对环境刺激的反应有两种形式:一种是特异性反应,即动物对环境刺激的反应因环境因子种类的不同而异;另一种是非特异性反应,即动物对环境刺激的反应不因环境因子种类的不同而变化。动物对环境变化做出的这些反应,是动物对环境适应或不适应(包括应激)的表现,环境与畜禽的关系是适应和应激并存的。

影响畜禽外界环境的因素是非常复杂多变的,可以以变化多样的方式,经由不同的途径、单独或综合地对畜禽机体发生影响和作用。畜禽通过特有的自身调节、生物学性状的改变及遗传基础发生变化等,对环境因素做出相应的反应。这些相互作用伴随着漫长的进化过程,结果使某种动物只能生存在一定的环境中。而环境因素在某一范围内变化时,畜禽可以从行为、生理、形态、结构与遗传上发生改变,进而适应于环境因素的变化,使其生长发育、繁殖和生产性能保持最适宜的状态。可是,畜禽对外界环境因素变化的适应能力很有限,如果环境因素的变化超出了一定范围,畜禽机体所发生的变化不能承受环境改变带来的压力,会引起畜禽生理机能紊乱,生长发育、繁殖和生产性能下降,严重者发生疾病,导致死亡。所以,环境因素对畜禽影响贯穿于畜禽整个生命活动和疾病的发生、发展与死亡的全过程。

畜禽的外界环境是变化多端的,有些因素变化具有一定的规律性,例如,空气温度,随季节及时间的变化,呈现出昼暖夜凉和冬冷夏热的规律性变化。畜禽内部环境和外界环境之间不断进行着物质和能量的交换。在畜牧生产中,畜禽的环境、品种、饲料及防疫等诸因素共同决定了畜禽生产力水平,其中30%~40%取决于环境条件,40%~50%取决于饲料,10%~20%取决于畜禽品种。适宜的环境条件是提高畜禽生产力水平的先决条件,品种优良、饲料优质、防疫严格有效,只有在良好的环境条件下才能充分发挥作用。环境因素存在地区差异、四季不同、天气变化、畜舍设计或选型不当以及管理上的漏洞,往往难尽如人意,以致优良畜禽品种的遗传力不能充分发挥,营养完善的饲料不能有效转化,而疾病不仅得不到控制,还因此导致被诱发和加重。生产实践表明:集约化程度越高,环境的制约作用越大;生产场规模越大,对环境的要求也越高。

所以,良好的畜禽舍内环境对其健康和生产意义重大。科学合理的环境调控技术、生产工艺,以及运用工程手段或设施设备为畜禽创造出舒适的生存环境,是非常必要的。

畜禽与环境都具有层次性,畜禽和环境的层次关系如下图所示:

畜禽　分子—细胞—组织—器官—系统—个体—群体—种群—群落
物质　……………………………………………………………能量
环境　内部环境—畜舍环境—畜牧场环境—区域环境…………

畜禽和环境的层次系统

二、畜禽环境管理的含义

所谓畜禽环境管理,就是研究外界环境因素对畜禽作用和影响的基本规律,并且依据这些规律制订利用、保护和改造环境的管理措施,发展可持续畜牧业的科学。也就是在对畜禽本身生物学特性和行为习性的充分了解前提下,把握所有环境因素发生变化的规律和对畜禽健康、产品品质、生长发育、生产力水平与遗传潜势等的影响,寻求畜禽和环境之间物质与能量交换过程中的调控途径与方法,为改善环境与创造新环境提供科学的依据,防止畜禽和环境关系的失调,促进彼此协调发展。为畜禽创造优良的生活与生产条件,以保证畜禽健康,预防疾病,提高生产力和降低生产成本,防止畜产公害,保障人类健康,充分发挥畜禽的利用价值,不仅可以安全高效地生产优质无污染畜禽产品和提高畜牧业经济效益,而且也确保了一定的动物福利条件,同时也对畜禽生产中产生的粪、尿、污水和噪声等污染物进行控制与处理,从而保护自然环境,满足人民生活和国内外市场对优质畜禽产品日益增长的需要,真正从环境上做到畜牧业生产的可持续发展。

畜禽舍环境控制管理是实现畜牧业集约化与现代化的首要条件,全自动智能环境控制系统通过相关环境参数的设定和设备自动调节,从而优化舍内的温度、湿度、粉尘与有害气体含量。不当的设备操作会影响畜禽的生产性能,引起疾病的流行,甚至造成大批量的死亡。现代畜禽集约化、高密度生产,使畜禽舍的环境问题成为影响畜禽生产发展的重要因素。所以,要充分保证并发挥畜禽的生产性能,畜禽舍内的环境控制管理是重中之重。

三、现代畜牧业的特点与面临的环境问题

现代畜牧业就是通过现代工业与现代科学技术去武装畜牧业,而且采用现代经济管理技术去管理畜牧业,以至达到比较合理的利用农业资源、草地资源,优化畜牧业内部产业结构,且提高抵御自然灾害能力,从而实现畜牧业的高产、稳产、优质、高效与低耗,不断提高畜禽产出率、劳动生产率和产品商品率,改善生态环境的目的。

1. 现代畜牧业可以归纳为以下几个特点：

（1）畜禽品种优良化　就是指依托现代科技手段，发展培育、优化和引进优良品种，扩大良种繁育，进而全面使用生产性能优良的畜禽品种，提高畜禽产品的质量与效益。

（2）畜禽饲养集约化　集约化经营指的是一种高投入、高产出、高效益的经营方式。就是以较高的资金、科技或劳动的投入，获取较高的产出，而且获得较大的社会效益、经济效益与环境效益的一种经营方式。

（3）生产经营产业化　就是指通过大力培育、发展畜牧龙头企业，依托现代科学合理的机制，把分散于各个环节的生产者联结成一个紧密的利益整体，从饲草饲料的种植到畜禽的繁育与养殖管理、产品的加工销售等每个环节，都实现专业化、一体化经营。

（4）防疫体系网络化　就是指通过高度重视疫情监测、预报与防治工作，进一步完善疫病控制体系，建立起能够高效运作的疫病防治网络体系，降低疫病风险，从而确保畜牧业安全发展。

（5）产品营销市场化　就是指通过坚持以市场为导向，强化现代营销意识，下大力气开拓畜禽产品市场，提高市场占有率和产品竞争力，从而使畜禽产品营销市场化。畜牧业能否快速发展，关键取决于畜禽产品有没有市场。

2. 现代畜牧业面临的环境问题

（1）畜禽舍环境控制微机化程度低　在畜牧业发达地区，利用传感器将畜禽舍内环境变化的信号传入智能调节仪，依据预先设定好的程序，智能调节仪作出判断，下达相应操作指令，电机接受指令后，调节进出风口控制板、加湿除湿、中央空气循环装置和供热装置，从而实现对畜禽环境的控制。而我国畜牧业总体上对畜禽舍环境控制微机化的普及程度相对较低，大部分中小型养殖户还停留在手工作业的基础上。

（2）畜禽环境控制设备系统化、环保化低　我国畜牧业总体上对畜禽舍环境控制设备系统化、环保化程度相对较低，大部分畜禽场使用设备落后、单一且环保化低，由于人力成本低、购买设备资金不足，导致多用手工操作代替现代化机械设备。而现代化畜禽场，为了实现畜禽环境控制便于微机操作和组织生产，将纵向通风设备、湿垫通风降温设备、换热器、热风炉供热设备、刮粪设备等成批次、系统化的开发生产，性能安全可靠，并且向环保型产品发展。

（3）畜禽养殖生态环保化意识薄弱　由于各方面原因，我国畜牧从业者大多文化程度不高、消息闭塞、思想落后，以及畜牧业大环境的原因，导致对畜禽养殖生态环保化意识薄弱。而现代畜禽场依据生态学与生态经济学原理组织畜禽生产,坚持以生态平衡为前提,以保护环境为目的,以处理粪尿为基础,以利用资源为条件,以增加产品为核心的原则,利用植物、动物、微生物相互之间的依存关系与现代生物技术,实现粪尿废水生态处理的良性循环人工生态模式,实现畜禽无污染与无废弃物生产,达到了显著的生态效益、经济效益与社会效益。

(4)畜禽业环保指标具体化、细致化程度不够　国家环境保护部制定了《畜禽养殖业污染物排放标准》,使畜禽业环境保护有了明确的执行标准。《畜禽养殖业污染防治技术规范》与《畜禽养殖污染防治管理办法》的颁布为生产者与执法者提供了行为准则。但是,由于各种原因,致使畜禽业环保指标具体化、细致化程度不够。

四、畜禽环境管理技术的主要内容

畜禽环境管理技术是一门综合性学科,它以许多基础学科如物理、化学、气象学、微生物学、生理学和病理学等为基础,又与畜禽生产学、行为学、繁殖学、生态学、遗传学、育种学、畜禽场经营管理学等密切相关,是畜牧兽医类相关专业的专业基础课。随着畜禽生产的发展,畜禽环境管理技术的研究内容也不断地更新拓展,继而出现了环境生理、环境营养、环境控制、环境污染治理等多个分支。在深度上也从单纯对生理指标和生产性能的影响,深入到对生化指标、酶的活性、内分泌激素、免疫系统以及耐热基因等方面。

畜禽环境管理技术的主要内容包括三部分:一是畜禽和环境的关系,阐述外界自然环境的组成,各环境因子的特征、相互关系和变化规律对畜禽的影响;二是畜禽环境的控制,讲述合理的规划畜禽场及正确设计畜禽舍的理论与方法,为畜禽创造相对适宜的小环境,使畜禽生产潜力得到充分发挥;三是畜禽场的环境保护,研究如何消除外界污染物对畜禽场的影响和防治畜禽场周围环境的污染,阐述畜禽场废弃物减量化、无害化、资源化合理处理利用的方法。

五、畜禽环境管理技术的发展趋势

伴随着时代的发展,人们对畜禽业的环境控制与环境保护方面提出了更新更高层次的要求,未来的几十年将是环境科学更加迅速发展的阶段,全球畜禽环境领域的发展趋势主要集中在以下几个方面。

1. 舍内空气质量研究

主要是针对集约化畜禽生产过程中过量的灰尘与有害气体浓度过高问题进行的研究。现在的研究主要有:畜禽舍内灰尘的特性研究,空气中可吸入颗粒物对畜禽健康影响的研究,畜禽舍内有害气体监测和控制技术的研究等。

2. 动物行为与福利研究

加强动物福利是社会可持续发展的迫切要求,也是现代畜禽业界的共识与共同理念。加强动物福利势必增加生产成本,怎样界定正常行为自由度是推行完整的动物福利做法的核心问题。

3. 畜禽场粪尿处理与利用技术研究

现在对畜禽粪尿的处理和利用的研究主要有两个方面:一是新鲜粪尿的处理方法;二是专用复合肥料生产。

4. 畜禽生产中的工艺定型和配套设备研究

例如,在蛋鸡饲养中,采用高密度叠层笼养系统,不但可以降低生产成本,还可以增加每平方米鸡舍的饲养量,而且环境条件良好。又例如,全封闭畜禽舍的环境自动控制系统为精准的调控畜禽舍内环境、增加饲养密度实现了可能,乳头饮水系统有效避免了水的浪费与污染,自动料槽与链式喂料系统不但很大程度地节省了人力,还实现了喂料的定时自动控制。考虑到"动物福利"及生产"福利蛋"的需要,蛋鸡笼养已经逐步在欧盟被淘汰。新近研究并被广泛应用的有地面全垫草饲养、地面垫草和漏缝地板网结合、多层复合自由活动系统3种工艺方式,并且随之开发了和各种工艺相配套的喂水、喂料、收蛋、清粪、粪便处理和满足鸡群自由活动的设施和设备。

5. 畜禽舍设计与畜禽舍内气流组织的原理研究

主要研究畜禽舍环境控制的措施,通过畜禽舍的隔热、防寒、防暑降温、通风换气、采光、排水和防潮系统的设计,建立最适于畜禽生活和生产,并符合饲养管理人员健康安全的生产环境,这标志着集约化现代化生产的发展水平。

第一章 畜禽温热环境管理关键技术

温热环境是影响畜禽健康和生产力的重要环境因素之一,主要由空气温度、湿度、气流速度和太阳辐射等温热因素综合而成。温热环境主要通过热调节对畜禽发生作用,其对畜禽健康和生产力的影响,因畜禽种类、品种、个体、年龄、性别、被毛状态以及对气候的适应性等条件的不同而不同。本章围绕畜禽温热环境管理技术这一任务,重点介绍温热环境对畜禽的影响机制与调控,畜禽舍内外温热环境的分布特征及管理技术要点,温控设备的选型及应用等内容。

第一节　畜禽舍温度管理技术

一、空气温度

（一）空气温度的相关概念

空气温度也就是气温，是表示空气冷热程度的物理量。空气中的热量主要来源于太阳辐射，太阳辐射到达地面后，一部分被反射，一部分被地面吸收，使地面增热；地面再通过辐射、传导和对流把热传给空气，这是空气中热量的主要来源。而太阳辐射直接被大气吸收的部分使空气增热的作用极小，只能使气温升高 $0.015 \sim 0.02℃$。空气温度等级分类见表 1-1。

一天中气温最高值与最低值之差称为气温日较差，气温日较差的大小与纬度、季节、地势、海拔、天气和植被等有关。最高月平均气温与最低月平均气温之差称为气温年较差，气温年较差的大小与纬度、距海远近、海拔、云量和雨量等有关。

地面气温就是指高地面约 1.5m 处百叶箱中的空气温度。气象台站用来测量近地面空气温度的主要仪器是装有水银或酒精的玻璃管温度表。因为温度表本身吸收太阳热量的能力比空气大，在太阳光直接暴晒下指示的读数往往高于它周围空气的实际温度，所以测量近地面空气温度时，通常都把温度表放在离地约 1.5m 处四面通风的百叶箱里。

空气温度的表示方法有 3 种：摄氏温标（℃）、开尔文（K）和华氏温标（℉）。摄氏温标是在标准大气压下，把冰水混合物的温度规定为℃，水的沸腾温度规定为100℃，两点间作 100 等份，每一份称为 1 摄氏度，记作1℃。开尔文是以绝对零度作为计算起点的温度，和摄氏温度的区别只是计算温度的起点不同，彼此相差一个常数 273.16，可以相互换算。华氏温标在中国很少使用。这 3 种表示方法之间的换算关系为：摄氏温度和华氏温度的关系：℉ = 1.8℃ + 32，摄氏温度和开尔文温度的关系：K =0℃ +273.16。

表 1-1　空气温度等级分类

极寒	-40℃ 或低于此值	奇寒	-39.9 ~ -35℃
酷寒	-34.9 ~ -30℃	严寒	-29.9 ~ -20℃
深寒	-19.9 ~ -15℃	大寒	-14.9 ~ -10℃
小寒	-9.9 ~ -5℃	轻寒	-4.9 ~0℃
微寒	0 ~4.9℃	凉	5 ~9.9℃

温凉	10～11.9℃	微温凉	12～13.9℃
温和	14～15.9℃	微温和	16～17.9℃
温暖	18～19.9℃	暖	20～21.9℃
热	22～24.9℃	炎热	25～27.9℃
暑热	28～29.9℃	酷热	30～34.9℃
奇热	35～39℃	极热	高于40℃

(二)空气温度的变化特点

空气温度随时间和空间的变化对畜禽生产具有较大的影响。

空气温度随时间的变化主要表现在气温的日变化、气温的年变化以及气温的非周期性变化。近地层气温日变化的特征是:在一日内有一个最高值,一般出现在午后2点左右,一个最低值,一般出现在日出前后。气温的年变化,就北半球来说,中高纬度内陆的气温以7月为最高,1月为最低。海洋上的气温以8月为最高,2月为最低。气温变化除了由于太阳辐射的变化而引起的周期性变化外,还有因大气的运动而引起的非周期性变化。实际气温的变化,就是这两个方面共同作用的结果。如果前者的作用大,则气温显出周期性变化;相反,就显出非周期性变化。不过,从总的趋势和大多数情况来看,气温日变化和年变化的周期性还是主要的。

空气温度的空间分布主要受到纬度、海陆分布和海拔高度的影响。纬度越高,气温越低,等温线与纬线平行,从赤道向两极,其值逐渐减小。由于海陆热力差异同一纬度上海陆气温分布是不同的,冬季海洋相对于同纬度大陆是热源,夏季则正相反。海拔高度对气温的影响表现为在同一地区,高度不同气温明显不同。空气温度在垂直方向的变化特点见表1-2。

表1-2　空气温度在垂直方向的变化特点

大气分层	高度位置	温度特点	与人类的关系	备注
对流层	是紧挨地面的一层,其厚度随纬度和季节而变化,厚度范围为8～18km,纬度越高厚度越小,气温越低厚度也越小	气温随高度增加而递减(平均每升高100m气温下降0.6℃);空气对流运动显著;天气现象复杂多变	与人类关系最为密切	整个大气质量的3/4和几乎全部的水汽、杂质都集中在该层

大气分层	高度位置	温度特点	与人类的关系	备注
平流层	从对流层顶至50～55km 高度	下层随高度增加气温变化很小,30km 以上温度随高度增加而迅速上升;大气运动以水平运动为主;大气平稳,能见度高,有利于飞行	距离地面22～27km 处臭氧层含量达到最大值,形成臭氧层	
中间层	从平流层顶至85km 高度	气温随高度的增加而迅速降低;垂直对流运动强烈		该层有"高空对流层"之称
电离层(暖层)	从中间层顶至500km 高度	气温随高度增加而迅速上升		
逸散层(外层)	电离层以上	空气质点经常逸散到星际空间,是地球大气向星际空间过渡的层次		

(三)气温对畜禽生产的影响

1.气温对畜禽生产力的影响

(1)繁殖 畜禽的繁殖活动,不仅受光照的影响,气温也是一个重要的影响因素。高温能降低公畜禽的精液品质和性欲,抑制畜禽的性欲。高温对母畜禽繁殖性能的影响是多方面的。如在配种前后及整个妊娠期间,高温环境对母畜的繁殖性能均有不利的影响。高温可使母畜的发情受到抑制,表现为不发情或发情期短或发情表现微弱,这时卵巢虽有活动,但不能产生成熟的卵子,也不排卵,从而影响受精率。高温可影响受精卵和胚胎存活率。受精卵在输卵管内对高温最为敏感,胚胎在附置前这个阶段,受高温刺激时死亡率很高。

(2)生长、育肥 各种动物在不同的年龄内,有它最适宜的生长温度,在这种温度下,生长最快,饲料利用率最高,育肥效果最好,饲养成本最低。这个温度一般认为在该动物的等热区内。当气温高于临界温度时,由于散热困难,引起体温升高和采食量下降,生长育肥速率亦伴随下降。气温低于临界温度,动物代谢率提高,采食量增加,饲料消化率和利用率下降。猪生长、育肥的最适温度为 15~25℃,随着体重的增加,适宜温度下降。雏鸡生长的最适温度,随日龄的增加而下降,1 日龄为 34.4~35℃,此后有规律的下降,到 18 日龄为 26.7℃,32 日龄为 18.9℃。牛的生长、育肥的适宜温度受品种、年龄、体重等因素的影响。

表 1-3　温度对猪(70~100kg)采食量、增重和饲料效率的影响

温度(℃)	采食量 (kg/d)	摄入可消化能 (mJ)	日增重 (kg)	产品总能 (mJ)	饲料/增重	能量效率 (%)
0	5.07	64.58	0.54	12.56	9.45	19.4
5	3.76	47.9	0.53	12.33	7.1	25.7
10	3.5	44.59	0.8	18.61	4.37	41.7
15	3.15	40.13	0.79	18.38	3.99	45.8
20	3.22	41.02	0.85	19.78	3.79	48.2
25	2.63	33.5	0.72	16.75	3.65	50.1
30	2.21	28.15	0.45	10.47	4.91	37.1
35	1.51	19.23	0.31	7.21	4.87	37.4

　　(3)产乳　气温对产乳的影响,因家畜的种类、品种、生产力等而不同。泌乳牛在低温环境中,食量增加,产乳量却下降。越是高产牛,对高温越敏感;在高温下采食量和泌乳量都大幅度下降。

表 1-4　温度和湿度对产乳量的影响

温度(℃)	相对湿度	荷斯坦牛(%)	娟珊牛(%)	瑞士黄牛(%)
24	低(38%)	100	100	100
24	高(76%)	96	99	99
34	低(46%)	63	68	84
34	高(80%)	56	56	71

　　(4)产蛋　在一般饲养管理条件下,各种家禽产蛋的最适温度为 12~23℃,高温可使产蛋量、蛋重和蛋壳质量下降。

表1-5 不同温度下鸡的饲料消耗和产蛋量

环境温度(℃)	7.2	14.6	23.9	29.4	35
日采食量(干物质)(g)	101.5	93.3	88.4	83.3	76.1
日食入代谢能(kJ)	1 301	1 197	1 138	1 075	98.3
产蛋率(%)	76.2	86.3	84.1	82.1	79.2
平均蛋重(g)	64.9	59.3	59.6	60.1	58.5
鸡日产蛋重(g)	49.4	51	50.6	49.5	46.2

2.气温对畜禽健康的影响

寒冷和炎热都可使畜禽发病,所致疫病往往非某些特效疫苗所能控制,冷、热应激均可使机体对某些疾病的抵抗力减弱,一般的非病原微生物即可引起畜禽发病。

(1)直接引起机体发病 气温直接引致的动物疾病,大多都不是传染病。突遭寒流袭击的水牛和黄牛常发生肠痉挛,另外低温还是猪丹毒、羔羊痢疾、牛口蹄疫等疾病的诱因。

(2)通过饲料的间接影响 动物采食了冰冻块茎、块根、青贮等多汁饲料或饮用温度过低的水,易患胃肠炎、膨胀、下痢、流产等疾病。由于气温原因,使动物误食有毒植物,造成失误中度。例如,早春气温偏高,毒草萌发,往往会被牛羊采食,发生中毒。气温过低,饲草不足,气温过高,采食量下降,都可使机体的抵抗力下降,从而继发其他疾病。

(3)影响病原体和媒介虫类的存活和繁殖 适宜的温度有利于病原体和媒介虫类的存活和繁殖。寄生虫病的发生与流行都与病原体及其宿主受外界环境温度的影响有关。例如,乙型脑炎病毒蚊体内,20℃以下逐渐减少,25～30℃时迅速繁殖,受感染的蚊经过4～5d即能传播。

(4)影响动物的抗病力 在高温或低温环境中,虽然动物体温正常,但机体感染病原体后,这种不利的环境将影响疾病的预防。例如,冷应激可提高牛对外毒性大肠杆菌和传染性胃肠炎病毒的敏感性,使小鸡对沙门菌和犊牛对呼吸道传染病的抵抗力降低。高温季节奶牛临床乳腺炎的发病率很高,因为热应激使得牛对临床乳腺炎的防御能力下降。

(5)影响幼龄动物的被动免疫 初生仔畜有赖于吸收初乳中的免疫球蛋白—抗体以抵抗疾病。冷、热应激均可降低幼畜获得抗体的能力,使初乳中免疫球蛋白的水平下降。冷、热应激使初生仔畜相互拥挤,并寻找温暖场所,这种热调节行为使哺乳的能力下降,减少初乳的摄入,使免疫球蛋白和能量的摄入量减少,最后导致疾病和死亡。

二、畜禽的体热调节

(一)体热调节的概念

体热调节是指当环境冷热程度发生改变时,畜禽体通过行为、生理生化乃至形态解剖结构的变化,改变产热和散热速度的过程。体热调节是动物在长期进化过程中获得的较高级的调节功能。恒温动物其生理活动的重要条件就是保证体温的相对恒定,通过产热和散热调节系统来保证体热平衡。体热调节是指温度感受器接受体内、外环境温度的刺激,通过体温调节中枢的活动,相应地引起内分泌腺、骨骼肌、皮肤血管和汗腺等组织器官活动的改变,从而调整机体的产热和散热过程,使体温保持在相对恒定的水平。其中使散热增加或减少的反应称为"散热调节"或"物理调节",使产热增加或减少的反应称为"产热调节"或"化学调节"。当环境冷热程度发生改变时,畜体首先进行物理调节,仅靠物理调节不能维持热平衡时,则开始进行化学调节。

体温一般是指畜禽机体深部的温度。畜禽与环境之间不断产生热量交换,不仅机体各部位温度不一样,而且从内向外逐渐降低(图1-1),但是恒温动物机体深部温度始终保持恒定。测量动物机体深部的温度一般比较困难,各部位温度也不完全相同,故临床上以直肠温度表示体温,这也是恒温动物热平衡的唯一指标。测定时应视畜禽的种类不同,温度计的感温部分深入直肠不同的深度,例如,成年牛马等大家畜为15cm,猪羊为10cm,小家畜和家禽等为5cm。各种动物的直肠温度见表1-6。

表1-6　各种动物的直肠温度

家畜种类	直肠温度(℃)	
	平均	变化范围
鸡	41.7	40.0~43.0
鸭	40.7	40.2~41.2
鹅	40.8	40.0~41.3
兔	39.5	38.6~40.1
猪	39.2	38.7~39.8
肉牛	38.3	36.7~39.1

家畜种类	直肠温度(℃)	
	平均	变化范围
奶牛	38.6	38.0~39.3
水牛	37.8	36.1~38.5
牦牛	38.3	37.0~39.1
黄牛	38.2	37.9~38.6
绵羊	39.1	38.3~39.3
山羊	39.1	38.5~39.7
马	37.6	37.2~38.1
驴	37.4	36.4~38.4
骡	38.5	38.0~39.0
骆驼	37.8	34.2~40.7
狗	38.9	37.9~39.9
猫	38.6	38.1~39.2
水貂	40.2	39.7~40.8
银狐	40.0	39.4~40.9
豚鼠	39.5	39.0~40.0
大白鼠	39.0	38.5~39.5
小白鼠	38.0	37.0~39.0

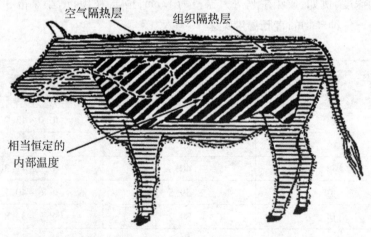

a

畜禽环境管理关键技术

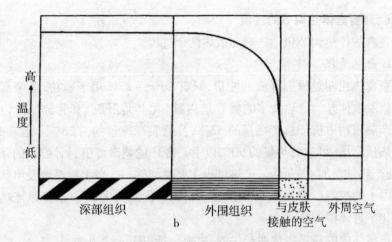

图1-1 畜禽与环境之间的热量交换关系

a. 动物的体温分布 b. 从动物体内到大气的温度梯度

皮温是指畜禽皮肤表面的温度。外界环境温度一般比较低,且身体的热量主要由身体的皮肤散失,所以越向身体外部温度越低。皮肤和被毛的温度长随外界温度的升降而升降,同时动物身体各个部位皮温也不相同,凡距离身体内部距离较远,被毛保温性能较差,散热面积较大,血管分布较少和皮下脂肪较厚的部位,体温较低,受外界的影响也较大。四肢下部、尾部和耳部在低温时皮温显著下降,例如,犊牛在5℃的低温环境中,直肠温度为39.5℃,胸部皮温为31.2℃,耳部仅为7℃。皮温测定一般采用多点皮温的平均值表示,见图1-2。

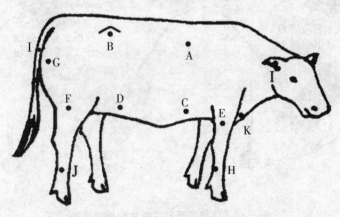

图1-2 牛皮肤各部位温度测定位置示意图

(二)畜禽体热调节的过程

畜禽的体热调节包括产热和散热两个过程。

1. 产热过程

畜禽体代谢过程中释放的能量,只有 20%～25% 用于做功,其余都以热能形式发散体外。产热最多的器官是内脏(尤其是肝脏)和骨骼肌。内脏器官的产热量约占机体总产热量的 52%;骨骼肌产热量约占 25%。运动时,肌肉产热量剧增,可达总热量的 90% 以上。冷环境刺激可引起骨骼肌的寒战反应,使产热量增加 4～5 倍。产热过程主要受交感——肾上腺系统及甲状腺激素等因子的控制(图 1-3)。因热能来自物质代谢的化学反应,所以产热过程又叫化学性体温调节。

畜禽体内的热是由代谢产生的,主要包括以下 4 个方面:

(1)维持代谢产热　基础代谢是指畜禽在理想条件下维持自身生存所必要的最低限度的能量代谢。

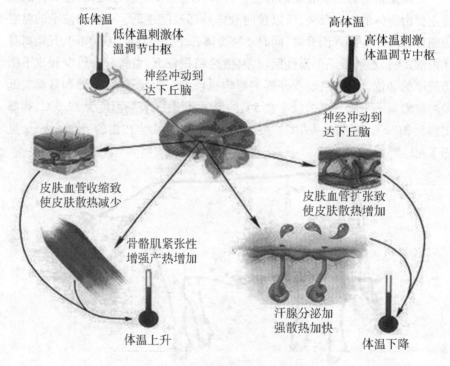

图 1-3　体热调节的中枢生物控制系统

(2)体增热　体增热是畜禽采食饲料后会伴有产热增加。饥饿畜禽采食饲料后,数小时内的产热量高于饥饿时的产热量。这种因采食而增加的产热量在营养学上称为体增热。低温时,体增热可作为维持机体体温的热源,但高温时则将成为机体的额外负担。

(3)肌肉活动产热 畜禽体的所有组织器官,都在不断地氧化分解营养物质而产热。由于肌肉所占的比例较大,因而对畜禽体产热有很大影响。

(4)生产过程产热 畜禽的生长发育、繁殖和生产乳、肉、蛋、毛等畜产品,都会在维持需要的基础上增加产热量,生产水平越高,产热就越多。

2.散热过程

畜禽体表皮肤可通过辐射、传导和对流以及蒸发等物理方式散热,所以散热过程又叫物理性体温调节。畜禽体代谢产生的热,约有75%通过皮肤散失,10%～15%通过呼吸道散失,只有一小部分由排泄粪尿以及加温饮水、饲料散失。

畜禽体散热主要有辐射、传导、对流、蒸发等4种方式。

(1)辐射 辐射是通过发射电磁波(主要是红外线)在物体间传递热能的物理过程。通常,两个畜禽间温差越大,由高温畜禽传给低畜禽的辐射热量就越多。低温(10℃)时,辐射是畜禽散热的主要方式,散热量可占总散热量的70%。当环境温度升高到接近或超过皮温时,畜禽不但不能通过辐射散热,而且还会接受外来的辐射热。

(2)传导和对流 传导是通过畜禽间的直接接触,由高温畜禽把热直接传递给低温畜禽。对流是传导的特殊形式,它通过气体或液体的流动传递热量。畜禽体散热时,首先通过组织的传导和血液的对流,把体内的热量传递到体表,再从皮肤表面传递给与之接触的空气和物体。有风时,由于空气流动较快,体表热量能较多和较快地通过流动的空气带走,散热效果增强。因此,影响对流散热的主要因素是风速。风速越大,对流散热量越多。

(3)蒸发 蒸发散热是借助体内水分由液态转化为气态而将热能带走的过程。蒸发是畜禽散热的重要方式之一。当环境温度升高到接近或超过体温时,传导、对流、辐射这3种散热作用消失,蒸发散热成为唯一的散热方式。决定蒸发散热的主要条件是周围环境,尤其是空气湿度。空气越干燥,蒸发散热越强烈。蒸发散热通过不明显的出汗(即隐汗蒸发)和出汗(即显汗蒸发)2种方式进行。出汗对于汗腺发达的家畜(如马),是气温升高时加强蒸发散热的最有效方式。狗、羊等家畜汗腺不发达或没有汗腺,加强蒸发散热的主要方式是喘息和唾液分泌,使较多水分在口腔黏膜、舌面和呼吸器官中蒸发。

(4)辐射、传导和对流散热合称为"非蒸发散热"或"可感散热" 它能使畜舍内气温上升,在寒冷时可减少畜舍采暖。蒸发散热只能使畜舍的湿度升高。

此外,通过动物胃肠道加热饲料和饮水可消耗部分体热,同时粪、尿排泄也带走少量热,但这种散热不属于正常的生理热调节范围。

3. 产热和散热的动态平衡

体温的稳定决定于产热过程和散热过程的平衡。如产热量大于散热量时,体温将升高;反之,则降低。由于机体的活动和环境温度的经常变动,产热过程和散热过程间的平衡也就不断地被打破,经过自主性的反馈调节又可达到新的平衡。这种动态的平衡使体温波动于狭小的正常范围内,保持着相对的稳定。综上所述,畜禽的产热和散热可以用图 1 - 4 表示。

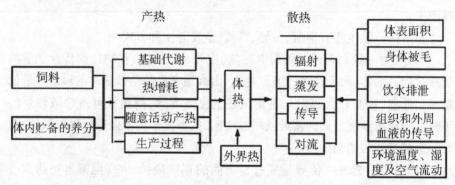

图 1 - 4　畜禽的产热与散热示意图

三、气温对体热调节的影响

气温影响畜禽的体热调节主要发生在高温和低温时。

(一) 高温时的体热调节

高温时畜禽为维持体温的恒定,可通过物理性调节和化学性调节方式来减少产热量,增加散热量。

1. 物理性调节

物理性调节方式包括加速外周血液循环,提高散热量;提高蒸发散热量等。通常,机体的蒸发散热量约占总散热量的 25%,家禽约占 17%。高温环境中,机体则主要依靠蒸发散热。蒸发散热可通过皮肤和呼吸道两种途径进行,不同的畜禽这两种途径散失的热量差别很大(如表 1 - 7)。猪的物理性体温调节见图 1 - 5。

图1-5　猪的体热调节方式

表1-7　温度对鸡蒸发散热和非蒸发散热在总散热量中的比例的影响

温度(℃)	4.4	15.6	26.7	32.2	37.8
非蒸发散(％)	90	80	60	47	40
蒸发散热(％)	10	20	40	53	60

2. 化学性调节

在高温环境中,动物一方面增加散热量,同时还要减少产热量。在行为上表现为采食量减少或拒食,肌肉松弛,嗜睡懒动;内分泌机能也发生变化,甲状腺激素分泌减少。

(二)低温时的体热调节

1. 减少散热量

随着环境温度的下降,皮肤血管收缩,皮肤血流量减少,皮温下降,皮温与气温之差减少;汗腺停止活动,呼吸变深,频率下降,可感散热和蒸发散热量都显著减少。与此同时,畜体表现出肢体卷缩,群集等;减少散热面积,通过竖毛、肢体收缩,被毛逆立以增加被毛内空气缓冲层的厚度。但是,低温时仅靠这些物理性调节还不够,必须提高代谢热。

2. 增加产热量

当环境温度下降到临界温度以下时,动物开始加强体内营养物质的氧化,以增加产热量。动物表现为肌肉紧张度提高、战抖、活动量和采食量增大,同时内分泌机能也发生相应变化。例如,环境温度从27℃下降到13℃时,东北民猪早期断奶仔猪每千克代谢体重产热量从30.8kJ/h上升到38.6kJ/h,即产热量增加了25％。动物在寒冷刺激下战抖,可使产热量增加3~5倍。

(三)热平衡的破坏

当机体产热和散热失调时,引起体温的升高或下降,机体热平衡破坏。

1. 高温

当环境温度高于畜禽的上限临界温度时，就会发生热应激，热量在体内蓄积，体温上升。若热应激时间过长，超过了畜禽所能耐受的限度，则导致体温的进一步升高，体内氧化作用加强，引起蛋白质和脂肪的分解，产热量增加。

2. 低温

在低温环境中，如果饲料供应充足，畜禽有自由活动的机会，低温对其热平衡的影响就很小。但当低温的时间过长，温度过低，超过机体代偿产热的最高限度，可引起体温持续下降，代谢率亦随之下降，机体处于病理状态。

破坏热平衡的临界温度以及畜禽所能忍受的极端气温的限度，因畜禽的种类、品种、个体、年龄、性别、体重、生产力、营养水平、体表的隔热性能以及对气候的适应程度等而不同。

四、畜禽等热区与临界温度

（一）等热区相关概念

畜禽在适宜的环境温度范围内，机体可不必利用本身的调节机能，或只通过少量的散热调节就能维持体温恒定。此时，机体的产热和散热基本平衡，代谢率保持在最低水平，通常，把这一适宜的温度范围称为等热区。将等热区的下限温度称为临界温度（常见畜禽临界温度见表1-8）；等热区的上限温度为

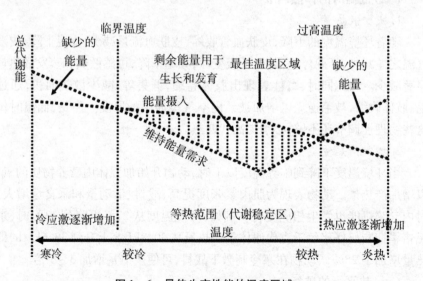

图1-6 最佳生产性能的温度区域

上限临界温度，为有别于下限的临界温度，常称其为过高温度。等热区某一温度区域，机体无须通过任何体温调节方式，即可达到产热和散热相等，畜禽最

为舒适,其代谢强度和产热量处于生理的最低水平,故把这一区域称为最佳温度区域(图1-6)。

表1-8　常见畜禽的临界温度

猪	临界温度(℃)	绵羊	临界温度(℃)	牛	临界温度(℃)	鸡	临界温度(℃)
2kg体重,维持,单养	31	剪毛,维持	25	犊牛第一周	8~10	雏鸡	34
2kg体重,维持,群养	27	剪毛,丰富维持	13	3d	13	5周龄雏鸡	22
20kg体重,维持	26	毛长5mm,绝食	31	10d	11	成鸡	18
20kg体重,三倍维持,群养	15	毛长5mm,维持	25	4周	0	0.1kg肉用仔鸡	28
25~50kg体重,绝食	25	毛长5mm,丰富给食	18	肉用母牛,维持	-21	1kg肉用仔鸡	16
45kg体重	23.3	毛长1mm,维持	28	乳牛,500kg体重,干乳,妊娠	-14		
60kg体重,维持	24	毛长10mm,维持	22	乳牛,500kg体重,泌乳9kg/d	-24		
60kg体重,三倍维持	16	毛长50mm,维持	9	乳牛,泌乳36kg/d	-40		
100kg体重,维持	23	毛长100mm,维持	-3	肉牛,高产	-1		
100kg体重,三倍维持	14			肉牛,300kg体重,自由采食	0		
				肉牛,500kg体重,自由采食	-17		

(二)影响等热区临界温度的因素

畜禽生产中,影响等热区临界温度的因素很多,主要包括畜禽种类、年龄和体重、皮毛状态、饲养水平、生产力水平、管理制度、对气候的适应性和空气环境因素等。

1. 畜禽种类

凡体形较大，相对体表散热面积较小的家畜，一般较耐低温不耐高温，其等热区较宽，临界温度较低。例如，在完全饥饿状态下测定的临界温度：兔子27～28℃，猪21℃，阉牛为18℃，鸡28℃。在饥饿状态下的等热区：鸡为28～32℃，鹅为18～25℃，山羊为20～28℃，绵羊为21～25℃。

2. 年龄和体重

随着年龄和体重的增长，临界温度下降，等热区增宽。例如，体重1～2kg的哺乳仔猪29℃，6～8kg下降为25℃，20kg为21℃，60kg为20℃，100kg为18℃。

3. 皮毛状态

被毛致密或皮下脂肪较厚的动物，保温性能好，等热区较宽，临界温度较低。例如，进食维持日粮、被毛长1～2mm、刚剪毛绵羊的临界温度为32℃，被毛18mm的为20℃，被毛120mm的为－4℃。

4. 饲养水平

日粮营养水平决定热增耗的多少，饲养水平愈高，体增热愈多，等热区宽。例如，被毛正常的阉牛，维持饲养时临界温度为7℃，饥饿时升高到18℃；刚剪毛摄食高营养水平日粮的绵羊临界温度为24.5℃，采食维持日粮时为32℃。营养状况好的家畜临界温度较低。

5. 生产力水平

畜禽生产包括泌乳、劳役、生长、育肥、妊娠、产蛋等，凡生产力高的家畜其代谢强度大，体内分泌合成的营养物质多，因此产热较多，故临界温度较低。例如，日增重1.0kg和1.5kg的肉牛，其临界温度分别为－13℃和－15℃。

6. 管理制度

群体饲养的家畜，由于相互拥挤，减少了体热的散失，临界温度较低；而单个饲养的家畜，体热散失就较多，临界温度较高。例如，4～6头体重1～2kg的仔猪放在同一个代谢笼中测定，其临界温度为25～30℃；个别测定，则上升到34～35℃。此外，较厚的垫草或保温良好的地面，都可使临界温度下降，猪在有垫草时4～10℃的冷热感觉与无垫草时15～21℃的感觉相同。

7. 对气候的适应性

生活在寒带的畜禽，由于长期处于低温环境，其代谢率高，等热区较宽，临界温度较低,而炎热地区的畜禽恰好相反。动物夏季换粗毛,可使临界温度提高,冬季换绒毛则相反。

8. 空气环境因素

临界温度是在无风、无太阳辐射,温度、湿度适宜的条件下测定的,其结果不一定适合自然条件。在田野中,风速大或湿度高,机体散热量增加,可使临界温度上升。例如,奶牛在无风环境里的临界温度为 $-7℃$,当风速增大到 $3.58m/s$ 时,则上升到 $9℃$。高温度、强辐射则使畜禽临界温度和过高温度降低。

(三)等热区和临界温度在畜禽生产中的应用

等热区和临界温度在畜禽生产中具有广泛的应用,对于提高生产效益、降低生产成本具有重要意义。

1. 提高饲料利用率和经济效益

将环境温度设定在等热区范围内,可保证家畜的生产力得到充分发挥,获得较高的饲料利用率和经济效益。然而,要使畜舍温度维持在各种家畜较窄的等热区范围内,不仅会大大增加投资,且技术上也难以做到。因此,实际生产中,可将这一温度范围适当放宽。放宽后的温度区域,一般不至于导致家畜的生产力明显下降和健康状况明显恶化,同时又能符合经济和生产技术要求。通常,称这一温度区域为生产适宜温度范围。生产适宜温度范围远较等热区宽。

2. 为建立畜舍提供理论依据

查询不同畜舍的适宜温度和改善饲养管理措施,以及为畜舍建立卫生要求等提供了理论依据。

五、温度应激与畜禽生产

任何冷热极端的温度,特别是畜禽经受极端温度中的突然变化,就会产生应激,即温度应激。温度应激对畜禽生产具有极大的危害,按照引发应激反应的温度高低可分为热应激和冷应激。夏季畜群易发生热应激,伴随着集约化、高密度的饲养方式的快速发展,高温环境给畜禽养殖场带来的环境压力,以及因热应激导致的畜禽生产力下降,已不容忽视。低温环境显著改变畜禽的体组织的组成、代谢和生产性能,使之有别于适温区和热应激。我国大部分地区寒冷季节漫长,畜禽舍一般都缺乏加温设备或保温不足,致使畜群或长或短地处于冷应激状态。畜禽养殖场工作人员应充分了解应激对畜禽生产和健康的影响,掌握改善温度应激的措施,才能有效地应对温度应激对畜禽生产造成的损害,提高生产效益。图1-7为温湿指数对奶牛热应激的影响,图1-8为生长育肥猪的湿热应激指数。

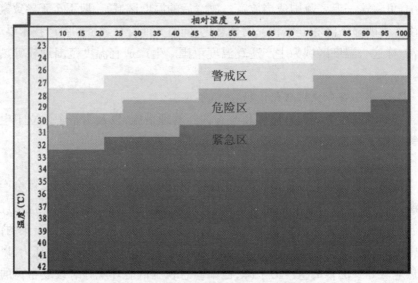

相对湿度（%）

C	20	30	40	50	60	70	80	90	100
22	66	66	67	68	69	69	70	71	72
24	68	69	70	70	71	72	73	74	75
26	70	71	72	73	74	75	77	78	79
28	72	73	74	76	77	78	80	81	82
30	74	75	77	78	80	81	83	84	86
32	76	77	79	81	83	84	86	88	90
34	78	80	82	84	85	87	89	91	93
36	80	82	84	86	88	90	93	95	97
38	82	84	86	89	91	93	96	98	100
40	84	86	89	91	94	96	99	101	104

■=无热应激; ■=中等程度热应激; ■=严重热应激; ■=奶牛将发生死亡。

图1-7 温湿指数对奶牛热应激的影响

相对湿度 %

警戒区

危险区

紧急区

图1-8 生长育肥猪的湿热应激指数

(一)温度应激对畜禽生产的影响

1.热应激对畜禽生产的影响

(1)热应激对畜禽的急性危害 由于环境温度过高,体热难以散发,或者肌肉剧烈活动产热过多,导致体温剧烈上升,代谢率急剧上升,肝糖原迅速耗尽,心力衰竭,肺充血,进而肺水肿。例如,当体温达到43～44℃时,猪出现惊厥或昏迷,进而导致呼吸衰竭或心衰死亡(急性中暑)。这些情况在畜禽养殖场比较少见,因此其危害性远低于热应激的慢性危害。

(2)热应激对畜禽的慢性危害　在长期的非致命的高热环境影响下,畜禽为了生存适应,发生了一系列的生理生化与行为机能上的适应性强制改变(图1-9),而这种改变对畜禽的生产、生长性能会产生多方面的负面影响,主要表现为:

1)公畜繁殖性能的下降　热应激下,公畜表现性欲低下、不愿配种、射精量减少,精液品质下降,精子数量减少、活力降低、畸形率高,配种受胎率低,产仔数少。例如,公猪在27℃环境下持续2周后,精子活力就会下降,且异常精子的数量显著增多。如果舍内气温超过29℃,那么此后4～6周公猪的精液品质都会下降。高温时应对公畜的呼吸频率进行监控。例如,正常情况下公猪的呼吸频率是每分钟25～35次,如果出现了热应激,呼吸频率可达每分钟75～100次,如果呼吸频率达到了40～50次,应采取措施为公猪降温。

2)母畜繁殖性能的下降　受热应激影响,母畜发情推迟、不发情、发情不明显或屡配不孕、排卵减少;妊娠母畜胚胎死亡率高、流产;热应激时食欲下降,体能储备减少,而分娩是一个高耗能的过程,因此热应激下分娩就出现体能相应不足,加之激素调节障碍,产程延长,导致滞产、死胎增多,胎衣不下,产后感染概率上升。同时,亦导致产后少乳或无乳、便秘、子宫复原推迟、泌乳期失重增加、产后发情推迟、返情增多等现象。

3)生长受阻、料重比上升　热应激使畜禽本能地降低了垂体与神经内分泌系的活动,胃肠蠕动减慢,胃液等消化液分泌减少,食量减少,因而生长减慢,料重比上升。有资料显示:当气温从25℃每上升1℃时,生长育肥猪日增重每天会减少15～40g,采食量则减少0.1～0.35kg。

4)行为紊乱　为了散热降温,畜禽的自洁行为紊乱,在睡床处排尿,在排泄处卧睡;为了争夺地盘,咬斗行为增多。畜群和谐的关系破坏,导致生长减缓,管理难度加大。

5)免疫力下降,感染性疾病的发病率升高　例如,长时间热应激情况下,造成猪的高水平糖皮质激素性的免疫抑制,由此引发的夏季感染性疾病(如PRRS、PCV2、PRV、附红细胞体病)的发病率升高已成为许多猪场的棘手问题。

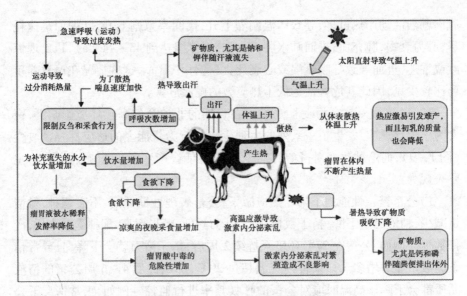

图1-9 热应激时牛的反应和变化

2.冷应激对畜禽生产的影响

（1）冷应激对畜禽健康与成活率的影响 低温能导致畜禽抗病力降低，易发生传染病，同时由于呼吸道、消化道的抵抗力降低，常发生气管炎、支气管炎、胃肠炎等，低温高湿还常造成肌肉风湿、关节炎等。低温对幼畜的影响更为严重，在低温环境下，仔猪出生后机械性死亡的比例大幅度增加，如冻死、压死、饿死、病死（肺炎、腹泻、营养不良），仔猪健康和生长均会受影响。

（2）冷应激对畜禽饲料消化率的影响 饲料消化率与其在畜禽消化道中的停留时间成正比，饲料在畜禽消化道中停留时间越长，其消化率越高；反之则消化率越低。畜禽在低温环境中，胃肠蠕动加强，食物在消化道停留时间短，消化率降低。

（3）冷应激对畜禽增重及饲料利用率的影响 畜禽在低温环境中，机体散热量大大增加，为保持体温恒定，机体必须加快体内代谢以提高机体产热量，这样畜禽的维持需要也明显增加，虽然采食量上升，但用于生长的能量仍有限，生长和增重会下降，因而饲料的利用率明显降低。

（4）冷应激对畜禽繁殖力的影响 在低温冷应激下，公畜繁殖力下降。例如，在低温环境下，容易发生公猪性欲低下，产精量和精子活力下降，配种能力不高；后备和空怀母猪发情推迟或出现隐性发情；妊娠母猪死胎和流产增加等现象。

(5)冷应激对畜禽场日常管理的影响　冬季冰雪环境下,不利于畜禽转群和各种运输,消毒效果降低等。

(二)温度应激的调控措施

1. 热应激的应对措施

消除热应激的基本原则是尽量消减环境热应激的负面影响,生理功能调节应该同步。以下是应对热应激的一些具体措施:

(1)降低畜禽舍小环境的温度　最大限度地增加通风与对流(机械、自然),加快体表散热速度,在实践中,增加地窗数量是增加自然通风对流的好办法;搞好畜禽场绿化,调节小环境,减少热辐射,畜禽舍东、南、西三面种植冬天落叶的树木(青桐、法桐、泡桐或速生杨树等),树叶遮阳可以减少约60%的太阳热辐射;舍顶增设防晒网或搭建遮阳棚,可避免阳光直射,有效降低室温;公畜舍可安装空调与水浴;采用"湿帘—风机"降温系统可降低栏舍内温度4～7℃(平均4.8℃),并可改善湿度、空气质量等环境条件;增加冲洗地坪次数,辅助降温。

(2)改进管理,避免人为热应激　保证畜禽体表干净、保证充足的饮水,且水温尽量保持凉快;把干料改为湿料,调整饲喂时间(早上提前喂料、下午推后喂料,尽量避开天气炎热时投料),增加饲喂次数(夜间加喂1次),可增加畜禽采食量,但要保证饲料质量,防止发生霉变;适当减少公畜的使用次数,尽可能地避开高温时段配种,敞开环境下配种应在早上8点前,傍晚6点后进行;注射疫苗和畜禽转群,应安排在早晚进行;经常保持舍内清洁卫生,加强畜禽舍冲洗消毒。

(3)合理调整饲料配方,适当提高饲料营养浓度　高温条件下,畜禽为了减少体增热,减少散热负担,势必会减少采食量,造成能量、蛋白质等营养物质摄入不足,从而影响生长发育。对饲料配方作必要的调整,已成为克服热应激的有效措施之一。例如,养猪生产中的建议措施:①饲料中添加2%～4%的脂肪和0.1%～0.2%的氨基酸,种猪日粮中使用部分颗粒性钙源,以达到改善适口性、提高采食量的目的。②小苏打拌料:育肥猪0.3%拌料,孕母猪和空怀母猪0.5%拌料,哺乳母猪和种公猪0.8%拌料,可缓解呼吸性碱中毒、提高抗热应激的功能。

(4)添加抗应激剂,增强适应性和抵抗热应激的能力　饲料添加或饮水添加电解质,为体内缓冲系统提供"原料",加强体内缓冲系统的平衡能力,稳定血液pH,维持细胞渗透压等,以恢复原有的动态平衡;添加应激生理调控剂,提高应激阈值,降低机体对应激原的敏感性,提高抵抗热应激的能力;添加具有开胃健脾、清热消暑、保护肠道健康、促进消化功能的饲料添加剂,提高采食量,促进消化吸收。例如,养猪生产中的建议措施:①高温环境中,在饮水中添加蔗糖、电解质(口服补液盐等)。②温度超过34℃时,每千克饲料添加维生素 C 400mg/kg,维生素 E 200IU/kg。③中药预防:如恒丰强公司生产的七味黄芪(组方:黄芪、石膏、山楂、甘草等)250ml 供 100kg 体重,饮水 2h 内用完,这其中石膏具有清热泻火,除烦止渴,治外感热病,高热中暑,湿疹及流行性乙型脑炎等均有预防和治疗功效;"黄芪"在兽医上多应用,其主要成分黄芪多糖及黄芪苷和维生素类,参与细胞免疫、体液免疫,提高机体免疫力,山楂、甘草可以缓解炎热环境对商品猪的影响,提高增重和饲料利用率。

总之,在防治畜禽热应激的过程中,要从实际出发,当环境条件发生变化时,包括生物、物理、化学、特种心理或管理条件等的变化,养殖场的工作人员必须采取相应的措施,给畜禽生产和生长创造一个适宜生长的环境,最大限度地挖掘畜禽生产潜力,在多种制约因素中寻求最佳的平衡点。

2. 冷应激的应对措施

(1)加强科学饲养 加强畜禽营养,增加能量饲料在日粮中所占的比例。例如,冬季奶牛日粮中精饲料每天要比正常饲养标准增加 10% ~ 15%,可以有效提高牛的防寒能力。

(2)加强日常管理 由于冬季温度较低,畜禽容易出现拥挤、扎堆的现象,在日常管理中要注意观察,避畜禽拥挤、滑倒;在放牧和运动中,严禁打冷鞭、急赶猛转、摔倒等现象的发生。切不可单纯为了保温,不进行通风换气,应保持舍内一定的气流速度,一般认为冬季舍内气流速度应在 0.1 ~ 0.2m/s,方可使畜禽舍内氨气浓度不超标。

(3)增强抗冷应激的能力 冬季要时刻注意天气变化,在寒流到来之前就采取适当的措施,尽量减少冷应激。例如,在奶牛生产中,为了预防奶牛感冒,定期添喂 0.5% ~ 1.0% 板蓝根和甘草,饲喂期为 3 个月;添加亚硒酸钠,每 100g 拌料 30kg;微量元素每 100kg 饲料加入 1.5kg,即每头奶牛每天 125g;奶牛多种维生素 500g 拌料 250kg,以增强奶牛机体抵抗力和免疫功能。新生犊牛应注意消化不良等疾病的发生,出生后尽快吃上初乳或在乳中添加乳酸菌素进行预防;饮用 1% ~ 3% 生石灰泡的干草水,可预防牛犊腹泻病的发生。

六、畜禽舍温度控制

（一）畜禽舍温度的来源与分布

畜禽舍温度是影响畜禽生产和健康最重要的因素。畜禽舍内空气中的热量除由舍外空气带来一部分外，舍内畜禽放散的体热、人的活动、机械的运转等都是舍内热量的主要来源。

畜禽舍内的温度分布并不均匀，在一个保温良好的畜禽舍内，越接近天棚处温度越高，越接近地面处温度越低；若天棚或屋顶保温不良，由于下部有畜禽的散热，有可能出现逆转现象，即下部温度高上部温度低。水平方向上，由于畜禽舍的墙和门窗的散热作用，一般表现为四周温度低，中间温度高。

正常情况下，舍内垂直温差一般在 2.5 ~ 3.0℃，或每升高 1m，温差不超过 0.5 ~ 1.0℃。寒冷季节，舍内的水平温差不应超过 3℃。实际生产中为减小舍内温差，在进行畜舍设计时，可通过加强墙体等围护结构的保温隔热设计，减少门、窗等缝隙的冷风渗透等加以实现。主要畜禽所需的环境参数见表 1 - 9。

表 1 - 9　主要畜禽所需的环境参数

家畜		适宜温度(℃)	生产环境温度(℃)	光照时间(h)	光照强度(lx)	空气微生物含量(千个/m³)
猪	妊娠母猪	13 ~ 20	10 ~ 25	14 ~ 18	75	小于100
	分娩母猪	15 ~ 25	10 ~ 30	14 ~ 18	75	小于60
	带仔母猪	17 ~ 20	15 ~ 25	14 ~ 18	75	小于50
	初生仔猪	32 ~ 34	27 ~ 32	14 ~ 18	75	小于50
	后备母猪	15 ~ 27	10 ~ 25	14 ~ 18	75	小于50
	育肥猪	15 ~ 20	10 ~ 30	8 ~ 12	50	小于80
牛	成年公牛	0 ~ 20	5 ~ 30	16 ~ 18	75	小于70
	肉用母牛	8 ~ 10	5 ~ 30	16 ~ 18	75	小于70
	乳用母牛	5 ~ 25	- 5 ~ 30	16 ~ 18	75	小于70
	犊牛	12 ~ 18	12 ~ 25	16 ~ 18	100	小于50
	青年牛	5 ~ 20	5 ~ 30	14 ~ 18	50	小于70
	肉牛	10 ~ 24	5 ~ 30	6 ~ 8	50	小于70
	小阉牛	15 ~ 24	10 ~ 30	6 ~ 8	50	小于70

家畜		适宜温度（℃）	生产环境温度（℃）	光照时间（h）	光照强度（lx）	空气微生物含量(千个/m³)
马	成年马	13	7～30	12～14	75	小于70
	马驹	25	20～30	12～14	75	小于50
绵羊	成年绵羊	−3～23	−5～25	8～10	75	小于70
	初生绵羊羔	27～30	27～30	8～10	100	小于50
	哺乳绵羊羔	15～20	10～25	8～10	100	小于50
山羊	成年山羊	5～25	0～30	8～10	75	小于70
	初生山羊羔	27～30	27～30	8～10	100	小于50
	哺乳山羊羔	15～25	10～30	8～10	75	小于50
鸡	成年鸡	13～20	10～30	14～17	20～25	
	雏鸡	20～31	20～31	0～3日龄23h 以后逐渐减至8 h	25 5～10	
	1～30日龄	18～20	18～20	8	5～10	
	31～60日龄 青年鸡（31～60日龄）	16～18	16～18	8	5～10	
	肉用仔鸡	18～23	18～25	14～16	5～10	
	火鸡(1～21 日龄平养)	22～27	22～27	14～16	5～10	
	火鸡(21～120 日龄平养)	18～20	18～20	14～16	5～10	
	成年火鸡（平养）	12～16	10～20	14～16	5～10	
鹌鹑	1周龄	31～34	31～34	24	5～10	
	2～5周龄（蛋用）	24～30	17～32	20	5～10	
	2～6周龄（肉用）	24～30	17～32	8	5～10	
鸭鹅	1～30日龄（平养）	20～30	18～30	14～16	5～10	
	大于31日龄（平养）	15～25	15～25	14～16	5～10	

（二）畜禽舍温度控制技术

1. 畜禽舍防暑降温技术

（1）加强畜禽舍外围护结构的隔热设计　在高温季节，导致舍内过热的原因是,一方面大气温度高、太阳辐射强烈,畜舍外部大量的热量进入畜舍内,另一方面家畜自身产生的热量通过空气对流和辐射散失量减少,热量在畜舍内大量积累。据实测,在自然通风条件下,一般夏季室内平均温度比室外平均气温高 $1.0 \sim 1.5 ℃$,室内最高气温约与室外最高气温接近。对多数不设空调的建筑,夏季主要是隔热太阳辐射热的影响,使内表面温度不高于室外空气温度,并且使室内热量能很快地散发出去。对于设有通风降温设备的畜禽舍,为了减少夏季机械通风的负荷,要求屋顶要有较高的隔热能力。因此,通过加强屋顶、墙壁等外围护结构的隔热设计,可以有效地防止或减弱太阳辐射热和高气温综合效应所引起的舍内温度升高。

1)屋顶的隔热构造　畜禽舍屋顶建造应选择多种建筑材料,按照最下层铺设导热系数较小的材料,中间层为蓄热系数较大材料,最上层是导热系数大的建筑材料的原则进行铺设。这样的多层结构的优点是,当屋面受太阳照射变热后,热传导蓄热系数大的材料层而蓄积起来,而下层由于传热系数较小、热阻较大,使热传导受到阻抑,缓和了热量向舍内的传播。当夜晚来临,被蓄积的热又通过其上导热性较大的材料层迅速散失,从而避免舍内白天升温而过热。屋顶除了具有良好的隔热结构外,还必须有足够的厚度。例如,京、津地区大型蛋鸡舍采用 $200mm$ 厚加气混凝土条板屋顶(水泥砂浆找平层 $20mm$ 厚,二毡三油防水层 $10mm$ 厚)(图 $1 - 10$),外表面做浅色处理($\rho = 0.5$),则屋顶的热惰性指标 $D = 3.29$,总衰减倍数 $\nu ov = 19.11$,总延长时间 $7.2h$。

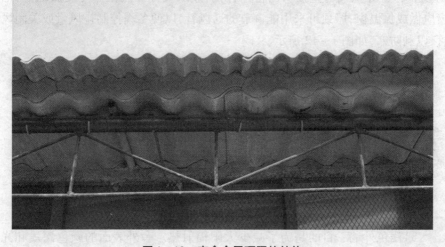

图 $1 - 10$　畜禽舍屋顶隔热结构

2)充分利用空气的隔热和流动特性　空气用于屋面隔热时,通常采用通风屋顶(图1-11)来实现。所谓通风屋顶是将屋顶做成两层,间层中的空气可以流动,上层接受太阳辐射热后,间层空气升温变轻,由间层上部开口流出,外界较冷空气由间层下部开口流入,如此不断把上层接受的太阳辐射热带走,大大减少经下层向舍内的传热,此为靠热压形成的间层通风。在外界有风的情况下,空气由迎风面间层开口流入,由上部和背风侧开口流出,不断将上层传递的热量带走,此为靠风压的间层通风,大大减少了通过屋顶下层传入舍内的热量。一般间层适宜的高度:坡屋顶可取120～200mm;平屋顶可取200mm左右。为了保证通风间层隔热良好,要求间层内壁必须光滑,以减少空气阻力,同时进风口尽量与夏季主风方向一致,排风口应设在高处,以充分利用风压与热压。

夏热冬冷地区不宜采用通风屋顶,因其冬季会促使屋顶散热不利于保温。但可以采用双坡屋顶设置天棚,在两山墙上设风口,夏季也能起到通风屋顶的部分作用,冬季可将山墙风口堵严,以利于天棚保温。

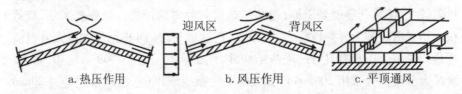

a.热压作用　　　　b.风压作用　　　　c.平顶通风

图1-11　通风屋顶

此外,还可以通过设置通风地窗,即在靠近地面处设置地窗,使舍内形成"扫地风"、"穿堂风",直接吹向畜体,防暑效果较好。但在冬冷夏热地区,地窗应做成保温窗,屋顶可采用能调节的通风管,以便冬季控制排风量或关闭风管,以利防寒,如图1-12所示。

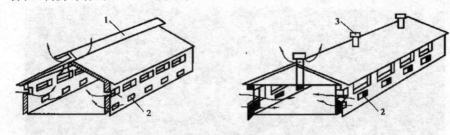

图1-12　通风屋脊、地窗和屋顶风管
1.通风屋脊　2.地窗　3.屋顶通风管

3)浅色外墙　目的是为了减少太阳辐射热。舍外表面的颜色深浅和光滑程度,决定其对太阳辐射热的吸收与反射能力(图1-13)。色浅而平滑的表面对辐射热吸收少而反射多;反之则吸收多而反射少。若深黑色、粗糙的油毡屋顶,对太阳辐射热的吸收系数值为 0.86;若红瓦屋顶和水泥粉刷的浅灰色光平面为 0.56;而白色石膏粉刷的光平面仅为 0.26。由此可见,采用白色或浅色、光平面屋顶,可减少太阳辐射热向舍内传递,是有效的隔热措施。

图 1-13　畜禽舍的外围墙

4)墙壁隔热设计　要使墙壁具有一定的隔热能力,宜采用热惰性指标较大、热稳定性较好的材料,如聚氨酯夹芯板,并保持适当的厚度。另外,在满足生产管理的前提下,适当降低墙壁高度和墙壁上的窗户面积,也有较好的效果。

(2)遮阳与绿化

图 1-14　畜禽舍遮阳设施

1)遮阳　遮阳是指一切可以遮断太阳辐射的设施与措施。可在畜禽舍顶、门口窗口上及运动场上面搭建遮阴棚或遮阴网,以降低周围地面温度,形成阴凉小气候(图1-14)。另外,还可以采取加宽屋檐,设置整体卷帘,屋顶(特别是石棉瓦屋顶)加盖稻草或草帘,阻隔阳光直射,降低舍内温度。

2)绿化　绿化是指栽树、种植牧草和饲料作物以覆盖裸露地面,吸收太阳辐射,降低畜牧场空气环境温度(图1-15)。绿化除具有净化空气、防风、改善小气候状况、美化环境等作用外,还具有吸收太阳辐射、降低环境温度的重要作用。绿化降温的作用表现为:①通过植物的蒸腾作用和光合作用,吸收太阳辐射热以降低气温。树林的树叶面积是树林种植面积的75倍,草地上草叶面积是草地面积的25~35倍。这些比绿化面积大几十倍的叶面积通过蒸腾作用和光合作用,大量吸收太阳辐射热,从而可显著降低空气温度。②通过遮阳以降低辐射。草地上的草可遮挡80%的太阳光,茂盛的树木能挡住50%~90%的太阳辐射热。因此,绿化可使建筑物和地表面温度显著降低。绿化了的地面比裸地的辐射热低4~15倍。③通过植物根部所保持的水分,可从地面吸收大量热能而降低空气温度。

总之,绿化的这些作用,可使空气"冷却",使地表温度降低,从而减少辐射到外墙、屋面和门、窗的热量。有数据表明,绿化地带比非绿化地带可降低空气温度10%~30%。

图1-15　畜禽场绿化

2. 畜禽舍的降温措施

(1)喷雾降温系统　喷雾降温的一种形式是用高压水泵通过喷头将水喷成直径小于$100\mu m$的雾粒(图1-16)。雾粒在畜舍内飘浮时吸收空气的热量而汽化,使舍温降低。当舍温上升到所设定的最高温度时,开始喷雾,1.5~2.5min后间歇10~20min再继续喷雾。当舍温下降至设定的最低温度时则停止喷雾。常用的喷雾降温系统主要由水箱、水泵、过滤器、喷头、管路及自动控制装置组成(图1-17)。喷雾降温的效果与空气湿度有关,当舍内相对湿度小于70%时,采用喷雾降温,可使气温降低3~4℃。当空气相对湿度大于85%时,喷雾降温效果并不显著。在畜禽舍中使用喷雾降温设备除起到降温的作用外,还有其他效果。首先就是防疫:在喷雾降温设备水箱中添加药剂可以起到撒药的作用,传播面积大且均匀,可以杀灭寄生虫等有害微生物,防止生猪感染。另一个就是除臭,使用喷雾降温设备,可以起到良好的除臭功能。最后,使用喷雾降温设备可以起到加湿的作用,保持环境的湿润,使生猪感觉更为舒适。

图1-16　喷雾降温设备

通过试验测试,在一栋长90m、宽度15m的猪舍内安装喷雾降温设备,每间隔2m安装一只高压喷头,开启喷雾降温设备30min以后,室外温度39℃,室内温度降低到33℃,持续使用效果更为明显。另外,为了避免持续使用喷雾降温设备导致的湿度过高问题,可以在猪舍两端安装排风扇进行通风。

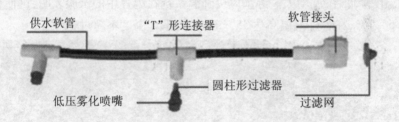

图1-17　喷雾降温设备示意图

喷雾降温设备性能优良除需要有稳定优质的压力泵以外,高压喷头的性能也十分重要,优质的高压喷头能保证产生的水雾颗粒细小,一般在7μm左右,这样细小的水雾颗粒在接触空气以后就迅速蒸发,避免落到地面,导致潮湿。使用喷雾降温设备的成本较低,只需消耗少量的电量和水即可,根据计算每100m²的面积每天的电量消耗大概在1kWh左右,相比较空调等设备而言,成本优势可观。

（2）湿帘风机降温系统

1）组成　湿帘风机降温系统一般由湿帘、风机循环水路和控制装置组成（图1-18）。湿帘是工厂生产的定型设备，也可以自行制作刨花箱，箱内充填刨花，以增加蒸发面，构成蒸发室，在箱的上方有开小孔的喷管向箱内喷水，箱的下方由回水盘收集多余的水。供水由水泵维持循环。湿垫风机降温系统的控制一般由恒温器控制装置来完成。当舍温高于设定温度范围的上限时，控制装置启动水泵向湿垫供水，随后启动风机排风，湿垫风机降温系统处于工作状态。当舍温降低至低于设定温度范围的下限时，控制装置首先关闭水泵，再经过一段时间的延时（通常为30min）后，将风机关闭，整个系统停止工作。延时关闭风机的目的是使湿垫完全晾干，以利于控制藻类的滋生。根据畜舍负压机械通风的方式不同，湿垫、风机的位置有3种布置方式。湿垫应安装在迎着夏季主导风向的墙面上，以增加气流速度，提高蒸发降温效果。在布置湿垫时，应尽量减少通风死角，确保舍内通风均匀，温度一致。

2）工作原理　湿帘风机降温系统的工作原理是水泵将水箱中的水经过上水管送至喷水管中，喷水管的喷水孔把水喷向反水板（喷水孔要面向上），从反水板上流下的水再经过特制的疏水湿垫确保水均匀地淋湿整个降温湿垫墙，从而保证与空气接触的湿垫表面完全湿透。剩余的水经集水槽和回水管又流回到水箱中。安装在畜舍另一端的轴流风机向外排风，使舍内形成负压区，舍外空气穿过湿垫被吸入舍内。空气通过湿润的湿垫表面导致水分蒸发而使温度降低，湿度增大。湿垫风机降温系统在鸡舍中的试验表明，可使舍温降低5~7℃，在舍外气温高达35℃时，舍内平均温度不超过30℃。

图1-18　湿帘风机降温系统

3）湿垫风机降温系统设计　增大湿垫厚度，使气流经过湿垫时与其接触时间加长，有利于提高蒸发降温效率。但过厚的湿垫使气流所受阻力增大，进而使空气流量相对减少,同时空气经过这一厚度时,蒸汽压力差减少,使其蒸发量增加缓慢甚至不能增加,因此合适的湿垫厚度是本系统设计的关键。干燥地区因空气相对湿度低,增加湿垫与气流的接触时间会使蒸发量增加,有利于提高蒸发降温效率,因此可选择较厚的湿垫。潮湿地区的空气相对湿度高,延长接触时间也不会增加多少蒸发量,但会使气流阻力增加许多,故厚度应适当减小。进行系统设计时,可参照供货商所提供的规格进行,一般情况下,湿垫厚度以 100 ~ 300mm 为宜。在湿垫风机降温系统中,风机的计算可参照"畜舍通风控制"部分进行,湿垫设计则需要确定其面积和厚度。

湿垫的总面积根据下式计算:

$$F_{湿垫} = \frac{L}{3\ 600v}$$

式中,$F_{湿垫}$——湿垫的总面积,m^2;

　　L——畜舍夏季所需的最大通风量,m^3/h;

　　v——空气通过湿垫时的流速(即湿垫的正面速度或称为迎风速度),m/s。

一般取湿垫的正面速度 $v = 1.0 \sim 1.5 m/s$。潮湿地区取较小值;干燥地区取较大值。

可根据湿垫的实际高度和宽度,拼成所需的面积。每侧湿垫可拼成一块,或根据墙的结构制成数块,然后用上水、回水管路连成一个统一的系统。与系统配套的水箱容积按每 $1m^2$ 湿垫 30L 计算,正常情况下 $1.5m^3$ 即能满足要求。

4)安装、使用注意事项　湿垫底部要有支撑,其面积不少于底部面积的50%,底部不得浸渍于集水槽中。若安装的位置能被畜禽触及,则必须用粗铁丝网加以隔离。应使用 pH 在 6 ~ 9 的水。应当使用井水或自来水,不可使用未经处理的地面水,以防止藻类的滋生。至少每周彻底清洗一下整个供水系统。在不使用时要将湿垫晾干(停水后 30min 再停风机即可晾干湿垫)。当舍外空气相对湿度大于 85% 时,停止使用湿垫降温。不可用高压水或蒸汽冲洗湿垫,应该用软毛刷上下轻刷,不要横刷。

(3)喷淋降温系统　在猪舍、牛舍粪沟或畜床上方,设喷头或钻孔水管,定时或不定时为家畜淋浴(图 1 - 19)。系统中,喷头的喷淋直径约 3m。水温低时,喷水可直接从畜体及舍内空气中吸收热量,同时,水分蒸发可加强畜体蒸发散热,并吸收空气中的热量,从而达到降温的目的。与喷雾降温系统不同,喷淋降温系统不需要较高的压力,可直接将降温喷头安装在自来水系统中,因此成本较低。该系统在密闭式或开放式畜舍中均可使用。系统管中的水在水压的作用下通过降温喷头的一个很细的喷孔喷向反水板,然后被溅成

图1-19 喷淋降温系统

小水滴向四周喷洒。淋在猪、牛表皮上的水一般经过1h左右才能全部蒸发掉,因此系统运行应间歇进行,建议每隔45~60min喷淋2min,采用时间继电器控制。使用喷淋降温系统时,应注意避免在畜体的躺卧区和采食区喷淋,以保持这些区域的干燥;系统运行时不应造成地面积水或汇流。实际生产中,使用喷淋降温系统一般都与机械通风相结合,从而可获得更好的降温效果。也可在畜舍屋顶安装喷淋装置,直接对畜舍屋顶进行降温(图1-20)。

图1-20 畜禽舍屋顶喷淋降温

(4)滴水降温系统 滴水降温系统的组成与喷淋降温系统相似,只是将降温喷头换成滴水器(图1-21、图1-22)。滴水器安装在家畜肩颈部上方

300mm 处。滴水降温是一种直接降温的方法,即将滴水器水滴直接滴到家畜的肩颈部,达到降温的目的。目前,该系统主要应用于分娩猪舍中。由于刚出生的仔猪不能淋水和仔猪保温箱需要防潮,采用喷淋降温不太适宜。且母猪多采用定位饲养,其活动受到限制,因此,可利用滴水为其降温。由于猪颈部对温度较为敏感,在肩颈部实施滴水,猪会感到特别凉爽。此外,水滴在猪背

图 1 - 21　　滴水降温系统

部体表时,有利于机体蒸发散热,且不影响仔猪的生长及仔猪保温箱的使用。滴水降温可使母猪在哺乳期间的体重下降少,仔猪断奶体重明显增加。此外,此系统也适合于在定位饲养的妊娠母猪舍中使用。滴水降温也应采用间歇进行方式。滴水时间可根据滴水器的流量调节,以既使猪颈部和肩部都湿润又不使水滴到地上为宜。比较适宜的时间间歇为 45 ~ 60min。

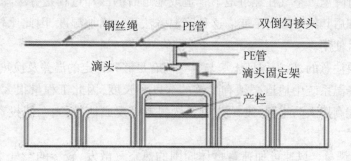

图 1 - 22　　滴水降温系统示意图

(5)冷风降温设备　冷风机是喷雾和冷风相结合的一种新型设备,国内外均有生产(图 1 - 23)。有的在少数种畜舍、种蛋库、畜产品冷库中采用机械制冷(空调)降温。这种空气处理设备的核心部件是由细长、盘曲并带散热片的紫铜管构成的换热器,冬季通过热水(或蒸汽)可以采暖,而夏季通过深井冷水(或冷冻水)可以降温。

图1-23 冷风降温设备

(6)地板局部降温系统 在夏季,利用低温地下水(15～20℃)通过埋在躺卧区的管道,对躺卧区进行局部降温,使家畜获得一个相对舒适的躺卧环境。该系统不仅可用于密闭式畜舍,也可用于开放舍。据李保明等报道,利用地下水进行地板局部降温,在外界温度34℃时,仍能使开放式猪舍地面的躺卧区温度维持在22～26℃,具有良好的降温效果。

(7)利用地道及自然洞穴通风降温 1985年,深圳建成了利用地道通风降温的猪舍。试验表明,空气经地道冷却后温度可降低3～5℃,猪舍内空气相对湿度小于85%。由于地下土壤热容量大和体积巨大,因此地下土层夏季的温度大大低于大气的温度。根据这一特点,可在地下一定深度(通常为3.0～4.5m)的土层中埋管或开挖地道,使舍外空气从中流过得以降温后再送入畜舍进行降温。空气在经过地下管道或地道时的冷却过程是等湿降温过程,空气冷却后其绝对湿度不变。这种降温方法不会增加湿度,因此比较适合于潮湿地区使用。

需要注意的是,为保证土壤与空气间有足够和稳定的温差及换热面积,地道通风降温系统中地道必须有足够的深度和长度,因此工程量很大,投资较高。如能利用人防工程、废矿井或天然洞穴等现成地道,则会使投资大大下降。

(8)风扇 风速可加速畜禽体周围的热空气散发,较冷的空气不断与畜禽体接触,起到降温作用。

(9)电空调 特殊畜群使用,温度适宜,只是成本过高,不宜大面积推广。

(10)防暑降温的饲养管理技术

1)尽量降低饲养密度 饲养密度过大,会造成拥挤、堆压、积温闷圈,导致畜禽不能正常生长发育。因此,要适时出栏或调整转圈,根据畜禽生长阶段和环境条件适当减少圈内的饲养密度,减少动物自身产热,从而降低舍温,减

畜禽环境管理关键技术

少热应激(图1-24)。在目前养殖条件下,按农户的一般水平,要求出栏时肉鸡和猪的推荐饲养密度见表1-10和表1-11,按养殖面积计算进鸡、猪数再加3%~5%即可。

表1-10 肉鸡的推荐饲养密度(只/m²)

	春	夏	秋	冬
地面平养	9	8	9	7
网上平养	11	10	11	9

表1-11 猪的推荐饲养密度

猪别	体重(kg)	每头猪所占面积(m²)	
		非漏缝地板	漏缝地板
断奶仔猪	4~11	0.37	0.26
	11~18	0.56	0.28
保育猪	18~25	0.74	0.37
生长猪	25~55	0.90	0.50
	56~105	1.20	0.80
后备母猪	113~136	1.39	1.11
成年母猪	136~227	1.67	1.37

图1-24 合理确定饲养密度

2)调整饲喂时间 每天喂料要做到早餐早喂,晚餐晚喂,供给新鲜饲料,减少精饲料,多喂青料和一些富含维生素C的青绿多汁饲料。对一些需要运动场的畜禽合理安排运动时间以避免高强度的日光照射。

3)冲水 对畜禽舍地面用清洁凉水浇泼或冲洗地面(图1-25),但注意不能用过凉的水直接泼浇畜禽体。栏舍周围或运动场是水泥地的铺上青草(稻草),防止阳光反射。

图1-25 运动场降温

图1-26 畜禽舍通风

4)加强通风,促进散热 畜禽舍内的门窗尽量敞开,促进空气对流;对通风不良及低矮的畜禽舍应安装排风扇,加快空气流通,促进散热(图1-26)。

5)机器检修 做好降温设备的完善与检修,包括风机、风扇的检修,水帘和水池的清洗,电机的检修(图1-27)。

图1-27 降温设备检修

3.畜禽舍防寒与保暖措施

(1)加强畜舍外围护保温隔热设计

图1-28 天棚结构和式样

1)加强屋顶和天棚的保温隔热设计 天棚可采用炉灰、锯末、玻璃棉、膨胀珍珠岩、矿棉、泡沫等材料铺设成一定厚度,以提高屋顶热阻值。屋顶、天棚必须严密、不透气,防止水汽侵入,挂霜、结冰,防止对建筑物造成破坏(图1-28)。

目前,一些轻型高效的合成隔热材料如玻璃棉、聚苯乙烯泡沫塑料、聚氨酯板等,已在畜舍天棚中得以应用,使得屋顶保温能力进一步提高,为解决寒冷地区冬季保温问题提供了可能。

2)墙壁的保温隔热 墙壁是畜舍的主要外围护结构,散失热量仅次于屋顶。为提高畜舍墙壁的保温能力,可通过选择导热系数小的材料,确定合理的隔热结构,提高施工质量等加以实现(图1-29)。如采用空心砖替代普通红砖,可使墙的热阻值提高41%,用加气混凝土块,则可提高6倍以上;利用空心墙体或在空心内充填隔热材料,墙的热阻值会进一步提高;透气、变潮都可

图1-29 常用隔热材料

导致墙体对流和传导失热增加,降低保温隔热效果(图1-30)。目前,国外广泛采用的典型隔热墙总厚度不到12cm,但总热阻可达3.81(m²·℃/W)。其外侧为波型铝板,内侧为防水胶合板(10mm);在防水胶合板的里面贴一层0.1mm的聚乙烯防水层,铝板与胶合板间充以100mm玻璃棉。该墙体具有导热系数小、不透气、保温隔热好等特点,经过防水处理,克服了吸水和透气的缺陷。外界气温对舍内温度影响较小,有利于保持舍温的相对稳定,其隔热层不易受潮,温度变化平缓,一般不会形成水汽凝结。国内近年来也研制了一些新型经济的保温材料,如全塑复合板、夹层保温复合板等,除了具有较好的保温隔热特性外,还有一定的防腐防燃防潮防虫功能,比较适合于周围非承重结构墙体材料。此外,由聚苯板及无纺布作基本材料经防水强化处理的复合聚苯板,其导热系数为0.033~0.037,可用于组装式拱形屋面和侧墙材料。

空心砖　　　　　　　　　　　　加气混凝土块

图1-30 墙壁的保温隔热材料

3)加强门窗保暖的设计　在寒冷地区,在受寒风侵袭的北侧、西侧墙应少设窗、门,并注意对北墙和西墙加强保温,以及在外门加门斗、设双层窗或临时加塑料薄膜、窗帘、空气墙等,对加强畜舍冬季保温均有重要作用(图1-

31）。

图1-31　畜禽舍门窗保暖设计

4）地面的保温隔热设计　与屋顶、墙壁比较,地面散热在整个外围护结构中虽然位于最后,但由于家畜直接在地面上活动,所以畜舍地面的热工状况直接影响畜体。夯实土及三合土地面在干燥状况下,具有良好的温热特性,适用于鸡舍、羊舍等使用。水泥地面具有坚固、耐久和不透水等优良特点,但水泥地面又硬又冷,在寒冷地区对家畜不利,直接用作畜床最好加铺木板、沙土、垫草或厩垫(图1-32)。

图1-32　牛舍地面的保暖隔热设计

如在英国广泛采用的畜舍隔热地面(图1-33)。其主要结构是：上层是导热系数小的空心砖，其下是蓄热性大的混凝土，再下是导热系数比较小的夯实素土。畜体与地面接触后，首先接触的是只有很薄一层抹灰的空心砖，由于其导热系数小，畜体失热少。畜体传导给空心砖的热量通过空心砖传到混凝土层，因其蓄热性强，被蓄积起来，当要放散时，因混凝土上下均是导热系数小的材料(空心砖和夯实素土)，因而受到阻碍，所以地面温度比较稳定。这种隔热地面，取材方便、施工也不复杂，但效果很好，值得借鉴。

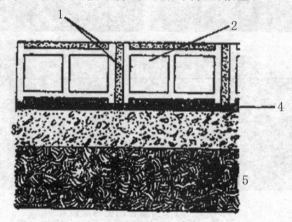

图1-33 空心砖隔热地面

1. 水泥砂浆　2. 空心黏土砖　3. 混凝土　4. 油毡或沥青防潮层　5. 夯实素土

5)选择有利保温的畜禽舍形式　一般，大跨度畜舍、圆形畜舍的外围护结构的面积相对的比小型畜舍、小跨度畜舍小。所以，大跨度畜舍和圆形畜舍通过外围护结构的总失热量也小，所用建筑材料也省。同时，畜舍的有效面积大，利用率高，便于采用先进生产技术和生产工艺，实现畜牧业生产过程的机械化和自动化(图1-34)。

(2)搭塑料棚　塑料棚透光聚温，可提高舍温7℃左右。农户分散养猪可因地制宜，在圈舍上方设拱形、脊形、伞形或单坡向阳式塑料棚，并在靠南面的上方留一活动通风窗，供调节温度与换气之用(图1-35)。

(3)铺草垫床　在畜床上加铺玉米叶或其他干草，既可吸湿除潮、吸收有害气体，又可提高畜床的温度(图1-36)。例如，在猪圈内铺上10cm厚的锯末屑，加入发酵剂，数天后开始发酵，其温度可达35℃，使猪舍保持温暖。

(4)畜禽舍内采暖设备　在各种防寒措施仍不能满足舍温需要时，可通过集中采暖和局部采暖等方式加以解决，使用时应根据畜禽需求、饲料计划及

图 1－34　有利保温的畜禽舍形式

图 1－35　塑料棚

设备投资、能源消耗等综合考虑。集中采暖是通过一个热源(如锅炉房)将热媒由管道送至各房舍的散热器(暖气片等),对整个畜舍进行全面供暖,使舍温达到适宜的程度。目前,集中采暖主要有以下几种:①利用热水输送到舍内的散热器。②利用热空气(热风)通过管道直接送到舍内。③在地面下铺设热水管道,利用热水将地面加热。④电力充足地区,在地面下埋设电热线加热地面。如猪场分娩舍中,初生仔猪要求环境温度为 32～34℃,以后随日龄而降低,1 月龄时为 20～25℃;母猪则要求环境温度 20～25℃,利用集中采暖,不但设备投资、能耗大,而且不能同时满足要求。若在保证母猪所需温度后,对仔猪进行局部采暖,这样既节约设备投资和降低能耗,又便于局部温度控制。常用的采暖方式主要有以下几种:

1)热水散热器采暖设备　主要由热水锅炉、管道和散热器三部分组成(图 1－37)。散热器常为铸铁或钢,按形状可以分为管形、柱形、翼形和平板形。其中铸铁柱形散热器传热系数较大,不易集灰,比较适合于畜舍使用。散热器布置时应尽可能使舍内温度分布均匀,同时考虑到缩短管路长度。散热

图 1 - 36　畜禽舍垫草的使用

图 1 - 37　热水散热器采暖设备

器可分成多组,每组片数一般不超过 10 片。柱形散热器因只有靠边两片的外侧能把热量有效地辐射出去,应尽量减少每组片数,以增加散热器有效散热面积。散热器一般布置在窗下或喂饲通道上。

2)热风采暖设备　热风采暖利用热源将空气加热到要求的温度,然后将该空气通过管道送入畜舍进行加热(图 1 - 38)。热风采暖设备投资低,可与冬季通风相结合。在为畜舍提供热量的同时,也提供了新鲜空气,降低了能源消耗;热风进入畜舍可以显著降低畜舍空气的相对湿度;便于实现自动控制。热风采暖系统的最大缺陷就是不宜远距离输送,这是因为空气的贮热能力很低,远距离输送会使温度递降很快。热风采暖主要有热风炉式、空气加热器式和暖风机式3种。

图1-38　热风采暖设备

热风采暖时,送风管道直径及风速对采暖效果有很大影响。管径过大或管内风速过小,采暖成本增加;相反,管径过小或管内风速过大,会加大气体管内流动阻力,增加电机耗电量。当阻力大于风机所能提供的动压时,会导致热风热量达不到所规定的值。通常要求送风管内的风速为2~10m/s。

热空气从侧向送风孔向舍内送风,以非等温受限射流形式喷出。这种方式可使畜禽活动区温度和气流比较均匀,且气流速度不致太大。送风孔直径一般取20~50mm,孔距为1.0~2.0m。为使舍内温度更加均匀,风管上的风孔应沿热风流动方向由疏而密布置。

采用热风炉采暖时,应注意:①每个畜舍最好独立使用一台热风炉。②排风口应设在畜舍下部。③对三角形屋架结构畜舍,应加吊顶。④对于双列及多列布置的畜舍,最好用两根送风管往中间对吹,以确保舍温更加均匀。⑤采用侧向送风,使热风吹出方向与地面平行,避免热风直接吹向畜体。⑥舍内送风管末端不能封闭。

3)太阳能集热——储热石床采暖　为太阳能采暖方式中的一种(图1-39)。由太阳能接受室和风机组成。冷空气经进气口进入太阳能接受室后,被太阳能加热,由石床将热能储存起来,夜间用风机将经过加热后的空气送入畜舍,使舍温升高。太阳能接受室一般建在畜舍南墙外侧,用双层塑料薄膜或双层玻璃作采光面,两层之间用方木骨架固定,使之形成静止空气层,以增加保温性能。太阳能接受室内设有由涂黑漆的铝板(或其他吸热材料)制成的集热器,内部由带空隙的石子形成的储热石床,石床下面及南侧用泡沫塑料和塑料薄膜制成防潮隔热层,白天,通过采光面进入到接受室的太阳能被集热器和石床接受并储存。为减少集热器和石床的热损失,夜间和阴天可在采光面上铺盖保温被或草苫。由于太阳能采暖受气候条件影响较大,较难实现完全的人工控制环境。因此,为确保畜舍供暖要求,太阳能采暖一般只作为其他采暖设备的辅助装置使用。

图1-39 太阳能

4)电热保温伞 电热保温伞下部为温床,用电热丝加热混凝土地板(电热丝预埋在混凝土地板内,电热丝下部铺设有隔热石棉网),上部为直径为1.5m左右的保温伞,伞内有照明灯(图1-40)。利用保温伞育雏,一般每800~1 000只雏1个,而用于仔猪取暖时,则每2~4窝仔猪1个保温伞。

图1-40 电热保温伞

5)电热地板 在仔猪躺卧区地板下铺设电热缆线(图1-41),1m² 供给电热300~400W,电缆线应铺设在嵌入混凝土内38mm,均匀隔开,电缆线不得相互交叉和接触,每4个栏设置一个恒温器。

图 1-41 电热地板

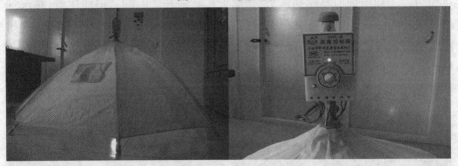

图 1-42 红外线灯保温伞

6)红外线灯保温伞 红外线灯保温伞下部为铺设有隔热层的混凝土地板,上部为直径为1.5m左右的锥形保温伞,保温伞内悬挂有红外线灯(图1-42)。保温伞表面光滑,可聚集并反射长波辐射热,提高地面温度。在母猪分娩舍采用红外线灯照射仔猪效果较好,一般一窝一盏(125W),这样既可保证仔猪所需较高的温度,而又不至于影响母猪。保温区的温度与红外线灯悬挂的高度和距离有着密切的关系,在灯泡功率一定条件下,红外线灯悬挂高度越高,地面温度越低。

表 1-12 红外线灯高度距离和温度关系

灯下水平距离(cm)		0	10	20	30	40	50
灯泡(W)	高度(cm)	温度(℃)					
250	50	34	30	25	20	18	17
	40	38	34	21	17	17	17
125	50	19	26	18	17	17	15
	40	23	28	19	15	15	14

7）热水管地面采暖　热水管地面采暖在国外养猪场中已得到普遍应用。即将热水管埋设在畜舍地面的混凝土层内或其下面的土层中,热水管下面铺设防潮隔热层以阻止热量向下传递(图1-43)。热水通过管道将地面加热,为家畜生活区域提供适宜的温度环境。采暖热水可由统一的热水锅炉供应,也可在每个需要采暖的舍内安装一台电热水加热器。水温由恒温控制器控制,温度调节范围为45~80℃。与其他采暖系统相比,热水管地面采暖有如下优点:①节省能源。它只是将猪活动的地面及其附近区域加热到适宜的温度,而不是加热整个猪舍空间。②保持地面干燥,减少痢疾等疾病发生。③供热均匀。④利用地面高储热能力,使温度保持较长的时间。但应注意,热水管地面采暖的一次性投资比其他采暖设备投资大2~4倍;一旦地面裂缝,极易破坏采暖系统而不易修复;同时地面加热到达设定温度所需的时间较长,对突然的温度变化调节能力差。

图1-43　热水管加热地板

8）煤炉　普通燃煤取暖设施,常使用于天气寒冷而且块煤供应充足的地区,使用的燃料是块煤,优点是加热速度快,移动方便,可随时安装使用,使用时用于应急较好(图1-44)。

9）蜂窝煤炉　使用燃料为蜂窝煤,供热速度和供热量较煤炉慢而少,但因无烟使用方便,在全国许多地区使用;优点是移动方便,可随时安装使用,应急时有时不必安装烟筒,比煤炉更方便(图1-45)。

10）火墙　在畜禽舍靠墙处用砖等材料砌成的火道,因墙较厚,保温性能更好些;火墙在较寒冷地区多用;如果将添火口设在畜禽舍外,还可以防止煤烟火或灰尘等的不利影响。

11）地炕(地火龙)　将畜禽舍下方设计成火道,火在下方燃烧时,地面保持一定的温度(图1-46)。或者可以设计在地面上,即地火龙。另外,还可以设计成烧柴草形式,燃料为廉价的杂草或庄稼秸秆,可使成本降到更低,这种

图1-44 煤炉

图1-45 蜂窝煤炉

形式是非常实惠的。

(5)保暖的饲养管理技术

1)增加饲养密度　在不影响饲养管理及畜禽舍内卫生状况的前提下,适当增加舍内畜禽的饲养密度,等于增加热源,这是一项行之有效的辅助性防寒保温措施。

2)精心饲喂　在配制日粮时,应适当增加高粱和玉米等能量饲料。饲料经发酵后饲喂,供给量要充足,还要饮用温水。每天零点左右再加喂1次夜食,以增强畜体的抗寒和抗病能力,促进快速生长。

3)添加中药　可在饲料中添加活血祛瘀、健脾燥湿、祛风散寒的中药。

图1-46　地火龙

处方为:川芎、甘草、荆芥、防风、柏仁各60g,麦芽30g,山楂、苍术、陈皮、槟榔、神曲各10g,木通8g,研末后拌少量饲料,于早晨一次喂完,每周喂1次。

4)保持干燥　湿度越大,就越感觉寒冷,并极易引起皮肤病、呼吸道疾病、传染性疾病及寄生虫病。圈舍内除要勤垫、勤换干草。

5)排除有害气体　畜禽舍内有害气体浓度过高,畜禽体抗病和御寒能力会明显降低。因此,每天利用中午高温时段,打开门窗通风,排除有害气体,换入新鲜空气,以利于畜禽的生长发育。因为冬季气温低,畜禽舍通风换气必须控制通风量,要求畜禽舍内风速不超过0.2m/s,通风前要提高舍温。

6)多晒太阳　选择晴暖天气的下午1~3点,把畜禽赶到外面晒晒太阳,适当加强户外运动,提高畜禽对寒冷天气的抵抗力。

7)加强畜舍的维修　保养入冬前进行认真仔细的越冬御寒准备工作,包括封门、封窗、设挡风障、堵塞墙壁、屋顶缝隙、孔洞等。这些措施对于提高畜舍防寒保温性能都有重要的作用。

第二节　畜禽舍湿度管理技术

一、空气湿度的概念

空气湿度是表示空气中水汽含量多少或空气潮湿程度的物理量。空气在任何温度下都含有水汽。主要来源于水面以及植物、潮湿地面的蒸发。在一定的温度下在一定体积的空气里含有的水汽越少,则空气越干燥;水汽越多,则空气越潮湿。在此意义下,常用水汽压、绝对湿度、相对湿度、饱和差以及露点温度等物理量来表示。

空气湿度的描述指标有以下几种：

1. 实际水汽压（e）

空气是由含水汽在内的多种气体组成。由空气中水汽本身所产生的那部分压强称为水汽压。空气水汽达到饱和时的水汽压被称为"饱和水汽压"。

2. 绝对湿度（ρv）

绝对湿度又叫水汽密度或水汽浓度，指单位体积空气中所含水汽的质量，单位为 kg/m^3。它直接表示空气中水汽的绝对含量。

3. 相对湿度（%）

指空气中实际水汽压与同温度下饱和水汽压之比，用百分率表示。它说明水汽在空气中的饱和程度，是一个常用的指标。即：相对湿度 = 实际水汽压/同温度下的饱和水汽压×100%。

4. 饱和差（d）

在一定的温度下，饱和水汽压（E）与空气中实际水汽压（e）之差，叫饱和差，即 d = E − e。它表示空气中的实际水汽距离饱和的程度。

5. 露点温度（Td）

在空气中水汽含量不变，且气压一定时，因气温下降，使空气达到饱和时的温度称为"露点"，单位为℃。空气中水汽含量愈多，露点愈高，反之露点愈低。

表 1 − 13　露点与相对湿度对照表

露点温度（℃）	相对湿度（%）	含水率（%）
−50	0.169	0.003 8
−40	0.533	0.012 7
−30	1.64	0.037 7
−20	4.44	0.102 5
−10	11.15	0.257 3
0	26.12	0.602 7
10	52.52	1.211 7
20	100	2.307 2

二、空气湿度对畜禽生产的影响

（一）空气湿度对畜禽热调节的影响

空气湿度对家畜热调节的作用受温度的影响，在适宜温度条件下，空气湿度对畜体产热、散热和热调节没有显著的影响,但也应控制空气湿度,一般要求畜禽舍的相对湿度控制在50%~80%。在高温或低温条件下,空气湿度的大小,对家畜机体的散热有显著影响。空气湿度对畜禽体热调节的作用,受气温的制约,而空气湿度的大小,又反过来加剧或缓解气温对家畜产生的不良影响。一般要求畜舍内的相对湿度以50%~70%为宜。通常,低湿在高温时有利于机体蒸发散热,低温时则可减少散热,但相对湿度过小,如低于40%时,则容易造成皮肤和暴露黏膜干裂,呼吸道黏膜受损,家畜易患皮肤和呼吸道疾病,且可造成猪舍空气粉尘浓度升高。相对湿度高于70%时,则有利于病原体的繁殖,使畜禽易患疥癣、湿疹等皮肤病,也会降低畜舍和舍内机械设备的寿命。在高温或低温时,空气湿度与畜禽的热调节关系密切,具体影响畜禽的散热过程。

1. 空气湿度对蒸发散热的影响

在高温环境中,机体皮肤温度与空气温度之差减小,辐射、传导、对流散热量降低,机体主要依靠蒸发散热,而蒸发散热量的大小与机体蒸发面(皮肤和呼吸道)水汽压和空气水汽压之差成正比。机体蒸发面的水汽压取决于蒸发面的温度和潮湿程度,皮肤温度越高、越潮湿(如出汗),水汽压就越大,越有利于蒸发散热。若空气水汽压升高,机体表面水汽压与空气水汽压之差减小,则蒸发散热量减少,故高温、高湿环境下,机体的散热非常困难,从而加剧了热应激。高温时,若空气的相对湿度升高,动物的蒸发散热量将下降,不利于机体体热平衡的维持。

2. 空气湿度对非蒸发散热的影响

在低温环境中,机体主要依靠辐射、传导、对流等非蒸发方式散热,并力图减少散热量来维持体温的恒定。在低温环境中,空气湿度越大,非蒸发散热量越大。其原因是潮湿空气的热容量和导热性分别是干燥空气的2倍和10倍,潮湿的空气又有利于吸收空气的长波辐射热量,此外在告示环境中,畜体的被毛和表皮都能吸收空气中的水分,增加其导热系数,降低了体表热阻,使得非蒸发散热量大大增加,畜体感觉更加寒冷。对于这一点,幼龄畜禽更为敏感。例如,冬季饲养在湿度较高舍内的仔猪,活重明显低于对照组,且容易发生下痢、肠炎等疾病。总之,无论高温或低温,高湿都不利于机体的热调节,低湿则可减轻高温或低温的不良作用。

3. 空气湿度对产热量的影响

在适宜温度条件下,湿度的高低对产热量没有影响。如果畜禽长期处在高温、高湿环境中,蒸发散热受到抑制,畜禽代谢率下降,产热量减少,以维持体温的恒定。如果动物突然处于高温高湿环境中,由于体温升高和呼吸肌强烈收缩,使动物产热量增加。在低温环境中,高湿可促进非蒸发散热,加速动物冷应激,引起动物产热量增加。

4. 空气湿度对机体热平衡的影响

在适宜的温度条件下,湿度的高低对机体热平衡没有显著影响。在有限度的低温环境中,湿度的高低对机体热平衡的影响并不明显,此时,动物可以通过代谢率来维持热平衡。在高温环境中,随着空气湿度的不断增大,畜体蒸发散热受阻,体温随之升高。例如,黑白花奶牛在26.7℃时,空气相对湿度从30%升高到50%,体温升高0.5℃;猪在32.2℃时,空气相对湿度从30%升高到94%,体温升高1.39℃;公羊在35℃高温时,空气相对湿度从57%升高到78%,体温升高0.6℃,睾丸温度升高了1.2℃。又例如,气温在29.4℃以下,相对湿度对母鸡没有影响,在32.2℃,相对湿度超过55%时,体温开始上升。在38℃中经7h,如果相对湿度超过75%,体温上升到47.8℃,已濒临死亡。

(二)空气湿度对畜禽生产力的影响

1. 繁殖

在适宜温度或低温环境中,空气湿度对畜禽的繁殖活动影响很小。在高温环境中,增加空气湿度,不利于动物生殖活动。例如,据试验,在7～8月温度超过35℃时,牛的繁殖率与空气湿度呈现密切的负相关;到9月和10月上旬,气温下降到35℃以下,空气湿度对于牛的繁殖率的影响极小。

2. 生长和育肥

湿度对猪的生长有一定影响,但单独评价它对育肥的影响是困难的,因为它往往是与环境温度共同作用的结果。一般认为,气温在14～23℃,相对湿度50%～80%时对猪的生长和育肥效果较好。适宜温度下体重30～100kg的猪,相对湿度45%～95%,对其增重和饲料消耗均无显著的差异;高温时,空气湿度的这一变化可能导致平均日增重下降6%～8%。饲养在7℃以下的犊牛,相对湿度75%～95%,增重率和饲料利用率显著下降,分别为14.4%、11.1%。空气湿度过低对雏鸡羽毛生长不利。

3. 产乳及乳成分

在适宜温度或低温环境中(气温在24℃以下),空气相对湿度对奶牛的产乳量、乳的成分、饲料和水的消耗以及体重都没有明显的影响。但在高温环境中,随着相对湿度相应升高,黑白花奶牛、娟珊牛和瑞士黄牛的采食量、产乳量和乳脂率都下降。在30℃时,相对湿度从50%增加到75%,奶牛产乳量下降7%,乳蛋白含量也下降。

4.产蛋量

在适宜温度或低温环境中,空气湿度对产蛋量无显著影响。而在高温环境中,空气相对湿度大,对产蛋量有不良的影响。冬季相对湿度80%以上,对产蛋有不良影响。产蛋鸡在生产中所能耐受的最高温度,随湿度的增加而下降。如相对湿度75%和50%时,产蛋鸡耐受的最高温度为28℃和31℃。

(三)空气湿度对动物健康的影响

1.高湿

高湿环境为病原微生物和寄生虫的繁殖、感染和传播创造了条件,使家畜传染病和寄生虫病的发病率升高,并利于其流行。在高温、高湿条件下,猪瘟、猪丹毒和鸡球虫病等最易发生流行,家畜亦易患疥、癣及湿疹等皮肤病。高湿是吸吮疥癣虫生活的必要条件,因此,高湿对疥癣蔓延起着重要作用。高湿有利于秃毛癣菌的发育,使其在畜群中发生和蔓延。高湿还有利于空气中猪布氏杆菌、鼻疽放线杆菌、大肠杆菌、溶血性链球菌和无囊膜病毒的存活。高温高湿尤其利于霉菌的繁殖,造成饲料、垫草的霉烂,使赤霉菌病及曲霉菌病的大量发生。在梅雨季节,畜舍内高温高湿往往使幼畜的肺炎、白痢和球虫病暴发蔓延或流行。

低温高湿,家畜易患各种呼吸道疾病,如感冒、支气管炎、肺炎等以及肌肉、关节的风湿性疾病和神经痛等。在温度适宜或偏高的环境中,高湿有助于空气中灰尘下降,使空气较为干净,对防止和控制呼吸道疾病有利。

2.低湿

空气过分干燥,再加以高温,能加速皮肤和外露黏膜(眼、口、唇、鼻黏膜等)水分蒸发,造成局部干裂,减弱皮肤和外露黏膜对微生物的防卫能力,相对湿度40%以下时,易引起呼吸道疾病。低湿有利于白色、金黄色葡萄球菌、鸡白痢沙门杆菌以及具有脂蛋白囊膜的病毒存活,易使家禽羽毛生长不良。还是家禽互啄癖发生和猪皮肤落屑的重要原因之一。空气高燥会使空气中尘埃和微生物含量提高,易引发皮肤病、呼吸道疾病等。根据动物的生理机能,相对湿度为50%~70%是比较适宜的。牛舍用水量大,可放宽到85%。

三、畜禽舍空气湿度控制技术

(一)畜禽舍中空气湿度的来源与分布

畜禽舍中空气的湿度是多变的,通常大大超过外界空气的湿度。密闭式畜禽舍中的空气湿度常比大气中高很多。在夏季,舍内外空气交换较充分,湿度相差相对较小。畜禽舍中空气湿度的来源主要有以下几个途径:畜禽舍中的水汽主要来自畜体表面和呼吸道蒸发的水汽,这一部分占到总量的70%～75%;暴露水面(尿粪沟或地面积存的水)和潮湿表面(潮湿的墙壁、垫草、畜床和堆积的粪污等),这一部分占到总量的20%～25%;通风换气过程中带入的大气当中的水分占到总量的10%～15%。

在标准状态下,干燥空气与水汽的密度比为1:0.623,水汽的密度较空气小。在密闭式畜禽舍的上部和下部空气湿度均较高。下部地面水分和畜体表面的水分不断蒸发,轻暖的水汽很快上升,聚集在畜禽舍上部。当舍内温度下降低于露点时,空气中的水汽会在墙壁、地面等物体上凝结,并深入进去,使得建筑物和用具变潮,保温性能进一步降低;温度升高后,这些水分从物体中蒸发出来,使空气湿度增高。畜禽舍的天棚和墙壁长期潮湿,墙壁表面会生长绿霉,水泥墙灰会脱落,影响建筑物的使用寿命,增加维修保养的成本。

(二)畜禽舍中的湿度标准

从动物的生理机能来说,50%～70%的相对湿度是比较适宜的,但要保持这样的湿度水平较困难,因此给出一个较宽泛的范围,以便于实际生产中进行控制,而鸡舍中的雏鸡舍的湿度易偏低,而若湿度过低,则对雏鸡影响较大,因而鸡舍的湿度标准范围较窄。

1. 牛舍

成年牛舍、育成牛舍的相对湿度≤85%;犊牛舍、分娩舍、公牛舍的相对湿度≤75%。

2. 猪舍

成猪舍、后备猪舍的相对湿度≤65%～75%;混合猪舍、肥猪舍的相对湿度≤75%～80%。

3. 羊舍

产羔间的相对湿度≤75%,其他羊舍的相对湿度≤80%。

4. 鸡舍

鸡舍的相对湿度一般应控制在60%～75%。

(三)畜禽舍空气湿度的调控

在畜禽生产中,人们较为关注的环境因素有温度、湿度、空气质量、密度等,一直没有人把潮湿列入,所以一般不被人们重视。事实上,畜禽舍的湿度与畜禽健康和疫病的防治有着至关重要的关联。一般,空气湿度对畜禽生产的影响,主要是畜禽舍防潮问题,特别是在冬季,是一个比较困难而又十分重要的工作。生产中,可结合下列措施,来减少舍内湿度。

1. 加大通风

要把舍内水汽排出,通风是最好的办法。但如何通风,则需根据不同畜禽舍的条件采取相应措施,以下是几种加大通风的措施:

(1) 增大窗户面积　使舍内与舍外通风量增加。

(2) 加开地窗　相对于上面窗户通风,地窗效果更明显,因为通过地窗的风直接吹到地面,更容易使水分蒸发。

(3) 使用风扇　风扇可使空气流动加强。

2. 减少用水

在对潮湿敏感的畜禽舍(如产房、保育前阶段),应控制用水,特别是尽可能减少地面积水。

3. 地面铺撒生石灰

舍内地面铺撒生石灰,可利用生石灰的吸湿特性,使舍内局部空气变干燥;另外,生石灰还有消毒功能。

4. 低温水管

低温水管也有吸潮的功能,如果低于20℃的水管通过潮湿的畜禽舍,舍内的水蒸气会变为水珠,从水管上流下;如果舍内多设几趟水管,同时设置排水设施,也会使舍内湿度降低。

另外,降湿的方法还有很多,舍内升火炉可以降湿,舍内用空调可以降湿,舍内加大通风量也可以降湿,控制冲洗地面次数和防止水管漏水也可以降低湿度等,畜禽场可以根据自己的实际情况灵活采用。及时清除粪便,以减少水分蒸发。加强畜舍保温,勿使舍温降至露点以下。铺垫草可以吸收大量水分,是防止舍内潮湿的一项重要措施。

四、畜禽舍通风管理技术

(一)风的形成与描述

风的形成主要是由于空气的水平流动。在地球表面上,由于空气温度的不同,使各地气压的水平分布亦不相同。气温高的地区,气压较低;气温低的地区,气压较高。空气从密度大处向密度小处流动,即空气从高温处流向低温处,空气的这种水平流动叫风。两地的气压相差愈大,则风速也愈大。在同样的气压差下,风速与两地的距离有关,距离愈近,风速愈大;距离愈远,风速愈小。

我国大陆处于亚洲东南季风区,夏季大陆气温高,空气密度小,气压低,海洋气温低,空气密度大,气压高,故盛行东南风,带来了潮湿的空气和充沛的降水;冬季大陆温度低,空气密度大,气压高,海洋温度高,空气密度小,气压低,故多形成西北风或东北风。西北风较干燥,东北风多雨雪。此外,西南地区还受季风的影响,夏季刮西北风,冬季吹东北风。

气流的状态通常用风向和风速来表示。

风向就是风吹来的方向,气象上以圆周方位来表示风向,常以 8 或 16 个方位表示。风向是经常发生变化的,一段时间内的风向常用风向频率来表示。即在一定时间内某风向出现的次数占该段时间刮风总次数的百分比。在实际应用中,常用一种特殊的图形表示风向的分配情况,即将某一地区,某一时期内诸风向的频率依据罗盘方位,按比例绘在 8 或 16 个中心交叉的直线上,然后把各点用直线连接起来得到的几何图形被称为"风向玫瑰图"(图 1 −47)。它可以表明一定地区一定时间内的主导风向,在选择牧场场址、建筑物配置和畜舍设计上都有重要的参考价值。

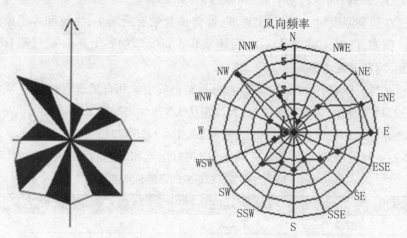

图 1 −47 某地冬季风向玫瑰图

风速是单位时间内空气水平移动的距离,单位为 m/s。气象上常用蒲氏风级表来表示(表 1 −14)。

表1-14 风力等级与风速对照表

风级	名称	风速 m/s	陆地景象
0	无风	0～0.2	烟直上
1	软风	0.3～1.5	烟示风向
2	轻风	1.6～3.3	感觉有风
3	微风	3.4～5.4	旌旗展开
4	和风	5.5～7.9	吹起尘土
5	劲风	8～10.7	小树摇摆
6	强风	10.8～13.8	电线有声
7	疾风	13.9～17.1	步行困难
8	大风	17.2～20.7	折毁树枝

（二）气流对畜禽生产的影响

1.气流对畜禽生产力的影响

（1）生长和育肥 在低温环境中,增加气流速度,畜禽生长发育和育肥速度下降。例如,仔猪在低于临界温度（如18℃）时,风速从0 m/s增加到0.5 m/s,生长率和饲料利用率分别下降15%和25%。

在适宜温度时,增加气流速度,畜禽采食量有所增加,生长和育肥速度不变。例如,在25℃的等热区中,风速从0.5 m/s增加到1.0 m/s,仔猪日增重不变,饲料消耗增多。

在高温环境中,增加气流速度,可提高畜禽生长和育肥速度。例如,在气温为32.4℃和相对湿度为40%时,当风速从0.3 m/s增加到1.6 m/s时,肉牛平均日增重从0.64g增加到1.06g。气温21.1～34.5℃时,气流自0.1m/s增至2.5m/s,可使小鸡的增重提高38%（肉鸡对温度和风速的要求见表1-15）。

表1-15 肉鸡各日龄适宜的温度和风速的要求

日龄（d）	温度（℃）	风速（m/s）
1～7	32.2	无风速
8～14	29.4	<0.2,应该考虑静止的空气温度
15～21	26.6（体感温度）	<0.51,开始使用过滤通风系统
22～28	23.9（体感温度）	<1.02,使用过滤通风系统
29～35	21.1	1.75～2.5,可以考虑用纵向通风系统,或结合湿帘蒸发降温系统通风
34+	18.3（体感温度）	纵向最大风速2.75,可以使用纵向通风系统,或结合湿帘蒸发降温系统

（2）产蛋性能　在高温环境中，增加气流，可提高产蛋量。例如，在气温为32.7℃，相对湿度为47%～62%，风速由1.1m/s提高到1.6m/s，来航鸡的产蛋率可提高1.3%～18.5%。在30℃环境中，当风速从0m/s增至0.8m/s，鹌鹑产蛋率从81.9%增至87.2%。

适温、风速在1 m/s以下的气流对产蛋量无明显影响。低温环境中，增加气流速度，产蛋率下降。

（3）产乳量　适宜温度条件下，风速对奶牛产乳量无显著影响；在高温环境中，增大风速，可提高奶牛产乳量。例如，在29.4℃、风速为0.2m/s时，产乳量下降10%，但当风速增大到2.2～4.5m/s，奶牛产乳量可恢复到原来水平。在35℃的高温中，风速自0.2m/s增大到2.2～4m/s，黑白花奶牛的产乳量增加25.4%，娟姗牛产乳量增加27%，瑞士褐牛产乳量增加8.4%。

2.气流对畜禽健康的影响

在适温时，风速大小对动物的健康影响不明显；在低温潮湿环境中，增加气流速度，会引起关节炎、冻伤、感冒和肺炎等疾病，导致仔猪、雏禽、羔羊和犊牛死亡率增加。寒冷时对舍饲畜禽应注意严防"贼风"，对放牧畜禽应注意避风。在畜舍保温条件较好，舍内外温差较大时，通过墙体、门、窗的缝隙，侵入的一股低温、高湿、高风速的气流。使畜禽应激，易患关节炎、神经炎、肌肉炎等疾病，甚至冻伤。"不怕狂风一片，只怕贼风一线"。防止贼风的办法：堵住屋顶、天棚、门窗和墙的缝隙，避免在畜床部位设置漏缝地板，注意入气口的设置，防止冷风直接吹袭畜体。

3.气流对畜禽热调节的影响

（1）对散热的影响　主要影响畜禽的对流散热和蒸发散热，其影响程度因气流速度、温度和湿度而不同。在高温时，只要气温低于皮温，增加气流速度有利于对流散热；当气温等于皮温时，则对流散热的作用消失；如果气温高于皮温，则机体从对流中获得热量。但气流速度的增加，总是有利于体表水分的蒸发。所以一般风速与蒸发散热量成正比。在适温和低温时，气流使畜体非蒸发散热量增大，大幅度提高畜禽的临界温度。如果机体产热不变，因皮温和皮表的水汽压下降，皮肤蒸发散热量则减小。在低温时提高风速会使畜禽冷应激加剧。

（2）对产热量的影响　在适温和高温时，增大风速一般对产热量没有影响；在低温时，气流可显著增加产热量。有时甚至因高风速刺激，使畜禽增加的产热量超过散热量，出现短期的体温升高，而破坏热平衡。例如，-3℃低温下,被毛39mm厚的绵羊,当风速由0.3m/s增加到4.3m/s时,体温可升高0.8℃。但长期处于低温高风速中,被毛短,营养差,可引起体温下降,与风速呈负相关。

(三)畜禽舍通风管理技术

1.畜禽舍中风的形成与分布

畜禽舍内气流的形成,主要是由于舍内温度高低和舍外风力大小的不同,使畜舍内外的空气通过门、窗、通气口和一切缝隙进行自然交换而发生舍内外空气流动,或以通风设备造成舍内空气流动。如在畜舍内,畜禽的散热使温暖而潮湿的空气上升,畜舍上部气压大于舍外,下部气压小于舍外,则上部热空气由上部开口流出,舍外较冷的空气则由下部开口进入,形成舍内外空气对流。

畜禽舍内空气流动的速度和方向,主要决定于畜舍结构的严密程度和畜舍的通风,机械通风尤其如此。舍内空气流动的速度和方向取决于舍外风速、风向和风机流量及进风口位置。外界气流速度越大,畜舍内气流速度也越大。畜舍内围栏的材料和结构、笼具的配置等对畜舍气流的速度和方向有重要影响,例如,用砖、混凝土筑成的猪栏,易导致栏内气流呆滞。

畜舍内的气流速度,可以说明畜舍的换气程度。若气流速度在0.01~0.05m/s,说明畜舍的通风换气不良;在冬季,畜舍内气流大于0.4m/s,对保温不利;结构良好的畜舍,气流速度微弱,很少超过0.3m/s。舍内适宜气流速度与环境温度有关,在寒冷季节,为避免冷空气大量流入,气流速度应在0.1~0.2m/s,最高不超过0.25m/s;在炎热的夏季,应当尽量加大气流或用风扇、风机加强通风,速度一般要求不低于1m/s,但最高为2.5m/s。

贼风是冬季密闭舍内,通过一些窗户、门或墙体的缝隙进入舍内的一种气流,由于这种气流温度低且速度快,容易引起畜禽关节炎、神经炎、肌肉炎等疾病或畜禽冻伤,对健康和生产造成不利影响,因此,生产中应尽可能避免贼风。

2.畜禽舍通风换气技术

通风分为自然通风和机械通风两种。自然通风不需要专门设备,不需动力、能源,而且管理简便,所以在实际生产中,开放舍和半开放舍以自然通风为主,在夏季炎热时辅以机械通风。畜舍夏季通风应尽量排除较多的热量与水汽,以减少家畜的热应激,增加动物的舒适感。而冬季由于舍外气温较低,畜舍的通风换气与畜舍通风系统的设计、使用以及畜舍热源状况密切相关。

(1)寒冷情况下畜禽舍的自然通风 进气—排气管道是由垂直设在屋脊

两侧的排出管和水平设在纵墙上部的进气管组成。排气管下端从天棚开始，上端剩出屋脊$0.5 \sim 0.7m$，位置在粪水沟上方，沿屋脊两侧交错垂直安装在屋顶上，有利于排除舍内的舍热、有害气体。管内设调节板，以控制风量。排气管断面为正方形，一般大小为$(50 \sim 70)cm \times 70cm$，两个排气管的距离为$8 \sim 12cm$。

为了能够充分利用风压和热压来加强通风效果，防止雨雪自排气管进入舍内，在排气管上端应设置风帽，其形式有伞形、百叶窗式等。

进气管一般距天棚$40 \sim 50cm$，舍外端应安装调节板，以便将气流挡向上方，防止冷空气直接吹到畜禽身体，并用以调节进口大小、控制风量，在必要时关闭。进气管之间的距离为$2 \sim 4m$，在特别寒冷的地区，冬季受风一侧的墙壁应少设进气管。

在冬季，自然通风排出污染空气主要靠热压，在不采暖的情况下，舍内舍热有限，故只适于冬季舍外气温不低于$-14 \sim -12℃$的地区。因此，要保证在更加寒冷的地区有效进行自然通风，必须做到畜禽舍的隔热性能良好，必要时补充供热。

（2）炎热情况下畜禽舍的通风　在夏天，舍外气温经常很高，畜禽对流散热极为困难，由于周围环境（墙壁、地面、舍内设备等）的表面温度与气温接近，因而通过皮肤散热也不可行；由于空气相对湿度保持在$70\% \sim 95\%$，蒸发散热也很难，因此在这种炎热的情况下，做好自然通风有很重要的意义。自然通风主要依赖对流通风，即穿堂风。为保证畜禽舍顺利通风，必须从场地选择、畜禽舍布局和方向，以及畜禽舍设计方面加以充分考虑。

首先，畜禽舍布局必须为通风创造条件，要充分利用有利的地形、地势，畜禽舍与其他建筑物之间要有足够的通风距离，要互不影响通风，要选良好的风向，一般以南向稍偏东或偏西为好。因为在我国南方炎热地区，夏季的主导风多为南风或东南风，同时这个朝向可以避免强烈的太阳辐射。

对流通风时，通风面积越大，畜禽舍跨度越小，则穿堂风越大。据实际测量，$9m$跨度时，几乎全部是穿堂风；而当$27m$跨度时，穿堂风大约只有一半，其余一半由天窗排出。由于通风面积与通风量成正比，所以在南方夏季炎热地区采用开放式畜禽舍有利通风。但是在大多数地区，由于夏热冬冷，故而夏季降温防暑和冬季保温必须兼顾。全开放式畜禽舍对气候的适应性很小，夏季有大量太阳辐射热侵入，而到冬季又不易保温，故不宜采用。而组装式畜禽舍，冬天可以装成严密的保温舍，夏天又可以卸下一部分构件，形成通风良好的开放式畜禽舍,有较大的实用价值。畜禽舍进气口和出气口的位置对通风有很大影响,进气口和出气口之间距离越大,越有利于通风,所以进气口设置越低越好,南方一些地方设地脚窗,就是这个道理。而进气口越高越好,可设在房脊上,如此设置可以加大热压,这在天气炎热情况下有利于通风。

进气口设在低处,而且要设在迎风口,均匀布置,这样既利于通风,又可以直接在畜禽体周围形成凉爽舒适的气流。排气口要设在高处,但一定要设在背风面,这样才能抵消风压对热压的干扰。尽管排气口设在高处有利,但若要设在墙上,会受风压的干扰,所以要设在屋顶,即采取设置通风屋脊或天窗的办法,就可以抵消或者缓和风压的干扰。因为排气口设在屋顶上,并高出屋顶50~70cm,不仅不受风雨的影响,而且经常处在负压状态,既利于通风,又利于将积聚在屋顶下方的热气及时带走。排气口对着进气口即气流方向或加大排气口面积都有利于加大舍内气流速度。

通风换气是环境控制的主要部分,因为畜禽在不停地呼吸,就要不停地吸收氧气,排出二氧化碳,使空气中的成分发生改变;如果不进行通风换气,空气中的氧气就会逐渐减少,二氧化碳就会逐渐增多,而且粪尿产生的有害气体如硫化氢、氨气等也会增多,当这些有害气体的比例达到一定程度的时候,就会对畜禽造成伤害;前面讲的温度与湿度部分,也经常提到通风换气,也就是通风换气还能起到改善空气温度和湿度的作用。但通风换气是一柄双刃剑,如果处理好,对畜禽群有利,但如果处理不好,则对畜禽群有害;如冷风会引起畜禽感冒,可以引发畜禽的风湿性关节炎等。

(四)畜禽舍通风的注意事项及影响因素

1. 进风口的高度

根据冷风下移,热风向上的原理,夏季通风时以下边窗户进风较好,使畜禽的凉爽感觉更明显;而冬季进风口则要高一些,冷空气进畜禽舍后,需要与畜禽舍的热空气混合后再到畜禽身上,避免了冷空气对畜禽的影响。同样道理,夏季可采用门通风,但冬季则要考虑门进风的影响;考虑到畜禽舍门的经常开闭,每次开门都要有一股冷风进入,如果在门口底部设一个挡风装置则减轻开门冷风的影响。这里要注意两个细节问题:一是人们会把畜禽栏用饲料袋遮住,但是只遮上边而不遮底部,冷风会从床下的漏缝板缝隙直吹畜禽腹部;二是如果在门口底部放一块木板,人可以从木板上方迈过,不会影响正常工作,但进畜禽舍的风在经过木板的遮挡后会转向高处,不至于直吹畜禽体;当然,门口设置门帘对防止冷风直吹也有相当好的作用。

2. 进风口与外面风向

冬季通风时,必须考虑进风方向与自然风向的关系,尽可能避免外面的风直接进入畜禽舍;如果必须与自然风向相同,也应该在进风处安装一个缓冲设施,使自然风速变小后进入畜禽舍。

3. 遮拦物对通风的影响

我们都有这样的体会,河滩的风比树林中的风大得多,原因是树木使风速减缓了。减缓风速在冬季是必需的,但在夏季则对畜禽不利,经常出现的是一些意外因素起到了遮风的作用。下面是常见的几种形式:一是畜禽舍外面的树木,树木可以起到遮阴的作用,但也起到了遮风的作用,畜禽舍间有树木的情况下,夏季舍内通风会受到严重影响;二是畜禽舍间距太短,间距不足,通风也不利;三是舍内畜禽栏间使用砖墙,使畜禽栏间的通风受阻;四是产床上的保温箱等,也影响产房的通风换气;五是网床高度,网床高时通风量要远大于网床低时。上面的因素都应成为我们生产时的注意事项。

4. 防范贼风

通风还需要注意的冬季的贼风往往是门窗关闭不严造成的,特别是冬季因舍内水汽到窗户后结冰,影响窗户的关闭,门口封闭不严也影响舍内的保温。

5. 棚温室的通风

大棚温室潮湿是冬季的一大难题,这是因为大棚封闭太严的缘故。针对这个问题,可以考虑在不影响保温的情况下加强通风,方法是在屋顶设计一个通风口,白天时草帘卷起通风很好,晚上用草帘盖住,仍能做到保温,但气体仍然可以排出去,可有效地起到通风作用。

6. 热风炉的通风

热风炉的通风我们遇到过两种情况:一种是热风炉散热装置在舍内,风筒中吹出的风仍然是舍内空气在循环,这种方式可有效节省热源;另一种是直接从舍外进风,舍外的冷空气通过散热装置后进入舍内,这种方式增加了能源的浪费,但通风换气效果明显好于前者。现在最理想的设施是新鲜空气仍从舍外进入,但在进入的过程中先经过一个热交换装置,舍内需排出的热空气和舍外进入的冷空气在经过热交换装置时交换热量,进入的空气温度升高,这样就既保证了新鲜空气的进入,也减少了热能的损失。

7. 温差的大小

温差大,则通风量大;温差小,则通风量小;

8. 风力的大小

风力大,则通风量大;风力小,则通风量小。

9. 通风口的大小

通风口大,则通风量大;通风口小,则通风量小。

10. 遮拦物的影响

风遇到阻力,会变方向,通风量会受到影响,遮拦物越多,通风量越小。

五、通风设计与设备选型

(一)畜舍通风换气量的计算

确定合理的通风换气量是组织畜舍通风换气最基本的依据。通风换气量的计算,主要可以根据畜舍内产生的二氧化碳、水汽、热能计算,但通常是根据家畜通风换气的参数来确定。

1. 根据畜舍通风换气参数来计算通风量

通风换气参数是畜舍通风设计的主要依据,技术发达国家为各种家畜制定了通风换气量技术参数,我国正在进行各类畜舍的环境控制标准的制定工作。

通常,在生产中把夏季通风量叫作畜舍最大通风量,冬季通风量叫作畜舍最小通风量。畜舍在采用自然通风系统时,在北方寒冷地区应以最小通风量,即冬季通风量为依据确定通风管面积;而采用机械通风,必须根据最大通风量,即夏季通风换气量确定总的风机风量。

在确定了通风量以后,必须计算畜舍的换气次数。畜舍换气次数是指在1h内换入新鲜空气的体积与畜舍容积之比。一般规定,畜舍冬季换气应保持3~4次/h,除炎热季节外,一般不超过5次/h,因冬季换气次数过多,就会降低舍内气温。

2. 根据二氧化碳计算通风量

二氧化碳作为家畜营养物质代谢的产物,是舍内空气污浊程度的一种间接指标。各种家畜的二氧化碳呼出量可查表求得。用二氧化碳计算通风量的原理在于:根据舍内家畜产生的二氧化碳总量,求出每小时需由舍外导入多少新鲜空气,可将舍内聚积的二氧化碳冲淡至家畜环境卫生规定范围。

根据畜禽环境卫生的规定,舍内空气中允许含有二氧化碳的量为 $1.5 \ \mathrm{L/m^3}$ (C_1),自然状态下大气中二氧化碳含量为 $0.3 \ \mathrm{L/m^3}$ (C_2),即从舍外引入 $1\mathrm{m^3}$ 空气然后又排出同样体积舍内污浊空气时,可同时排出的二氧化碳量为 $C_1 - C_2$,当已知舍内含有二氧化碳总量时,即可求得换气量。其公式为:

$$L = \frac{mK}{C_1 - C_2}$$

式中，L——畜舍所需通风换气量(m^3/h)；

K——每头家畜的二氧化碳产量(L/h)；

m——舍内家畜的头数；

C_1——舍内空气中二氧化碳允许含量($1.5\ L/m^3$)；

C_2——舍外大气中二氧化碳含量($0.3\ L/m^3$)。

此外，用天然气作燃料取暖时，应在该式计算结果中附加燃烧产生的二氧化碳量(如鸡舍用保温伞，燃烧$1kg$丙烷产生二氧化碳$2.75m^3$)。

根据二氧化碳算得的通风量，只能将舍内过多的二氧化碳排出舍外，不足以排除舍内产生的水汽，故只适用于温暖、干燥地区。在潮湿地区，尤其是寒冷地区应根据水汽和热量来计算通风量。

3. 根据水汽计算通风换气量

家畜在舍内不断产生大量水汽，畜舍潮湿物体表面也蒸发产生水汽，这些水汽如不排除就会聚集下来，导致舍内潮湿。用水汽计算通风换气量的依据，就是通过由舍外导入比较干燥的新鲜空气，将舍内空气水分稀释到畜禽环境卫生允许范围内，根据舍内外空气中所含水分之差异而求得排除舍内所产的水汽所需要的通风换气量。其公式为：

$$L = \frac{Q}{q_1 - q_2}$$

式中，L——排除舍内产生的水汽，每小时需由舍外导入的新鲜空气量(m^3/h)；

Q——家畜在舍内产生的水汽量及由潮湿物面蒸发的水汽量之和(g/h)；

q_1——舍内空气湿度保持适宜范围时，所含的水气量(g/m^3)；

q_2——舍外大气中所含水汽量(g/m^3)。

由潮湿物体表面蒸发的水汽，通常按家畜产生水汽总量的10%(猪舍按25%)计算。

用水汽算得的通风换气量，一般大于用二氧化碳计算的结果，故在潮湿、寒冷地区用水汽计算通风换气量较为合理。

4. 根据热量计算通风换气量

家畜在代谢过程中不断地向外散热，在夏季为了防止舍温过高，必须通过通风将舍内的热量驱散；而在冬季如何有效地利用这些热能温热空气,以保证不断地将舍内产生的水汽、有害气体、灰尘等排出,这就是根据热量计算通风量的理论依据。

根据热量计算畜舍通风换气量的方法也叫热平衡法,即畜舍通风换气必须在适宜的舍温环境中进行。其公式是:

$$Q = \triangle t(L \times 1.3 + \Sigma KF) + W$$

式中,Q——家畜产生的可感热(kJ/h);

t——舍内外空气温差(℃);

L——通风换气量(m^3/h);

1.3——空气的热容量[kJ/($m^3 \cdot$ ℃)];

ΣKF——通过外围护结构散失的总热量[kJ/(h$\cdot$ ℃)];

K——外围护结构的总传热系数[kJ/($m^3 \cdot h \cdot$ ℃)];

F——外围护结构的面积(m^2);

Σ——格外围护结构失热量相加符号;即应分别根据墙、屋顶、门、窗和地面的 K 值与 F 值来求出 ΣKF;

W——由地面及其他潮湿物体表面蒸发水分所消耗的热能,按家畜总产热的 10%(猪按 25%)计算。

此公式加以变化可求通风换气量,即:

$$L = \frac{Q - \Sigma KF \times \triangle t - W}{1.3 \times \triangle t}$$

由此式看出,根据热量计算通风换气量,实际是根据舍内的余热计算通风换气量,这个通风量只能用于排除多余的热能,不能保证在冬季排出多余的水汽和污浊空气。但根据热量计算的通风换气量可用来评价畜舍保温性能的好坏,可评价根据其他方法所确定的通风换气量是否能达到驱除畜舍余热的目的,以及在通风换气过程中是否需要补充热源等。因此,由热量计算通风换气量是对其他确定通风换气量办法的补充和对所确定通风量能否得到保证的检验。

(二)畜舍的自然通风

畜舍自然通风又分无管道与有管道两种形式。无管道自然通风是靠门、窗所进行的通风换气,它只适用于温暖地区或寒冷地区的温暖季节。在寒冷地区的封闭舍中,由于门、窗紧闭,需靠专门通风管道进行换气。

1. 自然通风的原理

自然通风的动力为风压或热压。

以风压为动力的自然通风为风压通风(图1-48)。当外界有风时,畜舍迎风面气压大于大气压形成正压,背风面气压小于大气压形成负压,气流由正压区开口流入,由负压区开口排出,形成风压通风。只要有风,就有自然通风现象。风压通风量的大小,取决于风向角、风速、进风口和排风口的面积;舍内气流分布取决于进风口的形状、位置及分布等。

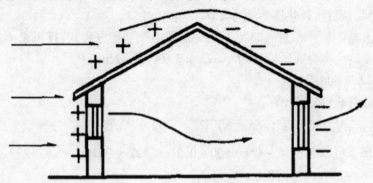

图1-48 畜舍的风压自然通风

此时墙上如有一个开口,则中性面移至开口中央,舍内空气由开口上部流出,舍外空气由开口下部流入;如果墙上有上、下两个面积相等的开口,则中性面位于两开口之间,空气由上口流出,由下口流入;如果两个开口的面积不等,则中性面靠近开口较大的一侧(图1-49)。

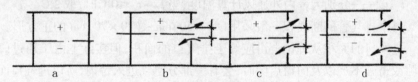

图1-49 畜舍的热压自然通风

a. 无开口时,中性面在畜舍中央 b. 1个开口时,中性面在开口中央 c. 上下2个开口面积相等时,中性面在两开口中心的中央 d. 上下2个开口面积不等时,中性面靠近较大的开口

以热压为动力的自然通风为热压通风。舍内空气被畜体、采暖设备等热源加热,膨胀变轻,热空气上升,使畜舍上部气压大于舍外,下部则小于舍外。在畜舍中部形成一个等于舍外大气压的"中性面"。热压通风量的大小,取决于舍内外温差、进风口和排风口的面积、进风口和排风口中心的垂直距离;舍内气流分布则取决于进风口和排风口的形状、位置和分布。

自然通风实际是风压通风和热压通风同时进行,但风压的作用大于热压。

要提高畜舍的自然通风效果,就要使二者的作用相加,同时还要注意畜舍跨度不易过大,9m以内为好;门窗及卷帘启闭自如、关闭严密;合理设计畜舍朝向、进气口方位、笼具布置等。

2. 自然通风设计

自然通风的设计主要指有管道式通风,由于畜舍外风力无法确定,故一般是按无风时设计,以热压为动力计算。

(1)确定排气口、进气口的面积　根据空气平衡方程式:排风量$L_排$等于进风量$L_进$,故畜舍通风量$L = L_排 = L_进 = 3\ 600FV$,导出:

$$F = L/3\ 600V$$

V可用下列公式计算:

$$V = \mu\ \sqrt{2gH(t_n - t_w)/(273 + t_w)}$$

则排气口截面积:$F = L/(3\ 600 \times 0.5 \times 4.427 \times \sqrt{H(t_n - t_w)/(273 + t_w)})$

式中,F——排气口总面积(m^2);

L——畜舍通风量(m^3/h);

V——排气管中的风速(m/s);

H——进排气口中心的垂直距离(m);

μ——排气口阻力系数,取0.5;

g——重力加速度(9.8m/s^2);

$t_n、t_w$——分别为舍内外通风计算温度,当$t_n - t_w \leqslant 0℃$时,取2℃。

每个排气管的断面积一般采用(50×50)cm~(70×70)cm的正方形。

进风口的面积从理论上讲应等于排气口的面积,但实际上由于通过门窗缝隙或畜舍不严以及门窗启闭时,会有一部分空气进入舍内,所以进气口面积往往小于排气口面积,一般按排气口面积的70%~75%设计。每个进气口的断面积常为(20×20)cm~(25×25)cm的正方形或矩形。

(2)通风管的构造及安装

1)排气管　大跨度畜舍(7~8m),应在屋顶设置排气管用于排气,排气管设置在畜舍屋脊正中或其两侧并交错排列。下端从天棚开始,上端伸出屋脊0.5~0.7m,两个排气管的间距为8~12m,原则上应设在舍内粪水沟上方。风管最好做成圆形,以便必要时安装风机,风管直径以0.3~0.6m为宜。管内有调节板,以控制风量。要求管壁光滑、严密、保温(要有套管,内充保温材料)。在排气管上端设置风帽(图1-50),其作用是防止雨雪降落和利用风压加强通风效果。根据畜舍所需通风总面积确定风管数量,风管数量确定后根据间数均匀设置。

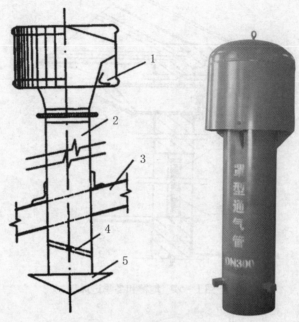

图1-50　筒形风帽

1.筒形风帽　2.风管　3.屋面　4.调节阀　5.滴水盘

2）进气口　进气口用木板制成，断面呈正方形或矩形，通常均匀地镶嵌在纵墙上，其与天棚的距离为40～50cm，在纵墙两窗之间的上方，进气口彼此之间的距离应为2～4 m 。迎风墙上的进气口应有挡风装置，以免受风压影响。墙内侧的受气口上应装调节板，以控制进气量和进气方向；进气口外侧应设防护网，以防鸟兽（图1-51）。

（三）畜舍的机械通风

机械通风是靠通风机械为动力的通风，也叫强制通风，克服了自然通风受外界风速变化、舍内外温差等因素的限制，可依据不同气候、不同畜禽种类设计理想的通风量和舍内气流速度，尤其对跨度较大的畜舍，在夏季炎热地区，一般仅靠自然通风难以满足要求，须设风机，封闭舍必须采用机械通风。

1.常用的风机类型

（1）轴流式风机　这种风机所吸入的空气和送出的空气的流向和风机叶片的方向平行。它由外壳及叶片所组成（图1-52）。叶片直接装在电动机的转动轴上。

轴流式风机的特点是：叶片旋转方向可以逆转，旋转方向改变，气流方向

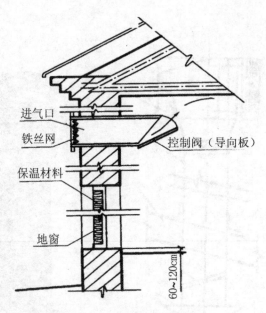

图 1-51　地窗和冬季进风口

进气口
铁丝网
控制阀（导向板）
保温材料
地窗
60~120cm

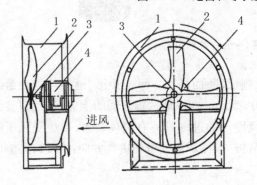

1　2　3
4
进风

3　1　2　4

图 1-52　轴流式风机

1.外壳　2.叶片　3.电动机转轴　4.电动机

随之改变,而通风量不减少;通风时所形成的压力,一般比离心式风机低,但输送的空气量却比离心式风机大。故既可用于送风,也可以用于排气。目前用于我国畜舍的通风机型号较多,其中叶轮直径为 1 400mm 的 9FJ-140 型风机,风量大于 50 000m³/h。

（2）离心式风机(图 1-53)　这种风机运转时,气流靠带叶片的工作轮转动时所形成的离心力驱动。故空气进入风机时和叶片轴平行,离开风机时变成垂直方向。这个特点使其自然地适应通风管道 90°的转弯。离心式风机不具逆转性、压力较强,在畜舍通风换气系统中,常在集中输送热风和冷风时使用。

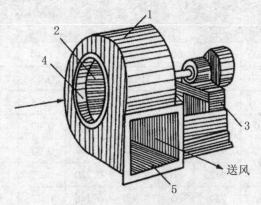

图 1 - 53　离心式风机
1. 蜗牛形外壳　2. 工作轮　3. 机座　4. 进风口　5. 出风口

　　在选择风机时,既要满足通风量要求,也要求风机的全压符合要求,这样,风机克服空气阻力的能力强,通风效率高,才能取得良好的通风效果。在选择风机时可参考表 1 - 16 畜舍常用通风机主要性能参数表。

表 1 – 16　畜舍常用通风机主要性能参数

风机型号	叶轮直径（mm）	叶轮转速（r/min）	风压（Pa）	风量（m³·h）	轴功率（kW）	配用电机功率（kW）	噪声dB(A)	机重（kg）	备注
9FJ – 140	1 400	330	60	56 000	0.760	1.10	70	85	
9FJ – 125	1 250	325	60	31 000	0.510	0.75	69	75	
9FJ – 100	1 000	430	60	25 000	0.380	0.55	68	65	
9FJ – 71	710	635	60	13 000	0.335	0.37	69	45	
9FJ – 60	600	930	70	11 000	0.270	0.37	73	22	静压时数据
9FJ – 60		942	70	9 600	0.220	0.25	71	25	
9FJ – 56	560	729		8 300	0.146	0.18	64		
SFT – No. 10	1 000	700	70	32 100		0.75	75		
SET – No. 9	900	700	80	21 500		0.55	75		
SET – No. 7	700	900	70	14 500		0.37	72		
XT – 17	600	930	70	10 000	0.250	0.37	69	52	
T35 – 63	630	1 450	176	15 297		1.5	>75		
T35 – 63		960	77	10 128		0.55	>75		
T35 – 63		1450	176	10 739		0.75	>75		
T35 – 56	560	960	61	7 101		0.37	>75		
航空牌 – 600	600	1 380	60	10 636		0.37	83		

（资料来源：李如治. 家畜环境卫生学［M］. 北京：中国农业出版社，2003）

2. 机械通风方式

如果按畜舍内气压变化分类，机械通风可分为正压通风、负压通风、联合通风 3 种。

（1）正压通风（又叫送风）　指通过风机将舍外新鲜空气强制送入舍内，使舍内气压增高，舍内污浊空气经风口或风管自然排出的换气方式。正压通风的优点在于可对进入的空气进行加热、冷却以及过滤等预处理，从而可有效地保证畜舍内的适宜温湿状况和清洁的空气环境。在严寒、炎热地区适用。但是这种通风方式比较复杂、造价高、管理费用也大。正压通风又可根据风机位置分侧壁送风和屋顶送风形式（图 1 – 54）。

畜舍正压通风一般采用屋顶水平管道送风系统，即在屋顶下水平敷设有

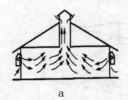 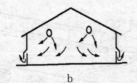 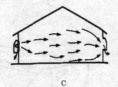

图 1-54　正压通风示意图

a.两侧壁送风形式　b.屋顶送风形式　c.单侧壁送风形式

通风孔的送风管道,采用离心式风机将空气送入管道,风经通风孔流入舍内。送风管道一般用铁皮、玻璃钢或编织布等材料制作,畜舍跨度在 9m 时设两条。这种送风系统因其可以在进风口附加设备,进行空气预热、冷却及过滤处理,对畜舍内冬季环境控制效果良好。

　　(2)负压通风(又叫排风)　指通过风机抽出舍内污浊空气,造成舍内空气压力小于舍外,舍外空气通过进气口或进气管流入舍内而形成舍内外气体交换。畜舍中用负压通风较多,因其比较简单、投资少、管理费用也较低。

　　负压通风根据风机安装位置可分为两侧排风、屋顶排风、横向负压通风和纵向负压通风(图 1-55、图 1-56、图 1-57)。

跨度12m以内

跨度12~18m

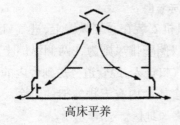
高床平养

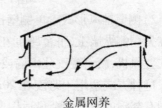
金属网养

图 1-55　负压通风示意图

　　1)屋顶排风式　风机安装于屋顶,以抽走污浊空气和灰尘,新鲜空气由侧墙风管或风口自然进入。适用于温暖和较热地区、跨度在 12~18m 的畜舍或 2~3 排多层笼鸡舍使用,若停电时,可进行自然通风。

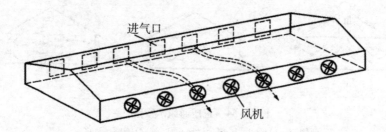

图 1-56　横向通风示意图

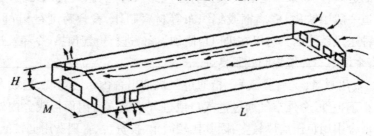

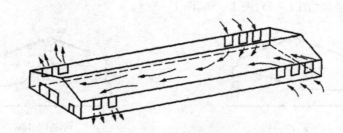

图 1-57　纵向通风示意图

2）侧壁排风形式　单侧壁排风形式为风机安装在一侧纵墙上,进气口设置在另一侧纵墙上,畜舍跨度在 12m 以内;双侧壁排风则为在两侧纵墙上分别安置风机,新鲜空气从山墙或屋顶上的进气口进入,经管道分送到舍内的两侧。这种方式适用于跨度在 20m 以内的畜舍或舍内有五排笼架的鸡舍。对两侧有粪沟的双列猪舍最适用,而不适用于多风地区。

3）地下风道排风　当畜舍内建筑设施较多时,如猪舍内有实体围栏,鸡舍内有多排笼架,由于通风障碍影响进入气流分布时,宜采用地下风道排风。在这种情况下,地下风道建筑设施应有较好的隔水措施,否则,一旦积水就会完全破坏畜舍通风换气。

（3）联合通风　联合通风是一种同时采用机械送风和机械排风的通风方

式。因其可保持舍内外压差接近于零,故又称作等压通风。在大型封闭畜舍,尤其是在无窗封闭畜舍,单靠机械排风或机械送风往往达不到通风换气的目的,故需采用联合式机械通风。联合通风效率比单纯的正压通风或负压通风效果要好。联合式机械通风系统的风机安装形式主要有:

第一种:将进气口设在墙壁较低处,在进气口装设送风风机,将舍外的新鲜空气送到畜舍下部,即家畜活动区;而将排气口设在畜舍上部,由排风机将聚集在畜舍上部的污浊空气抽走。这种通风方式有助于通风降温,适用于温暖和较热地区。

第二种:将进气口设在畜舍上部,在进气口设置送风风机,该风机由高处往舍内送新鲜空气;将排气口设在较低处,在排气口设置排风机,风机由下部抽走污浊空气。这种方式既可避免在寒冷季节冷空气直接吹向畜体,又便于预热、冷却和过滤空气,故对寒冷地区或炎热地区都适用。

机械通风除按舍内气压变化分类外,还可以按舍内气流的流动方向来分类,如横向通风、纵向通风、斜向通风、垂直通风等。横向通风是指舍内气流方向与畜舍长轴垂直的机械通风。采用横向通风的畜舍,不足之处在于舍内气流不够均匀,气流速度偏低,尤其死角多,舍内空气不够新鲜。纵向通风是指舍内气流方向与畜舍长轴方向平行的机械通风,由于通风的截面积比横向通风相对缩小,故使舍内风速增大,风速可达 1.5m/s 以上。斜向通风和垂直通风是指墙上固定的风扇和顶棚上的吊扇,风直接吹向畜体,加快家畜的散热。

畜舍通风方式的选择应根据家畜的种类、饲养工艺、当地的气候条件以及经济条件综合考虑决定。不能机械地生搬硬套,否则就会影响家畜的生产力和健康,或者使生产者经济效益降低。

3. 横向负压通风的设计

(1)确定负压通风的形式　根据畜舍跨度大小确定,跨度为 8~12m 时,采用一侧排风,对侧进风形式;跨度大于 12m 时,宜采用两侧排风、顶部进风或顶部排风、两侧进风的形式。进、排风管应交错布置。

(2)确定畜舍的通风量(L)　根据畜舍通风参数和畜舍内饲养家畜的头数或体重计算畜舍总的通风量。

(3)确定风机台数(N)　根据畜舍长度,一般按纵墙长度(值班室、饲料间不计)每 7~9m 设 1 台。

（4）确定每台风机流量（Q）

$$Q = KL/N$$

式中，Q——风机流量（m^3/h）；

K——风机效率系数（取 $1.2 \sim 1.5$）；

L——畜舍通风量（m^3/h）；

N——风机台数（台）。

（5）确定风机全压（H）　风机全压需要大于进气口和排气口的通风阻力，否则将使风机效率降低，甚至损坏电机。计算公式为：

$$H = 6.38\,v_1^2 + 0.59\,v_2^2$$

式中，H——风机全压（Pa）；

v_1——进风速度（m/s），夏季取 $3 \sim 5$ m/s、冬季取 1.5 m/s；

v_2——排风速度（m/s）。

可按上步计算的 Q 值和在风机性能表中初步选择的风机直径（d）计算：

$$V_2 = \frac{Q}{3\,600 \times \pi d^2/4}$$

（6）确定进气口总面积　进气口总面积一般按 $1\,000\,m^3/h$ 的排风量需 $0.1 \sim 0.12\,m^2$ 计。如进气口设遮光罩，其应按 $0.15\,m^2$ 计算。也可按如下公式计算：

$$A = L/3\,600v_1$$

式中，A——进气口总面积（m^2）；

L——畜舍通风量（m^3/h）；

v_1——进风速度（m/s）。

（7）确定进气口的数量（n）和每个进风口的尺寸（高 h 和宽 w）　进气口的数量按畜舍长度（I）与畜舍跨度（S）的 0.4 倍的比值进行计算。

$$n = I/(0.4S)$$

进气口数量确定后，由所需进气口总面积确定每个进气口的面积（a）。

$$a(m^2) = A/n$$

进气口尺寸一般先确定其高度（h），可酌情选 $0.12m$、$0.24m$、0.3 m，以便于砖墙施工。根据每个进气口的面积和高度，即可求出进气口的宽度（w），进气口的高度和宽度比（$h:w$）以 $1:(5 \sim 8)$ 为宜。如果确定的进气口高宽比例相差太大，则可调整进气口的高度和数量重新计算。

（8）布置风机和进气口　一侧进风对侧排风时，风机设在一侧墙下部，进气口在对侧墙上部。并都应均匀布置,位置交错。进气口设遮光罩,风机口外侧设弯管,以遮蔽阳光和风。相邻两栋畜舍排风口相对设置。

采用上排下进的形式时,两侧墙上进气口不宜过低,并应装导向板,防止冬季冷风直接吹向畜体。

密闭式畜舍机械通风应按舍内地面面积的 2.5% 设应急窗,以保障停电和通风故障时的光照和通风换气。应急窗应做成不透光的保温窗,并在两纵墙上均匀布置,平时关闭,必要时才开启透光通风。

4. 纵向通风

将风机安装在畜舍的一端山墙上或靠近山墙的两纵墙上,进气口设在畜舍的另一端山墙上或靠近山墙的两侧纵墙上,运行时舍内气流方向与畜舍长轴平行的机械通风方式称纵向通风;当畜舍太长时,可将风机安装在两端或中部,进气口设在畜舍的中部或两端。将畜舍其余部位的门和窗全部关闭,使进入畜舍的空气均沿纵轴方向流动,舍内污浊空气排到舍外。

(1)优点

1)提高风速 纵向通风舍内平均风速比横向通风平均风速提高 5 倍以上。因纵向通风气流断面积即畜舍净宽,仅为横向通风断面即畜舍长度的 1/10 ~ 1/5。实测也证明,纵向通风舍内风速可达 0.7m/s 以上,夏季可达 1.0 ~ 2.0m/s。

2)气流分布均匀 进入舍内的空气均沿一个方向平稳流动,空气的流动路线为直线,因而气流在畜舍纵向各断面的速度可保持均匀一致,舍内气流死角少。

3)改善空气环境 结合排污设计,组织各栋间的气流,将进气口设在清洁道侧,排气口设在脏道侧,可以避免畜舍间的交叉传染,有报道,合理设计纵向通风,畜舍环境内细菌数量下降 70%;噪声由 80dB 下降到 50dB;NH_3、H_2S、尘埃量都有所下降,因此保证了生产区空气清新,也便于栋舍间的绿化植树,改善生产区的环境。

4)节能、降低费用 纵向通风可采用大流量节能风机,风机排风量大,使用台数少,因而可节约设备投资及安装接线费用和维修管理费用 20% ~ 35%,节约电能及运行费用 40% ~ 60%。

5)提高生产力 采用纵向通风,可使产蛋率、饲料报酬提高,死亡率下降。

（2）纵向负压通风的设计

1）计算排风量　可以根据已提供的参数计算排风量,也可根据畜舍要求的风速来计算。纵向通风要求沿整个舍长方向风速不变,所需通风量由要求的风速和建筑物横断面积决定。计算公式为

排风量(m^3/h) = 风速(m/s) × 畜舍横断面积(m^2) × 3 600

再依所饲养畜种及数量,将计算的排风量校正成风机的总风量。

2）选择风机,计算风机台数　根据总风量及所选的每台风机风量,计算所需风机台数。

注意大小风机配套使用,以满足不同季节通风量的要求。

3）确定进气口的面积及位置　进气口的阻力越小,风机的排风量就越大。如不考虑承重墙、遮光等因素,进气口面积应接近畜舍的横断面积或大于2倍排风机的面积。进气口面积可按每1 000m^3排风量需要0.15m^2计算。也可以按下式计算:

进气口面积(最小) = 总排风量/进气口风速

进气口风速,一般要求夏季2.5～5.0m/s,冬季1.5m/s。如果采用湿帘降温,若湿帘厚度为10cm,则设计风速为1.25m/s,若湿帘厚度为15cm,则设计风速为1.5m/s。

进气口应设在净道一侧山墙上或靠近山墙的两纵墙上,高度对应于家畜的生活区。冬季为避免畜舍两端温差过大,须调节进气口的位置,可封闭近山墙的进气口,启用近舍中央的进气口,并用小风机进行排风。

4）排风机的布置　排风机应安置在污道一端的山墙上,也可将部分风机装在近山墙两侧纵墙上。风机的高度在距地平0.4～0.5m或中心高于饲养层,两台风机间距要保持0.6m以上。纵墙上安装风机,排风方向应与屋脊的角度成30°～60°。

六、畜禽舍温热环境检测与评价方法

（一）空气温度检测

1. 常见的温度测量仪器

温度是畜禽热湿环境检测中最基本、最为常用的参数。检测环境温度最常用的仪器是温度计,畜舍中最常用的温度计有玻璃体温度计、指针式温度计、数字温度计等。

（1）玻璃体温度计　玻璃体温度计是利用热胀冷缩的原理实现环境温度的检测。优点是结构简单,价格低廉,使用较为方便,测量精度相对较高。缺

点是易碎。常见的玻璃体温度计主要有:煤油温度计、酒精温度计、水银温度计。玻璃棒式温度计通常为直形(图1-58),也可根据用户的需要制作各种角度。以有机液体为感温液的玻璃温度计可以测量-100~200℃以内温度,而水银温度计可以测量-30~600℃以内温度。使用玻璃水银温度计测量空气温度时,应选择刻度最小分度值应不大于0.2℃,测量精度应不小于±0.5℃的温度计进行。

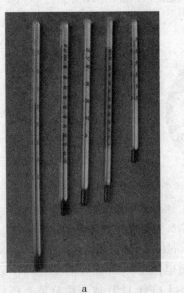

a　　　　　　b

图1-58　玻璃体温度计

a.玻璃体温度计照片　b.玻璃体温度计构造示意图

1.玻璃感温包　2.毛细管　3.刻度尺　4.安全包

玻璃体温度计测温时注意事项:①按所测温度范围和精度要求选择相应温度计,并进行校验。如所测温度不明,宜用较高测温范围的温度计进行测量,密切注视液柱的变化,从而确定被测温度范围,再选择合适的温度计。②温度计一般应置于被测环境中10~15min后进行读数。③观测温度时,人体应离开温度计,更不要对着感温包呼气,读数时应屏住呼吸。拿温度计时,要拿温度计的上部。④为了消除人体温度对测温的影响,读数要快,而且要先读取小数,后读取大数。另外,读数时应使眼睛、刻度线和水银面保持在一水平线上。

　(2)指针式温度计　指针式温度计外形像仪表盘的温度计(图1-59),

也称寒暑表,是用金属的热胀冷缩原理制成的。它以双金属片作为感温元件,用来控制指针。双金属片通常是用两种膨胀系数不同的金属铆在一起。当温度升高时,膨胀系数大的金属牵拉双金属片弯曲,指针在双金属片的带动下就偏转而指向高温;反之,温度变低,指针在双金属片的带动下就偏转而指向低温。指针式温度计可以用来直接测量畜禽舍内外等各种热湿环境中的温度。具有测量范围宽,现场指针显示温度,直观方便;安全可靠,使用寿命长的优点。

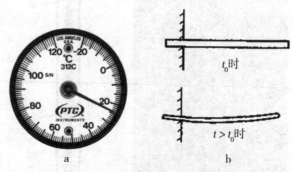

图 1 - 59　指针式温度计原理图

a. 指针与刻度表盘　b. 双金属感温片

（3）数字式温度计　数字式温度计采用温度敏感元件也就是温度传感器（如铂电阻、热电偶、半导体、热敏电阻等）,将温度的变化转换成电信号的变化,然后再转换为数字信号,再通过 LED、LCD 或者电脑屏幕等将温度显示出来。数显温度计可以准确地测量温度,以数字显示,而非指针或水银显示。故称数字式温度计或数字温度表(图 1 - 60)。使用数字式温度计检测空气温度时,应选择最小分辨率为 0.1℃,测量范围为 0 ~ 50℃,测量精度 ±0.5℃ 的数字式温度计。

图 1 - 60　数字式温度计

数字式温度计在使用过程常常需要校正,方法为:将欲校正的数字温度计感温元件与标准温度计一并插入冰点槽中,校正零点,经5～10min后记录读数。再将欲校正的数字温度计或感温元件与校准温度计一并插入恒温浴槽中,分别在10℃、20℃、30℃、40℃、50℃进行测量读数,即可得到相应的校正温度值。

2. 舍内温度的检测方法

(1)舍内温度检测点的布置 舍内温度检测点的布置可根据舍面积大小进行确定。如室内面积小于16m²,测室中央一点,取室内对角线中点(图1-61a)。室内面积大于16m²,但不足30 m²测2点。将室内对角线3等分,取其中2个等分点作为检测点:1,3或2,4两点均可(图1-61b)。室内面积30 m²以上,但不足60m²测3点。将室内对角线4等分,取其中3个等分点作为检测点:1、2、3,2、3、4,3、4、1,2、1、4点均可(图1-61c)。室内面积60m²以上的测4点。按舍内两对角线上梅花设点:D,1,2,3,4(图1-61d)。

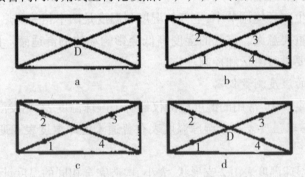

图1-61 舍内温度检测点的布置

(2)检测点的选择要求 除中央一个点,其余各点距离墙面应不少于0.5m。每个点又可设垂直方向3个点,即距离地面0.1m、0.5m畜舍高度和天棚下0.2m三处。

注意:测量仪表应放置在不受阳光、火炉或其他热源影响的地方,距离各类热源不应小于0.5m。

(3)检测时间 观测时间为每天的凌晨2点,早上8点,下午2点,晚上8点。

(4)检测步骤 ①检测仪器根据室内面积不同按要求进行摆放,在等待5～10 min温度稳定后进行读数,玻璃水银温度计按凸出弯月面的最高点读数;数字式温度计可直接读出数值。②读数应快速准确,以免人的呼吸和体热辐射影响读数的准确性。

（5）平均温度的计算　①舍内平均温度:各点的同一时刻的温度加在一起除以观测点数。②日平均温度:将同一点的凌晨2点、早上8点、下午2点、晚上8点的4个温度值相加除以4即是。③月平均温度:将每天的日平均温度相加除以30即可得到。

3.舍内温度分布状况评价

把测量得到的温度数据进行比较,对畜舍的保温与隔热状况以下标准进行评价:

（1）垂直方向　天棚和层面附近的空气温度与地面附近的空气温度相差不超过2.5~3.0℃;或每升高1m,温差不超过0.5~1.0℃。

（2）水平方向　冬季,要求墙壁内表面浓度同舍内平均气温相差不超过3~5℃,或墙壁附近的空气温度与畜舍中央相差不超过3℃。

（二）空气湿度检测

在畜禽生产环境调节中,空气的湿度与温度是两个相关的热工参数;它们具有同样的重要意义。空气的湿度高低会影响动物的舒适感。因此,必须对空气湿度需要进行测量和控制。

1.常见的湿度测量仪器

在畜禽生产中,常用的湿度检测仪器有干湿球温度表、毛发湿度计等。

（1）干湿球温度表　干湿球温度表有普通干湿球温度表和通风干湿球温度表2种。

普通干湿球温度表由2支形状、大小、构造完全相同的温度计组成,其中一支的球部包裹有湿润的纱布,为湿球温度计;另一支不包裹纱布(图1-62),是干球温度计。在干湿球温度计的下部有一个水槽。

通风干湿球温度表是由2支完全相同装入金属套管的水银温度计组成的(图1-63),套管顶部装有一个用发条或电驱的风扇,启动后可抽吸空气均匀通过套管,使球部处于速度>2.5m/s的气流中(电动可达3m/s),水银温度计感温球部有双重辐射防护管,这样既可通风,又使温度表不受辐射热的影响,所以可获得较准确的结果。其中一支温度计的球部用湿润的纱布包裹,由于纱布上的水分蒸发散热,因而湿球的温度比干球温度低,其温差与空气湿度成比例,故通过测定干、湿球温度计的温度差,查相对湿度表可得测量点空气的相对湿度。

（2）毛发湿度计　脱脂的头发、牛的肠衣等一类物质在潮湿时伸长,干燥

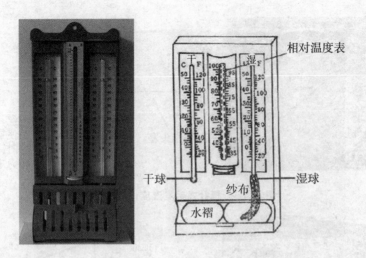

图1-62　普通干湿球温度表

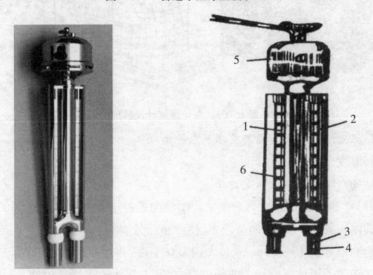

图1-63　通风干湿球温度表

1、2 干球和湿球湿度表　3、4 双层护管　5 通风器　6 通风管道

时缩短,利用它们的这种特性可以做成指针式湿度计(图1-64)和自记湿度计(图1-65)。缺点是:它们在低湿时,时间常数太大,元件的稳定性也较差。使用前要用通风干湿表进行校正。当空气相对湿度小于30%或大于60%时误差较大。若改变观测点,应放置30min后才观测。

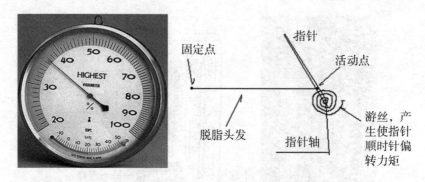

固定点

指针

活动点

脱脂头发

指针轴

游丝,产生使指针顺时针偏转力矩

图 1 - 64　指针式毛发湿度计及原理图

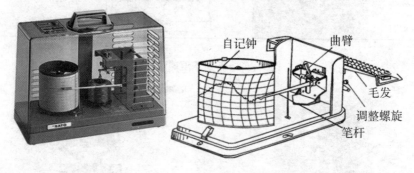

自记钟

曲臂

毛发

调整螺旋

笔杆

图 1 - 65　自记湿度计及原理图

2. 湿度检测点的布置与要求及检测时间

同温度检测。

3. 舍内环境湿度的测定方法

（1）普通干湿球温度表测定法　①将向普通干湿球温度表底部的水槽中倒入其体积的 1/2 ~ 2/3 的蒸馏水,使纱布充分湿润。②将普通干湿球温度表固定于测定地点 15 ~ 30min 后,先读湿球温度,再读干球温度,计算二者的差数。③转动干湿球温度计上的圆滚筒,在其上端找出干、湿球温度的差数。再在温度表竖行刻度找到实测的湿球温度,其与圆筒竖行干湿球温度差相交点的读数即观测点空气的相对湿度。

（2）通风干湿球温度表测定法　①夏季应在观测前 15min,冬季在观测前 30min,将仪器悬挂在观测点,使仪器本身温度与观测点一致。用蒸馏水送入湿球温度计套管盒,润湿温度计感应部的纱条。②夏季在观测前 4min,冬季在观测前 15min 用吸管吸取蒸馏水湿润纱布。③上满发条,如用电动通风干湿表则应接通电源,使通风器转动,5min 后读取干、湿温度表所示温度。④根据干湿球温差和湿球温度,查仪器所附的温湿度表求得观测点空气的相对湿度。

(3)毛发湿度计测定法 ①打开毛发湿度计盒盖,将毛发湿度计平稳地放置于测定地点。②如果毛发及其部件上出现雾凇或水滴,应轻敲金属架使其脱落,或置于室内让它慢慢干燥后再使用。③经20min待指针稳定后读数,读数时视线需垂直到度面,指针尖端所指读数应精确地读到0.2mm。

(三)气象因素综合评价指标

在自然条件下,气象诸因素对家畜健康和生产力的作用是综合的。各因素之间,或者是相辅相成,或者是相互制约。在气温、空气湿度和气流3个主要因素中,任何一个因素的作用,都受其他两个因素的影响。例如,高温、高湿而无风,是为最炎热的天气;低温、高湿、风速大,即为最寒冷的天气。如果高温、低湿而有风,或者低温、低湿而无风,使高温或低温的作用显著减弱。

在评定热环境因素对家畜的影响时,就应该把各因素综合起来考虑,当某一因素发生变化时,为了保持家畜的健康和生产力,就必须调整其他因素。例如,当气温过高时加强通风,降低相对湿度,必要时二者可同时进行。在气象诸因素中,气温是核心的因素,它对当时空气物理环境条件起决定性作用。在阐述某种气象因素的作用时,都要以当时的气温为前提。

为对气象诸因素进行综合评定,判断它可能对机体发生哪些影响,现已提出了不少评价指标。

1. 有效温度

有效温度亦称"实感温度",它是依据气温、空气湿度和气流3个主要因素的相互制约作用,在人工控制的环境条件下,以相对湿度为100%,风速为0时人的主观感觉温度为基础制定的一个指标。例如,当风速为0,相对湿度为100%,温度为17.8℃,这时的温热感觉与相对湿度为80%,风速为1m/s,温度为23.5℃时的温热感觉相同。后来一些气候生理学家以空气干球温度和湿球温度对动物热调节(直肠温度变化)的相对重要性,分别乘以不同系数相加所得的温度亦称为"有效温度"。人和各种家畜的有效温度为:

人:$ET = 0.15Td + 0.85Tw$;

牛:$ET = 0.35Td + 0.65Tw$;

猪:$ET = 0.65Td + 0.35Tw$;

鸡:$ET = 0.75Td + 0.25Tw$。

以上各式中,Td——干球温度,Tw——湿球温度。

可见皮肤蒸发能力较强的人和动物,湿球温度较干球温度重要。有效温度在一定程度上能反映气温、空气湿度和气流3个气象因素的综合作用,并且用一个数字表示出来,使用方便,也便于对不同综合气象条件之间相互比较。

2. 温湿度指标

温湿度指标又称不适指标。最初是美国气象局推荐用于估测人类在夏季各种天气条件下感到不舒适的一种简易方法,它是气温和空气湿度相结合来估计炎热程度的指标。后来普遍用于家畜,特别是牛,其计算公式为:

$$THI = 0.4 \times (Td + Tw) + 15$$

或 $THI = Td - (0.55 - 0.55RH) \times (Td - 58)$

或 $THI = 0.55Td + 0.2Tdp + 17.5$

以上各式中,THI——温湿度指标,Td——干球温度(°F);Tw——湿球温度(°F),Tdp——露点(°F),RH——相对湿度(%),以小数计算。

THI 的数字愈大表示热应激愈严重。据美国实验,当 THI 为 70 时,有 10% 的人感到不舒服;到 75 时,有 50% 的人感到不舒服;到 79 时,则所有的人都感到不舒服;到 86 时,华盛顿国家机关停止办公。一般欧洲牛 THI 在 69 以上时已开始受热应激的影响,表现为体温升高,采食量、生产力和代谢率下降。THI 在 76 以下时,奶牛经过一段时间的适应,产乳量可逐渐恢复正常。

3. 风冷却指标

是将气温和风速相结合,以估计天气寒冷程度的一种指标。主要估计裸露皮肤的对流散热量。当温度不变,改变风速,空气使皮肤的散热量发生改变,这种散热能力称为风冷却力。公式为:

$$H = [(100v)1/2 + 10.45 - v] \times (33 - Ta) \times 4.18$$

式中 H 为风冷却力(kJ/m² · h 散热量),v 为风速(m/s),Ta 为气温(℃),33 代表无风时的皮温。

风冷却力与无风时的冷却温度的关系为:$t = 33 - H/91.96$。

例如,在 -15℃,风速为 6.71m/s 时的散热量为 5 948.14 kJ/(m² · h),相当于无风时的冷却温度为:$t = 33 - 5\,948.14/91.96 = -31.6℃$。

4. 湿卡他冷却力

湿卡他冷却力是用于评定气温、湿度、风速、辐射四因素综合状况的指标。卡他温度表是测定风速的仪器,如果将其球部包以脱脂纱布,在热水中加热球部,使酒精升至全球的 2/3 处,取出挂在欲测地点,准确地记录酒精液面由 38℃降至 35℃的时间(T)。每只卡他温度表上刻有卡他系数(F)。按下式可求出卡他冷却力(Hw)，即：$Hw = F/T$。

由于被加热上升的酒精液面，在测定地点空气中由38℃降至35℃所需的时间T与气温、辐射呈正相关，与风速成反相关；湿纱布水分还受空气湿度的影响，湿度小则蒸发快，吸热多，T值小；反之则大。对于牛来说，Hw若小于10，产乳量就下降；若为12～13，产乳量可维持不变；若为14～15，牛感到舒服。

在以上用来评定气象因素综合作用指标中，都是用一个数字来概括气象因素对机体的影响，例如，温湿指数仅是反映在某一指标上的温、湿度因素的相对影响程度，仅能用来说明温、湿度因素对某一指标的相对重要性，并不能说明动物所处温热环境的实际温热状况。另外，如何确定恰当的生理生化指标，来表示动物对温热环境的反应，也是十分重要的。因此，评定气象因素对畜禽综合影响的指标，还有待于进一步研究和完善。

第二章　畜禽舍光声环境管理关键技术

　　光照对于畜禽的生理机能和生产性能具有重要的调节作用,畜禽舍能保持一定强度的光照,除了满足畜禽生产需要外,还为人的工作和畜禽的活动(采食、起卧、走动等)提供了方便。

　　近年来,随着工农业生产的发展,畜牧业机械化程度的提高和畜牧场规模的日益扩大,噪声的来源越来越多,强度越来越大,已严重地影响了畜禽的健康和生产性能,引起畜牧工作者的重视。噪声干扰人们的正常生活,长期生活在噪声污染中,易造成听力障碍,同时噪声对神经系统、心血管系统都有危害,其危害程度随噪声强度的大小和影响时间的长短而异。

第一节 光环境管理技术

一、光照与生物节律

光照是指物体和生物体接受光源的辐射过程。太阳以电磁波的形式向周围辐射能量,称为太阳辐射。它是地球表面能量的主要来源,是引起复杂的天气变化和形成气候的重要因子,是一切生物生命活动的必要条件。光照是太阳的辐射能以电磁波的形式,透射到地球表面上的辐射线。光质、光强以及光照时间对畜禽的生理机能、健康和生产力均有着直接或间接的影响。

(一)光的来源

光的来源分为自然光源和人工光源。太阳光照即为自然光源,灯光光照即为人工光源。

1. 自然光源

太阳辐射是地球表面光和热的根本来源。光照是畜禽环境中的一个比较重要的因素,是其生存和生产必不可少的条件。畜禽的光照主要来自太阳辐射。太阳光波长范围$(4 \sim 30) \times 10^4$ nm,其光谱组成按人类视觉反应可分3个光谱区:红外线、可见光、紫外线(表2-1)。

表2-1 太阳辐射的光谱

波长 (nm)	$3 \times 10^5 \sim$ 760	760 ~ 620	620 ~ 590	590 ~ 560	560 ~ 500	500 ~ 470	470 ~ 430	430 ~ 400	400 ~ 5
辐射种类	红外线	红	橙	黄	绿	青	蓝	紫	紫外线

(资料来源:冯春霞. 家畜环境卫生[M]. 北京:中国农业出版社,2001)

太阳辐射能主要是波长在400~760nm的可见光,约占总能量的50%;其次是波长大于760nm的红外线,约占总辐射的43%;波长小于400nm的紫外线,约占总辐射的7%。靠近红光的光所含热能比例较大,紫光所含热能比例小。

太阳辐射通过大气时,受大气透明度以及云雾、灰尘、水汽和二氧化碳含量等影响。其中约有19%被大气吸收,约34%被大气和地面反射、散射回到宇宙空间,最后被地面吸收的太阳总辐射约占47%(图2-1)。因此,到达地面的太阳辐射,光谱已发生很大变化,其中变化最大的是紫外线。波长小于290nm的紫外线,在大气中完全被臭氧层所吸收;300nm的紫外线会全部被水汽和灰尘较多的空气吸收。波长小于320nm的紫外线,不能穿过普通玻璃。

红外线也大部分被空气中的水汽和二氧化碳所吸收。可见光波长的变动很小。

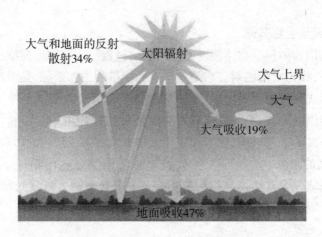

大气和地面的反射散射34%

太阳辐射

大气上界

大气

大气吸收19%

地面吸收47%

图2-1　到达地面的太阳辐射图

到达地面的太阳辐射强度,除受大气状况影响外,还与太阳高度角有关。太阳高度角是指太阳光线与地面水平之间的夹角。太阳高度角大时,太阳辐射到达地面所经过的大气层(称大气路径)比较薄,被反射、散射和被云雾、水汽等吸收的部分就较少,地面得到的辐射量就较多;相反,太阳高度角小时,地面得到的太阳辐射量就较少,到达地面的太阳辐射能,一部分被地面吸收,转变为热能,一部分被反射回大气。因此,由于大气层对太阳辐射的吸收、反射和散射作用,辐射强度已大幅度减弱。

2.人工光源

(1)白炽灯和荧光灯(图2-2)　白炽灯和荧光灯常用于照明,荧光灯耗电量比白炽灯少,而且光线比较柔和,不刺激眼睛,但设备投资较大。在一定温度下(21.0~26.7℃),荧光灯光照效率最高;当温度太低时,荧光灯不易启亮。荧光灯可促进鸡的性成熟,但对产蛋的刺激效力不如白炽灯。与白炽灯比较,在强度和长度相同的荧光灯下培育的小母鸡,性成熟早,性成熟日龄分别为140d和150d。白炽灯可显著降低早期的产蛋量,但在整个30周的产蛋期中,白炽灯的产蛋量高于荧光灯。

白炽灯使用寿命短,易碎,更换频率高。荧光灯制作材料含汞,汞是一种剧毒物质,一支荧光灯的灯管平均含有0.5mg的汞,渗入地下会造成大约30t地下水的污染。由于目前我国尚未建立起废旧荧光灯的回收体系,所以对环境造成的影响非常之大。同时,荧光灯也非常容易出现破损现象,目前正逐步被新光源取代。

2011年11月1日,国家发展改革委员会、商务部、海关总署、国家工商总局、国家质检总局联合印发《关于逐步禁止进口和销售普通照明白炽灯的公告》,决定从2012年10月1日起,按功率大小分阶段逐步禁止进口和销售普通照明白炽灯。在公告中明确,中国逐步淘汰白炽灯路线图分为5个阶段:2011年11月1日至2012年9月30日为过渡期,2012年10月1日起禁止进口和销售100W及以上普通照明白炽灯,2014年10月1日起禁止进口和销售60W及以上普通照明白炽灯,2015年10月1日至2016年9月30日为中期评估期,2016年10月1日起禁止进口和销售15W及以上普通照明白炽灯,或视中期评估结果进行调整。

图2-2 白炽灯和荧光灯

(2)LED灯(图2-3) 长期以来,在畜禽生产领域使用的人工光源主要有白炽灯、荧光灯等,这些光源的突出缺点是能耗大、运行成本高,能耗费用占系统运行成本的40%~60%,而且也难以实现针对畜禽的生理需求进行光质调控,影响畜禽生产效率的提高。

LED是发光二极管(Light Emitting Diode)的英文缩写,它是一种能够将电能直接转化为可见光的固态半导体器件,具有极高的电光转化效率。与现在畜禽养殖场使用的白炽灯和节能灯相比,LED灯具有节能、使用寿命长、无辐射无频闪和环保等优点。LED灯的耗能仅为相同亮度白炽灯的1/10,荧光灯的1/4。一般的LED灯都能达到50 000h以上的使用寿命,而白炽灯的使用寿命仅为1 000h,荧光灯的使用寿命也只有5 000h左右。LED灯使用的是直流电,使用二极管发光,所以辐射程度极低。另外,二极管是单向工作,没有频闪,不像白炽灯和荧光灯那样使用交流电,会出现频闪现象,对保护眼睛有利。LED灯为全固体发光体,没有钨丝、玻壳等容易损坏的部件,耐冲击不易破碎,非正常报废率很小,其制作材料无毒,废弃物可回收利用。此外LED灯环境适应能力强,在-35~45℃,相对湿度<95%的条件下都能正常工作。

刘建(2012年)试验研究分别采用LED灯和白炽灯作为照明光源研究其对笼养蛋鸡生长发育和生产性能的影响,结果表明:在育雏育成阶段,使用LED灯可提高鸡群均匀度,在产蛋阶段,使用LED灯可减少鸡群死淘率。同时也对LED灯的节能效果进行了研究,假设一栋鸡舍5 000只鸡,分别使用3种光源,一般情况下一栋鸡舍大约共需40个灯位,按一个LED灯可使用50 000h,一只节能灯使用5 000h,一只白炽灯可使用1 000h,农业用电每度0.8元,密闭鸡舍平均每天开灯16h为标准来计算,可以得出表2-2结果。

表2-2　鸡舍每年每个灯位各种灯泡用量以及能耗情况

组别	单价(元)	使用年限	折旧费(元)	年能耗(kWh)	电费(元)	总计(元)
3W LED灯	30	8.58	3.50	17.52	14.02	17.52
9W 节能灯	10	0.86	11.60	52.56	42.05	53.65
25W 白炽灯	1	0.17	5.88	146.0	116.8	122.68

从表2-2可以看出,一栋40个灯位的鸡舍,每年总计使用电费及灯泡耗材情况如下:LED灯为700.80元,节能灯为2 146.00元,白炽灯为4 907.20元。使用LED灯可以节约大量的成本费用,相比白炽灯和节能灯有很大的节能空间。

近年来,随着LED技术的快速发展,LED等单色节能光源的出现,国内外学者围绕畜禽对光色、光强与光周期等光环境指标与生长性能的关系进行了深入研究,探明了畜禽对光环境需求的相关参数。通过研究发现,AA肉鸡生长前期采用绿光LED或蓝光LED照射,生长后期采用蓝光LED照射,能显著促进肉鸡的生长发育,提高生产性能;肉鸡生长早期(0~7d)选用绿光LED照明,可不同程度地改善肉鸡小肠黏膜结构,提高小肠对营养物质的吸收能力,从而促进肉鸡生长发育；蓝、绿光 LED 照明可使视网膜面积、视网膜节细胞（RGCs）总数增加；从视网膜的中央区到周边部，绿光组的 RGCs 密度梯度下降幅度和蓝光组的 RGCs 大小梯度增大幅度最明显。

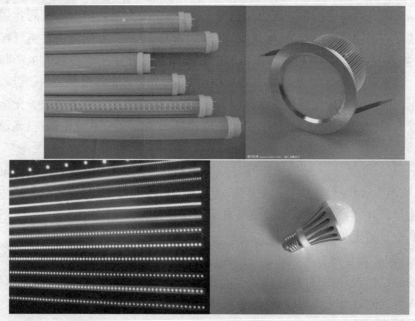

图 2 - 3　LED 灯

也有学者研究发现，蓝光可在一定程度上抑制肉鸡因注射脂多糖（LPS）刺激引起的体增重下降以及应激激素和细胞因子 IL - 1β 水平的升高，并可提高细胞免疫和体液免疫功能。采用绿光 LED、蓝光 LED 及其组合对 Anak 肉鸡生长影响的研究结果表明，4d 后绿光下鸡增重最大，10d 后用蓝光下也有进一步促进肉鸡增重的效果。我国学者通过 LED 光源对种鸡的光色、光强与光周期优化指标的系统研究，确定了调控光色、光强和光周期来改善鸡的生理节律、摄食行为、生长发育、繁殖性能的技术指标体系，消减了诸如禽产品"污染"（如药物残留、激素残留等）的负面影响，大大提高了鸡的生产潜力。以上这些研究表明，LED 在畜牧业中的实际应用是可行的，通过适当的 LED 光照调节，能够显著促进畜禽生长，提高其免疫力，大大提高畜禽养殖的生产潜力。

LED 作为一种先进的现代照明技术，以其固有的优越性正吸引全世界各行业的目光。基于 LED 光源特性和家禽自身的光需求特性开发研究的规模化家禽养殖 LED 光环境智能调控专家系统创造性地将新兴科技产品与农业生产有机结合,在安全生产、节能环保等方面具有重要的社会意义,符合我国产业升级,科技创新的理念。

　　3. 光的一般作用

　　太阳光对畜禽的影响极为深刻和广泛,一方面太阳光辐射的时间和强度直接影响动物畜禽的行为、生长发育、繁殖和健康;另一方面通过影响气候因素(如温度和降水等)和饲料作物的产量和质量来间接影响畜禽的生产和健康。光照射到畜禽体上,一部分被反射;另一部分进入畜禽组织之内。进入畜禽组织内的一部分光被该畜禽吸收,穿过畜禽组织的光则不被吸收。光能被吸收后,转变为其他形式的能,引起光热效应、光化学效应和光电效应、光敏反应。

　　(1)光热效应　光的长波部分如红光和红外线,由于单个光子的能量较低,被组织吸收后,主要是使原子和分子发生旋转或震动,光能转变为热运动的能量,即产生光热效应。可使畜禽组织温度升高,加速各种物理化学过程,提高全身的代谢。

　　(2)光化学效应和光电效应　光的短波部分,特别是紫外线,由于单个光子的能量较大,可使畜禽体内的电子激发,引起化学变化,称为光化学效应。当入射光的能量更大时,可引起畜禽体内的电子逸出轨道,形成光电子而产生光电效应。

　　(3)光敏反应　畜禽采食某些含光敏物质的食物,如荞麦、三叶草、苜蓿、灰菜等,或在畜体内存在异常代谢产物,或有感染病灶吸收的毒素等,当受到日光照射,积聚辐射能量,使毛细血管壁破坏,通透性加强,引起皮肤炎症或坏死的现象,有时发生眼、口腔黏膜发炎或消化机能障碍,多发生于猪和羊。

　　光线被物质吸收的数量,与光线进入的深度成反比。光的波长越小,物体吸收光的能力越大,光线进入的深度越小。在所有光线中,物质对紫外线吸收力量大,其穿透力最小;物质对红外线吸收力量小,其穿透力最强。格罗萨斯·德雷伯(Grothus Draper)定律指出,光线只有被吸收后,才能在组织内引起各种效应。因此,紫外线引起的光生物学效应最为明显,可见光次之,红外线最差。

　　(4)光照强度　光源的发光强度用坎德拉(cd,坎)表示。单位时间内通过某一面积的光能称为光通量(lm,流)。若以1cd 的来源为球心,1m 长为半径,其球面上的光通为1lm(流明,流),又称照度,而人和动物对光强度的感觉又称视觉照度,是指1m^2 面积上的光通量为1lm 时的强度,称为1lx(勒克斯,

畜禽环境管理关键技术

勒）。实际上不同波长的光源，即使能量相同，但视觉强度并不相同。

（二）生物节律

1.生物节律的概念

在自然条件下，畜禽由于光照时数的周期性变化，其生理状态、生化过程、行为习性也呈现出周期性变化，这种周期性变化称为生物节律。

生物节律是畜禽在行为和生理上以及数量分布和生活方式上出现的有节律的季节变化和昼夜变化，从而在繁殖、迁移、休眠、换毛和进食等方面出现一系列周期性现象，是畜禽适应外界环境因子周期性变化的结果。例如，马、绵羊和山羊的繁殖有明显的季节性，它们的产仔季节大多在春季，这样有利于幼畜的生长和发育，这是家畜适应温度、牧草的季节性变化的结果。生物节律是生物界普遍存在的一种现象，是畜禽整个组织器官生物节律乃至行为节律的外在综合表现，是畜禽机体对环境刺激积极主动的反应。

2.生物节律与光周期

明暗、温度、湿度、气压、宇宙射线以及来自外界的其他因素，都可能激发动物机体的生物节律，社会习性也可能起着重要作用。在引起动物生物节律的所有环境因子中，研究得最多的是光因子。

将只有夜间活动的动物置于明亮的环境中，其节律周期与照明长度成正比，而置于黑暗环境时，其节律周期缩短。只有白天活动的动物与此相反，若照明长度增加，其周期缩短。光照强度对动物的生物节律也有影响。只有白天活动的动物与此相反，若照明长度增加，其周期缩短，而夜行动物的活动周期与光照强度成正比。昼行动物活动时间与静止时间之比随光照强度的增加而提高，夜行动物反而降低。采用人工光照可改变鸡的产蛋周期、绵羊和马的发情周期，这些事实都是光照对畜禽生物节律影响的证据。

二、可见光对畜禽的影响

可见光为太阳辐射中能使人和动物产生光觉和视觉的部分，其波长为400～760nm，它是一切生物生存所不可缺少的条件。离开了光，畜禽便从多方面失去了与外界环境的联系。可见光对动物机体的生理过程，尤其是对生殖过程，可产生一系列的重要影响。

（一）可见光的作用机制

可见光对畜禽的影响，一般是导致下丘脑的兴奋，由此引起一系列反应，对畜禽的生长发育、生产和繁殖产生影响。

就哺乳动物而言，光线照射在眼睛上，引起视网膜兴奋，并通过视神经将这一兴奋传到大脑皮层的视觉中枢,后者又将兴奋传到下丘脑,使其分泌促释放激素。对畜禽而言,眼睛不是主要的,即使没有眼睛仍可引起反应。这是因为光线可穿过头盖骨经脑神经作用于下丘脑,引起下丘脑兴奋,即所谓"视网膜外或脑感受器"。此外,光还可以通过视神经作用于松果腺,减少褪黑激素的分泌,后者经下丘脑影响垂体前叶。

下丘脑兴奋分泌的释放激素,如促性腺激素释放激素(GnRH)、促甲状腺激素释放激素(TRH)、促肾上腺皮质激素释放激素(CRH)等。生长激素释放激素(GRH)等,经下丘脑—垂体门脉循环系统到达垂体前叶,并使之释放促激素,如促卵泡素(FSH),促黄体素(LH),促甲状腺激素(TSH),促肾上腺皮质激素(ACTH),并释放生长激素(GH),这些促激素再作用于相应的腺体,使其产生相应的激素,如甲状腺激素,肾上腺皮质激素,性激素等,直接影响机体的生长发育、生产和繁殖,如图 2-4 所示。

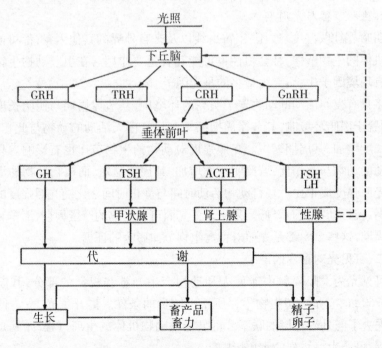

图 2-4　光照对动物体影响的机制

(二)可见光对畜禽的影响

可见光从强度、波长(光色)和光照时间及其变化对畜禽的生产性能和健康产生影响。

1. 光照强度

不同光照强度对畜禽的生物学效应不同,而不同用途、不同种类、不同生理阶段的畜禽所要求的光照强度也不同。

(1) 对产蛋的影响　自然条件下,家禽的产蛋量有明显的季节性变化,这种变化主要是由光周期的变化引起的。一般是春季逐渐增多,秋季逐渐减少,冬季基本停产。光照强度对鸡的产蛋和生长发育均可产生影响,就产蛋而言,光照强度以 5～45lx 为宜。Morris 曾对各种不同光强度下的产蛋率进行了长时间的观察,他认为光照强度在 0.12～37lx 内,产蛋率随着光照强度(对数)的增加而呈抛物线形上升。根据 North(1972)采用的 0.1～42.8lx 的不同光照强度对产蛋母鸡在 45 周产蛋期内平均每只鸡产蛋量的试验结果显示:42.8lx产蛋量更高。因此,在一定的范围内强光照对于促进产蛋的效果大。

(2) 对生长育肥　光照不是对雏鸡的生长直接产生刺激作用,而是对雏鸡的活动或觅食等各种生理机能的固有节律起同步信号作用,从而间接地产生影响。光照强度过高或过低(小于 0.2lx),表现出抑制生长的倾向。据Borrott(1951)报道,光照强度在 1～65lx 内,对鸡的生长没有影响,而在130～290lx 内则抑制生长。Deaton(1976)报道,低强度的间歇光照,对增重和饲料利用率都无不良影响,但 12h 黑暗使生长率下降。在 21℃ 中,13lx、24h 的持续光照的饲料利用率,比 12h,205lx 和12h,13lx 两种强度交替的持续光照高;0.25h,13lx,与 1.75h 黑暗交替的间歇光照,饲料利用率又高于 13lx 的持续光照。因为黑暗能减少活动量和产热量,故能提高饲料利用率,促进生长。在商品鸡的生产实践中,光照强度低于 1lx 会导致生产率下降。Morris(1976)认为鸡生长对光照的反应明显比例于光照强度的对数,光照强度每增加 1 倍,到期肉用仔鸡的体重下降 10g。Ringer 的结论是,5lx 光照强度已能刺激肉用仔鸡的最大生长,而强度大于 100lx 则对生长不利。

人工光照强度 40～50lx,对育肥猪的正常代谢有利,并能增强抗应激能力和提高日增重。但过强的光照强度(120lx 以上),会引起猪神经兴奋,减少休息时间,增加甲状腺激素的分泌,提高代谢率,从而影响增重和饲料利用率。照度不够也会使仔猪生长减慢,成活率降低。在人工光照 40～50lx 环境下,无窗育肥猪舍的育肥猪表现出最高的生长速度。

(3) 对繁殖的影响　光照强度对母猪的繁殖性能和生长育肥也有影响,繁殖母猪舍光照强度从 10lx 提高到 60～100lx,其繁殖能力提高 4.5%～8.5%,出生窝重增加 0.7～1.6kg,仔猪育成率增加 7%～12.1%,仔猪发病率下降9.3%,平均断奶个体重增加14.8%,平均日增重增加5.6%。光照强度每增加10lx,仔猪断奶窝重增加141g,还可使母猪断奶后同期发情。所以,母猪舍内的光照强度以60~100lx为宜。

种公猪在光照强度不超过8~10lx的猪栏里饲养,其繁殖机能下降,当每天给予8~10h、100~150lx的人工光照时,精液品质得到改善。

(4)对产乳的影响　在原南斯拉夫某国营农场发现,在春季每天把西门塔尔牛和杂种奶牛放出舍外3h或5.5h,能显著提高产乳量,除舍外的光照强度为舍内的20倍外,其他条件如温度、湿度等都相同,因而认为产乳量的增加,是由于光照强度的增大所致(Rako等,1952)。据Stanisiewshi等(1985)报道,奶牛夜间用536lx的荧光灯补充光照,使每天的光照时间自9~12h延长到16~16.5h,产乳量提高2.2kg,但乳脂下降0.16%。可见反刍动物要用很强的人工光照才能起作用,不像家畜禽的产蛋,只需5lx的弱光即可。

(5)不利的影响　在高密度饲养的现代畜禽中,光的强度过高可以使鸡产生啄肛,猪发生咬尾等不良恶癖行为,引起重大损失。光照强度过强或过弱均会抑制畜禽的生长发育。

2.波长(光色)

家禽对光色比较敏感,研究得也较多,尤其是鸡。光的波长不同,通过视网膜和视神经到达下丘脑和通过颅骨及颅内组织到达下丘脑的效果也不一样。长波光(>650nm)到达下丘脑的穿透效率比短波光(400~450nm)高,高的倍数因品种而异,鸡是20倍,鸭是36倍,鹌鹑是80~200倍,鸽是100~1 000倍。其原因是血红蛋白对430~550nm光吸收最强。羽毛中的黑色素(吸收光波高峰在420~430nm)虽较血红素小,但它能阻止光进入大脑。所以,光色不同对家禽的影响也不同。根据众多学者对鸡的研究,显示出比较一致的结果:在红光下鸡趋于安静,啄癖减少,成熟期略迟,产蛋量稍加增加,蛋的受精率较低;在蓝光、绿光或黄光下,鸡增重较快,性成熟较早,产蛋量较少,蛋重略大,饲料利用率降低;公鸡交配能力增强,啄癖极少,见表2-3和表2-4(Peterson,1971)。

表 2-3　光色对鸡的影响

项目	光色					项目	光色				
	红	橙	黄	绿	蓝		红	橙	黄	绿	蓝
促进生产				△	△	减少啄癖	△				△
降低饲料利用率			△	△		增加产蛋量	△	△			
缩短性成熟年龄				△	△	降低产蛋量				△	
延长性成熟年龄	△	△	△			增加蛋重				△	
使眼睛变大					△	提高雌性繁殖力				△	△
减少神经过敏	△					提高雄性繁殖力	△				

表 2-4　光色对母鸡产蛋的影响

光色	红光	蓝光	白光	绿光
产蛋率(%)	78	73	69	68

Osol(1980)报道,肉用型小公鸡自 2 周龄起用白、绿光和黑暗处理到 60 周龄,黑暗显著抑制睾丸和冠的生长。光的波长对性腺的刺激作用不同,红光和橙光比绿光和黄光对性腺,尤其对睾丸的刺激作用大。另有试验报道,将褐壳蛋鸡分别饲养在白光、绿光和红光下,通过控制营养使其体重达标,至 20 周龄体重达 1.65kg 后光照转为白光或红光。先绿光后红光比自始至终白光照射性成熟提前 6d。在 103 日龄转光照,性成熟提前 11d,在 141 日龄转光照,性成熟提前 6d。这说明光照由无刺激光波转变为有刺激光波对母鸡性发育有影响,而刺激性光波的强弱影响不大。

光的波长对生长、育肥影响的报道不一致。据报道,自出壳到 75 日龄,全期用 5lx 红光照射,体重最大,肉的能量值最高;全期用强度相同的蓝光照射,睾丸和卵巢的发育最好;前期用白光,后期用红光照射,饲料利用率最高;后期用红光照射有促进生长、提高饲料利用率和育成率的作用(黄昌澍,1983)。Cherry 和 Barwick 报道,在 1~100lx 的照度下,各种不同波长的光对雏鸡生长的影响没有差异。

以上所述光色的影响,尚需进一步研究,并未形成成熟的应用技术。综合来看,任何一种单色光都不能面面俱到。因此,在生产中仍用白色光,只有在有目的的利用时,才选用单色光。

3. 光照时间及其变化

光照时间对畜禽的影响应该存在两重含义：一是1d中应该给予多少时间的明与暗；其二是给予的明与暗时间有无变化和如何变化。

在长期的生产实际中人们发现，当春季白昼时间一天天变长时，刺激了某些动物的性腺活动和发育，促进其排卵、配种、受孕，人们把这一类动物称为"长日照动物"（long-day animals）。主要是马、驴、雪貂、狐、猫、野兔及鸟类。而另一部分当秋季日照时间逐渐缩短时，则促使其发情、配种、受孕，人们则称之为"短日照动物"（short-day animals）。主要是绵羊、山羊、鹿和一般野生反刍兽。如果把生长在南半球的羊，引入北半球，经1年后，该动物即可又恢复到秋季发情。由此可见，光照对家畜生物节律的影响。

（1）对繁殖性能的影响

1）蛋鸡　鸡的性腺机能在白昼趋长的春天变得活跃，而在白昼趋短的秋天渐渐衰退，通常将鸡的这种根据日照长短及其变化表现出来的性腺机能的变化，称为光周期反应。自然条件下，在日照时间逐日增长的季节（从冬至到夏至）育成的雏鸡比日照逐日缩短的季节（从夏至到冬至）育成的雏鸡性成熟要早。因日照增长有促进性腺活动的作用，日照缩短则有抑制作用，所以鸡的产蛋会出现淡旺季，一般在春季逐渐增多，秋季逐渐减少，冬季基本停产。这种变化与光周期的年变化相吻合，尽管温度和饲料也影响产蛋的季节性变化，但光周期变化起着决定性作用。据Morris报道，每日≥10h的光照，足以加速小母鸡的性成熟；少于10h，性成熟速度直线下降。他的另一篇报道证明了光照时间的变化比持续恒定光照对性成熟影响更大。

产蛋鸡的适宜光照时间一般认为应保持在16h以上。主要是抑制褪黑激素的生成，而使黄体酮保持较高的水平。目前有人提出在自然光照下采用夜间补充一次强光刺激以抑制褪黑激素，但刺激的强度、时间等都有待进一步验证。而尽管育成期逐渐延长光照时间可以使母鸡提早开产，但生产中恰认为育成初期的递减光照虽然推迟了开产期，但保证了鸡的体成熟，使全期产蛋量反而超过前者。

鸡的卵子成熟时间一般长于24h，所以大多数鸡的排卵期，与光的日周期并不一致，而是略长于24h，达25~27h，这种非24h的周期叫"超期"。因此，鸡在正常产蛋季节内，往往连产几天后出现1d间歇，这是等待两个不同周期的吻合。目前在养鸡业中，已普遍采用补充人工光照的方法。而超长光照法的特点是光照与黑暗相加，总时数超过了24h自然昼夜，这样延长的昼长希望改进产蛋的性能。如 Ridien(1980)等的试验证明,在 14L:10D(即 14h 光照,10h 黑暗)、16L:10D、18L:10D 和 20L:10D 四种不同昼长的条件下,鸡的产蛋率分别是 73%、70%、64% 和 66%,然而蛋壳厚度和蛋重却在最后两种处理得最好。因此认为,昼夜长度多于 24h 有利于改善产蛋末期鸡群的蛋壳质量。

2)羊　一般来说,绵羊、山羊为短日照动物,其发情、排卵、配种、产仔、换毛等都受光周期变化的影响。据束村博子(1982)等报道,在人工短日照条件下(8L:16D),公羊睾丸肥大,产生大量精子;母羊恢复发情、排卵。相反,在人工长日照条件下(16L:8D),公羊睾丸萎缩,精子形成停止;母羊发情周期消失。光周期改变,可通过下丘脑的反应,使动物血浆中的性激素含量随之改变。

Thiminonier(1985)试验,将绵羊分成两组,第一组在 16L:8D 中处理一段时间后转到 8L:16D 中,然后再交替转换;第二组在 7L:9D:1L:7D 和 8L:16D 交替转换,两组母羊在转入 8L:16D 之后的 1.5～2 个月,其卵巢开始活动;在转回之后 1～2d 内,卵巢活动又结束。这说明在主要光照期开始后的 16～17 h,再增加短期光照,其结果与 16L:8D 的光照类似。

根据绵羊的性活动对光照时间反应的特点,可设法使其每年有两个繁殖季节。例如,从北半球的英国购买怀孕母羊,于秋分时立即起运,到达南半球的南非或南美后,它们在 2 月产羔,以后由于南半球每日光照时间逐渐缩短,到 5 月又再发情、配种,这样就可能在当年再产羔一次。

3)马　属于长日照动物。光照时间的变化对母马的性活动影响比较明显,母马的繁殖季节一般在春季。在秋、冬季若给母马提供逐日延长的光照或每天给予稳定的 16h 光照,可使母马在处理后的 45～60d 开始发情,其促黄体素水平和黄体酮水平,同春季正常发情的母马相似。公马的性腺活动和母马一样,具有明显的季节性,在春季随着光照时间的逐日延长,精液量上升,秋季则随着日照的缩短而下降。

4)牛　无繁殖季节之分,但有些品种仍存在繁殖的淡旺季。如黄牛一般在 5～9 月发情的较多,水牛 8～11 月发情的较多,因此,这段时间是发情旺季。据伍清林等(1993)的调查,我国淮南地区,发情奶牛的受胎率,冬、夏季最低,春、秋季最高(表 2-5)。他对淮南地区 700 头妊娠期牛的统计资料也表明:10 月和 11 月配种的牛,其妊娠天数分别是 275d 和 274d,显著小于其他月份配种的平均数(278d)。这说明母牛妊娠的长短也受季节的影响。应注意的是,季节性的光周期虽然影响着牛的繁殖能力,但温度和湿度也起着一定的作用。

表 2 – 5　发情期受胎率与季节的关系

季节(月)	春(3、4、5)	夏(6、7、8)	秋(9、10、11)	冬(12、1、2)
配种数(头)	189	176	166	319
受胎数(头)	110	85	100	161
发情期受胎率(%)	58.2	48.3	60.2	50.5

5)猪　光照时间对猪的性成熟有一定的影响。据 Bond(1974)研究表明,将饲养在普通光照下的后备母猪,与饲养在23h 黑暗下的猪进行比较,后者的初情期比前者早11d。光照对经产和初产母猪的发情影响与它们的生理阶段有关。John(1988)发现,延长光照时间可缩短母猪重新发情的天数,并减少母猪哺乳期的体重损失,特别是在热应激期间,延长光照时间对仔猪断奶前后的体重和成活率都有好处。Knotek(1984)的研究表明,母猪的平均受胎率与光照相关为 – 0.9。延长光照时间(14L：10D)对母猪断奶至发情间隔无影响,但可提高母猪全年的产仔率;母猪在夏季卵巢功能下降,窝重也较小。

(2)对其他生产性能的影响

1)生育育肥　光照时间对生长育肥几乎无直接影响,生长在23h 光照1h 黑暗和23h 黑暗与1h 光照下的育肥猪可以获得同样的生产效果。但光照时间应保证畜禽的采食时间,当畜禽熟悉了固定的食槽位置后,才会出现上述效果。对肉鸡而言,从初期的连续光照,过渡到后来间歇光照同样可以取得满意的结果,但在管理上应保证有充足的食槽和水槽位置,以便在开灯的情况下每只鸡都能获得充分的采食和饮水的机会。

2)产乳　在自然光照条件下,哺乳动物的产乳量,一般在春季最多,5~6月达到高峰,7月大幅度跌落,10月又慢慢回升,当然这也与牧草的枯荣和气温有关,而光照时间的长短影响着产乳量。据 Brlyeay 等(1973)报道,以18h 光照代替自然光照能提高产乳量,并降低饲料消耗。Tucber 等(1980)和 Peters 等(1978、1980)报道,奶牛用16L：8D 的人工光照,与每天9~12h 的自然光照比较,生长率和产乳量提高6%~15%,并且不增加饲料消耗。杜春明等(1995)也报道,在奶牛泌乳的最初60d 内,让牛接受16h 光照,较冬季自然光照条件下奶牛多产乳10%。用16L：8D 光照母猪,其产乳量较8L：16D 光照提高24.5%。

3)产毛　羊毛的生长也有明显的季节性,一般夏季长日照时生长快,冬季短日照时生长慢。例如,Hart(1961)在南纬的新西兰考力代羊试验,在自然条件下,羊毛的生长速度于11月至翌年1月日照时期最快,而在6~8月的短日照时期最慢。最快和最慢时的羊毛产量相差3~4倍。

Morris(1961)在澳大利亚为研究羊毛生长季节性变化,究竟是由温度还是由光照变化引起的,选用3组空怀洛姆尼湿地羊试验,第一组(对照)接受自然的气候条件(布里斯班,南纬约28°);第二组用人工光照,使光照长度的变化与该地的自然光照相反;第三组用人工气候,使气温的季节性变化与自然气温相反。结果发现羊毛生长的季节性变化因光照变化的反常而反常,不论气温如何,光照长度增加,羊毛生长加快;光照长度缩短,羊毛生长速度变慢(图2-5)。

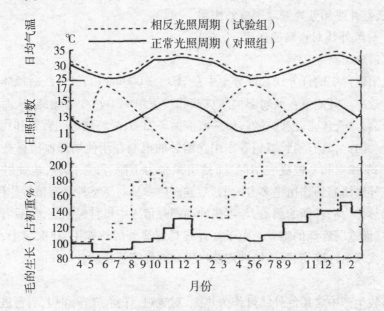

图2-5　羊毛的生长速度与光照长度的关系

但也有人工短光照,间歇光照都能提高羊毛的产量的报道。据在印度对比卡尼里(Bikaneri)羊的试验,8L:16D或16L:8D的恒定光周期,羊毛的生长速度都加快。另据Coop(1953)的试验,使舍饲实验组母羊每年接受8h的恒定光照,对照组为自然光照,经过两年,试验组的产毛量比对照组高40%,但冬季的羊毛产量仍很低。

家畜的被毛和家禽的羽毛,每年在一定季节内脱落更换,马、驴、牛、羊、猪、鸡等都如此。这一现象主要由光周期变化引起。例如,在自然条件下,鸡每年秋季换羽,但当前许多养鸡场对成年母鸡实行 16～17h 的恒定光照,由于光周期没有变化,鸡的羽毛一直不能脱落更换,提高了生产性能。在生产上用缩短光照时间等措施,也可使其强制换羽。

牛是在光照延长的情况下换毛的。Yeates 将牛分为两组,均在高营养水平下饲养,一组处自然光照下,即夏季日照长而冬季日照短;另一组用人工光照,即夏季日照短而冬季日照长。结果在冬季第一组牛具有正常的厚而带绒的被毛,第二组则被毛短而有光泽,完全属于夏毛;到了夏季情况又完全相反。另据试验,欧洲牛被引到赤道地区后,因为四季的光照时数很相似,天然的周期性换毛现象消失,被毛就保持着中间型牛毛长度和绒毛状的外表,一直不再更换。

三、红外线和紫外线对畜禽的作用

(一)红外线对畜禽的作用

1. 消肿镇痛

太阳辐射中的红外线大部分集中在 760～2 000nm 内,红外线对机体主要产生热效应。其能量在照射部位的皮肤和皮下组织中转变为热能,从而引起温度升高,血管扩张,皮肤潮红,局部血液循环加强,最终使组织营养和代谢得到改善。因此,具有消肿镇痛等作用。消肿的机制在于使局部血液循环得到改善,局部渗出物易被吸收消除,而使组织张力下降,肿胀减轻,也使肿痛减缓。红外线镇痛的作用是多方面的,一方面热本身对感觉神经有镇静作用,另一方面热作为一种新的刺激,与疼痛冲动同时传入中枢神经系统,使后者受到干扰,从而减弱疼痛的感觉。由于红外线具有显著的热作用,在医学上,可利用红外线来治疗冻伤、某些慢性皮肤疾患和神经痛等疾病。

2. 采暖

畜牧生产中常用红外线灯作为热源,对雏鸡、仔猪、羔羊和病、弱畜进行照射,这不仅可以采暖御寒,而且还可改善机体的血液循环,促进生长发育。波长 760～1 000nm 的红外线,可促进机体内酶分子的运动,改变酶分子的排列和结构,提高酶分子活性。而酶又是机体内各种化学反应的催化剂,酶分子结构或排列的改变可影响机体代谢过程。这种电磁波作用于畜禽机体的酶系统后,可引起体内生化反应的加强,提高物质交换效率,进而提高其生产性能。据孙绍仁(1998)研究,红外辐射可提高雏鸡成活率、蛋鸡产蛋率、肉鸡增重率以及饲料的转化率。

3.色素沉着

红外线也有一定的色素沉着作用。因红外线被吸收后破坏了细胞,分解了蛋白质,激活了酪氨酸酶,后者与色素原结合,使之变为黑色素,皮肤上即出现色素沉着。此外,红外线还能加强太阳光谱中的紫外线的杀菌作用。

4.不良影响

过度的红外线作用,可使热调节发生障碍。这时机体以减少产热,并重新分产热(皮肤的代谢升高,内脏的代谢降低)来适应新的环境,由于内脏血液量减少,使胃肠道对特异性传染病的抵抗力下降。

当过强的红外线作用于皮肤时,皮肤温度可升达40℃或更高,皮肤表面发生变性,甚至形成严重烧伤。此时生物学过程加强,组织分解产物进入血液,引起全身性反应。

波长600~1 000nm的红光和红外线能穿透颅骨,使颅内温度升高,引起"日射病"。波长1 000~1 900nm的红外线长时间照在眼睛上,可使水晶体及眼内液体的温度升高,引起畏光、视觉模糊、白内障、视网膜脱离等眼部疾病。因此,夏季户外长时间放牧或使役时,应注意保护头部和眼睛。

(二)紫外线对畜禽的作用

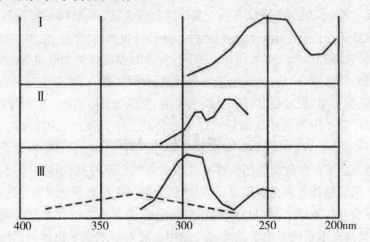

图2-6 紫外线生物学作用的光谱曲线

紫外线具有较高的热量,照射机体后可产生一系列的光化学反应和光电效应,不同的波长其生物学作用的强弱不同,一般将紫外线分为三段,即A段,波长320~400nm,其生物学作用较弱,主要起色素沉着作用;B段,波长275~320nm,生物学作用很强,主要是抗佝偻病和红斑作用;C段,波长200~

275nm，来自太阳辐射的这段紫外线不能到达地面，以人工紫外线灯进行试验，此段具有最大的杀伤力，对机体细胞也有强烈的刺激和破坏作用。

图2-6为紫外线生物学作用的光谱曲线。其中，I 为紫外线杀菌作用曲线，在短波部分，杀菌作用最强的部分为250~260nm，而接近可见光线的长波紫外线几乎无杀菌作用；I 为紫外线的维生素D形成作用曲线，其峰值波长位于280nm；III 为紫外线的红斑形成曲线，具有两个高峰，第一个高峰位于波长297nm，第二个高峰位于波长250~260nm。虚线为色素形成作用曲线，其作用最强的部分在长波紫外线的范围内。

紫外线的各种基本作用阐述如下：

1. 红斑作用

在紫外线的照射下，被照射部位皮肤会出现潮红，这种皮肤对紫外线照射和特异反应称红斑作用。在紫外线照射一定时间后，由于皮肤的反射作用，毛细血管扩张，这时出现的红斑称为原发性红斑。而当照射时，因皮肤表皮细胞被紫外线所破坏，释放出组织胺与类组织胺，这两者达到一定浓度，又能刺激神经末梢，通过反射使皮肤毛细血管扩张、通透性加强，导致皮肤发红和水肿，这时发生的红斑称为继发性红斑。这一过程较慢，一般发生在照射后6~8h，甚至24h。紫外线的红斑反应有两个最敏感的波长区，即254nm和297nm，但两者所致红斑在性质上有许多不同之处。如在红斑深度、界限、温度、潜伏期、消失时间、色泽和血管反应方面均有不同，前者的表现分别为红斑深、界限明显、温度高、潜伏期长、消失慢、色泽为深红色、血管扩张；而后者表现为红斑深度浅、界限不明显、温度低、潜伏期短、消失快、色泽为紫红有纹、血管痉挛。

引起红斑作用的紫外线剂量以红斑单位计。不同紫外线的红斑剂量不同，现统一用功率为1W的297nm波长的紫外线灯的红斑辐射强度作为一个红斑剂量。由于产生红斑作用的这一波段紫外线也具有抗佝偻病作用，两者生物学作用的最佳效果光谱相近，故可用红斑剂量来代表紫外线的生物剂量。它不仅在紫外线治疗上常以皮肤的红斑反应强弱作为紫外线治疗的剂量标准，而且又具有重要的卫生学意义。一般用红斑剂量来表示机体每天所必需的紫外线照射剂量。

2. 杀菌作用

细菌或病毒的蛋白质、酶和核酸能强烈吸收相应波长的紫外线，使蛋白质发生变性离解，酶活性降低或消失，在核酸中形成胸腺嘧啶二聚体，DNA结构和功能受到破坏，从而导致细菌和病毒的死亡。紫外线的杀菌作用和波长有关。280～302nm 的紫外线主要引起蛋白质的离解;253～260nm 的紫外线主要引起变性,而核酸对该波段的紫外线吸收量最为强烈。对 260nm 的紫外线的吸收强度比蛋白质高 30 倍。波长 295nm 的紫外线杀菌效果要比 395nm 紫外线的杀菌效果大 1 510 倍,故波长越短,杀菌效果越好。因此,一般认为波长在 300nm 以下的紫外线有明显的杀菌作用,而杀菌作用最强的波段为 253～260nm。紫外线的杀菌作用可用于空气、物体表面的消毒及表面感染的治疗。

紫外线的杀菌作用还与紫外线的辐射强度、细菌对紫外线照射的抵抗力等有关。不同类型的细菌对紫外线的抵抗力不同,如结核杆菌对紫外线的抵抗力比葡萄球菌强 2～3 倍;金色葡萄球菌、绿脓杆菌对波长 265nm 的紫外线最敏感,而大肠杆菌则对 234nm 的紫外线最敏感。在空气中,白色葡萄球菌对紫外线最敏感,黄色八叠球菌耐受力最强。紫外线必须达到一定的辐射强度才具有有效的杀菌作用,研究显示,大约 3 W/m² 的强度才可抑制细菌的生长。

紫外线不仅能杀死细菌,还能破坏某些细菌的毒素(如白喉和破伤风毒素)。真菌对紫外线则具有较强的耐受力。另据报道,因紫外线的能量能够破坏球虫 DNA 链,因而,紫外线可用于生产中对兔球虫卵囊的消毒。

在畜牧业生产中,常用紫外线光源对畜舍进行灭菌。目前在鸡、鸭、猪等畜禽舍使用的低压汞灯,辐射出 254nm 紫外线,具有较好的灭菌效果。据生产实践证明,用 20W 的低压汞灯悬于畜舍 2.5m 的高空,每 20m² 悬挂 1 盏,即 1W/m²,每日照射 3 次,每次 50min 左右,这样可降低家畜的染病率和死亡率,生产力明显提高(表 2–6)。

表 2–6　用紫外线照射灭菌对家畜的染病、死亡率和生长率的影响

效　果	用紫外线灭菌	不用紫外线灭菌
染病率*(%)	46.8	78
死亡率(%)	0.4	3.5
生长率(kg/d)	0.55	0.42

注:*用流行性肺炎传染猪群。

短波紫外线(C 段)对人眼损害很大,但对动物的眼睛影响并不大。因此,在布置低压汞灯灭菌时,可以直接向下方照射,而对刚出生的家畜,因其被毛稀疏,不能过多照射;奶牛、奶羊的乳部因皮薄在照射时应注意剂量。另外,紫外线也可用于饲料、饲养工具的杀菌。

3. 抗佝偻病作用

佝偻病是由于缺乏微生物 D 而发生的钙、磷代谢紊乱疾病。维生素 D 的主要作用是促进肠道对钙、磷的吸收，并与体内调节钙、磷的其他因子协调作用，使钙、磷在体内保持正常水平，促进骨基质钙化。畜禽在维生素 D 缺乏时，肠道对钙、磷的吸收减少，血中钙、磷浓度下降，为维持血内钙、磷含量的稳定，钙、磷从骨骼中分解出来进入血液。因此，骨组织含钙量减少，成骨作用受到影响，可引起幼畜出现佝偻病，而对成年家畜特别是妊娠及哺乳期母畜，引起骨质软化症。

家畜机体皮肤和皮下组织中存在 7 - 脱氢胆固醇，在波长 290 ~ 320nm 紫外线的作用下可转变为维生素 D_3，以供机体所需。因而，紫外线具有抗佝偻病的作用。青草中的麦角固醇，在晒干过程中，受紫外线照射，有一部分转变为维生素 D_2，是家畜冬季舍饲期间微生物 D 的主要来源。紫外线的这一作用被称为"光化学效应"。

由于波长 270 ~ 320nm 的紫外线，将麦角固醇和 7 - 脱氢胆固醇转化为维生素 D 的能力最强，而这部分紫外线在太阳高度角小于 35°时，一般不能到达地面，所以纬度较大的地区，在冬季一般都缺乏这部分紫外线。因此，在高纬度地区，冬季可对放牧家畜进行人工紫外线照射或通过饲料补加维生素 D。在现代化的封闭式畜舍中，由于家畜使用补充维生素 D_3 的全价日粮，尽管常年见不到阳光，也不易发生维生素 D 缺乏症。

在畜牧生产中，常用人工保健紫外线（280 ~ 340nm）照射畜禽，来提高其生产性能。实践证明，采用 15 ~ 20W 的保健紫外线灯，安装在畜舍上空，距被照射畜禽 1.5 ~ 2.0m 高，每日照射 4 ~ 5 次，每次 30min。安装 0.7W/m^2，经照射后的畜禽，其生长率、产蛋量和孵化率均比不照射的提高。用紫外线灯也可照射奶牛、奶羊，同样会提高乳产量及其乳中的维生素 D 的含量。

需要强调的是，为防止佝偻病和软骨症的发生，在对家畜进行紫外线照射时，必须选用波长 283 ~ 295nm 的紫外线，不可用一般的紫外线灯代替。

4. 色素沉着作用

紫外线可使皮肤中的黑色素原通过氧化酶的作用，转变为黑色素，使皮肤发生色素沉着。黑色素对光线的吸收能力，较机体其他部位的组织大数倍，特别是对短波辐射的吸收量更大。色素沉着是机体对光线刺激的一种防御反应。由于色素在皮肤的沉着，增强了皮肤局部的保护功能，使皮肤不会过热。被色素吸收的光能则转变为热能，促使汗液分泌，因而增强了局部的散热作用,同时能防止太阳的短波辐射穿透组织,使深部组织不受损害。据观察,白猪和黑猪同时在夏季阳光照射下放牧(气温高于28℃),结果白猪全部发生皮肤损伤,黑猪发生皮肤损伤的只有1/16。紫外线产生色素沉着作用的波长为320~400nm。但在红外线和可见光作用下也能发生。最强最持久的色素沉着发生在紫外线、红外线和可见光几种光谱同时作用之时。

5.提高机体的免疫力和抗病力

动物长期缺乏紫外线的照射,可导致机体免疫功能下降,对各种病原体的抵抗力减弱,易引起各种感染和传染病。因此,为保证机体正常的免疫功能,接受适量的紫外线是必不可少的。在紫外线的作用下,机体的组织细胞分子结构发生改变,抗原性发生变化,激发机体产生免疫反应。同时,紫外线照射可提高免疫细胞的吞噬活性,增加补体和凝集素,增强细胞免疫和体液免疫功能。补体是畜禽新鲜血清中的一组球蛋白,它能协同抗体杀灭病毒或溶解细菌,促进吞噬细胞吞噬和消化病原体。凝集素也是一种能和细菌的表面抗原发生反应并使之凝集的抗体,其增加也是机体防御免疫功能加强的表现之一。紫外线照射增强机体免疫力的效果,还决定于照射剂量、照射时间以及机体的机能状态。在畜牧生产中,为增强畜禽体质,提高其对环境变化的适应能力和对某种疾病的抵抗力,可采用小剂量紫外线进行多次照射。

6.增强机体代谢作用

紫外线照射能兴奋呼吸中枢,使呼吸变慢变深,促进氧的吸收和二氧化碳、水汽的排出。同时能增加血液、红细胞和血红素的含量,提高血液携带氧和二氧化碳的能力,加速组织代谢过程。在紫外线局部照射时,还有改善局部血液循环、止痛、消炎和促进伤口愈合的作用。

7.光敏性皮炎

当动物体内含有某些异常物质时,如采食含有叶红素的荞麦、三叶草和苜蓿等植物,或机体本身产生异常代谢物,或感染病灶吸收的病毒等,在紫外线作用下,这些光敏物质对机体发生明显的作用,能引起皮肤过敏、皮肤炎症或坏死现象,这就是光敏性皮炎或"光敏反应"。其机制有人认为是由于紫外线使机体对光敏物质的感受性增加所致;有人则认为是光敏物质在光化学反应(因光引起机体被照射部位的化学反应)中起接触剂的作用,导致机体发生一些本来不致发生的化学反应。光敏性皮炎专发于白色皮肤,特别是在动物无毛或少毛的部位,畜牧生产中多见于猪和羊。

8. 光照性眼炎与癌

紫外线过度照射动物眼睛时,可引起结膜和角膜发炎,称为光照性眼炎。其临床表现为角膜损伤、眼红、灼痛、流泪、怕光,经数天后消失。最易引起光照性眼炎的波长为 295～360nm。长期接触小剂量的紫外线,可发生慢性结膜炎。此外,紫外线尚有致癌作用。据报道,海福特牛的眼睑为白色,较易致癌。

紫外线照射对动物有利、有弊,在畜牧生产中尽可能地利用其有利的一面,避免过度照射造成有害的影响。近年来,由于人类的社会活动,使臭氧层受到破坏,而臭氧层能够吸收所有的 C 段紫外线和 90% 的 B 段紫外线,所以加剧了紫外线对地球上的动、植物和人类的危害。

四、畜禽舍光照的控制与管理

(一)自然光照

自然光照是让太阳的直射光或散射光通过畜禽舍的开露部分或窗户进入舍内以达到采光的目的。在一定条件下,畜禽舍都采用自然采光。夏季为了避免舍内温度升高,应防止直射阳光进入畜禽舍;冬季为了提高舍内温度,并使地面保持干燥,应让阳光直射在畜床上。影响自然光照的因素很多,主要有:

1. 畜舍的方位

畜舍的方位直接影响畜舍的自然采光及防寒防暑,为增加舍内自然光照强度,畜舍的长轴方向应尽量与纬度平行。

2. 舍外状况

畜舍附近如果有高大的建筑物或大树,就会遮挡太阳的直射光和散射光,影响舍内的照度。因此,在建筑物布局时,一般要求其他建筑物与畜舍的距离,应不小于建筑物本身高度的 2 倍。为了防暑而在畜舍旁边植树时,应选用主干高大的落叶乔木,而且要妥善确定位置,尽量减少遮光。舍外地面反射阳光的能力,对舍内的照度也有影响。据测定,裸露土壤对阳光的反射率为 10%～30%,草地为 25%,新雪为 70%～90%。

3. 玻璃

玻璃对畜舍的采光有很大影响,一般玻璃可以阻止大部分的紫外线,脏污的玻璃可以阻止 15%～50% 可见光,结冰的玻璃可以阻止 80% 的可见光。

4. 采光系数

采光系数是指窗户的有效采光面积与畜舍地面面积之比(以窗户的有效采光面积1)。采光系数愈大,则舍内光照度愈大。畜舍的采光系数,因家畜种类不同而要求不同(表2-7)。

表2-7　不同种类畜舍的采光系数

畜舍种类	采光系数	畜舍种类	采光系数
奶牛舍	1:12	种猪舍	1:(10~12)
肉牛舍	1:16	育肥猪舍	1:(12~15)
犊牛舍	1:(10~14)	成年绵羊舍	1:(15~25)
种公马厩	1:(10~12)	羔羊舍	1:(15~20)
母马及幼驹厩	1:10	成禽舍	1:(10~12)
役马厩	1:15	雏禽舍	1:(7~9)

5.入射角

畜舍地面中央一点到窗户上缘(或屋檐)所引直线与地面水平线之间的夹角(图2-7)。入射角愈大,愈有利于采光。为了保证舍内得到适宜的光照,入射角应不小于25°。从防寒防暑的角度考虑,我国大多数地区夏季都不应有直射的阳光进入舍内,冬季则希望阳光能照射到畜床上。这些要求,可以通过合理设计窗户上、下缘和屋檐的高度而达到。当窗户上缘外侧(或屋檐)与窗台内侧所引的直线同地面水平线之间的夹角小于当地夏至的太阳高度角时,就可防止太阳光线进入畜舍内;当畜床后缘与窗户上缘(或屋檐)所引的直线同地面水平线之间的夹角等于当地冬至的太阳高度角时,就可使太阳光在冬至前后直射在畜床上。

太阳的高度角:$h = 90° - \Phi + \delta$

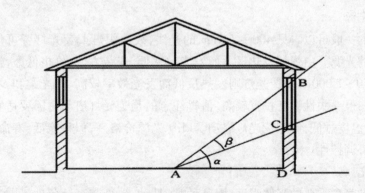

图2-7　入射角(α)和透光角(β)示意图

式中:h 为太阳高度角;Φ 为当地纬度;δ 为赤纬,在夏至时为23°27′,冬

至时为 -23°27′,春分和秋分时为 0。

6. 透光角

畜舍地面中央一点向窗户上缘(或屋檐)和下缘引起两条直线所形成的夹角(图 2-7)。如果窗外有树或其他建筑物等遮挡时,引向窗户下缘的直线应改向遮挡物的最高点,透光角大,透光性好。只有透光角不小于 5°,才能保证畜舍内有适宜的光照强度。

7. 舍内反光面

畜舍内物体的反射情况对进入舍内的光线也有很大影响。当反射率低时,光线大部分被吸收,畜舍内就比较暗;当反射率高时,光线大部分被反射出来,舍内就比较明亮,据测定,白色表面的反射率为 85%,黄色表面为 40%,灰色为 35%,深色仅为 20%,砖墙约为 40%。可见,舍内的表面(主要是墙壁和天棚)应当平坦,粉刷成白色,并经常保持清洁,以利于提高畜舍内的光照强度。

8. 舍内设施及畜栏构造与布局

舍内设施如笼养鸡、兔的笼体与笼架以及饲槽,猪舍内的猪栏栏壁构造和排列方式等对舍内光照强度影响很大,故应给予充分考虑。

(二)人工光照

利用人工光源发出的可见光进行的采光称为人工照明。人工照明除无窗封闭畜舍必须采用外,一般作为畜舍自然采光的补充。在通常情况下,对于封闭式畜舍,当自然光线不足时,需补充人工光照,夜间的饲养管理操作须靠人工照明。

1. 光源

畜禽一般可以看见 400~700nm 的光线,故白炽灯或荧光灯皆可作为畜舍照明的光源。白炽灯发热量大而发光效率低,安装方便,价格低廉,灯泡寿命短(750~1 000h)。荧光灯则发热量低而发光效率较高,灯光柔和,不刺眼睛,省电,但一次性设备投资较高,值得注意的是荧光灯启动时需要适宜的温度,环境温度过低,影响荧光灯启动。LED 光源价格高,但耗能低、寿命长,而且具有可调控性。

2. 光照强度

各种畜禽需要的光照强度,因其种类、品种、地理与畜舍条件不同而有所差异。近年来,光照对禽类(尤其是蛋鸡)的影响研究资料较多,一般认为,如雏禽光照偏弱,易引起生长不良,死亡率增高。生长阶段光照较弱,可使性成熟推迟,并使禽类保持安静,能防止或减少啄羽、啄肛等恶癖。肉用畜禽育肥阶段光照弱,可使其活动减少,有利于提高增重和饲料转化率。各种家禽所需要的光照强度见表2-8。

表2-8　各种家禽所需的光照强度

种　类	光照度(lx)	种　类	光照度(lx)
第一周幼雏	20.2	蛋用鹌鹑	3.0~5.0
雏禽	5.0	头一周火鸡幼雏	30.0~50.0
蛋鸡与种鸡	6.0~10.0	火鸡雏	2.0
肉鸡	2.5	种火鸡	30.0
鸭	10.0~20.0		

3.光色

研究表明,对头几日龄的肉用雏鸡当转移到处于强烈应激状态的鸡舍时,如果采用绿光灯照明,由于绿光的良好影响,只要持续3~6h,雏鸡就会安静下来,并且开始活跃地吃食。在荷兰,肉用雏鸡由于采用绿色光照,雏鸡在头一周的死亡率就降到最低限为0.8%。肉用雏鸡当培育到终期时的平均体重会增加80g,并且耗料转化从1.5下降到1.4。商品产蛋鸡的生产性能以采用红光灯照明时最佳。因为红色光可以使产蛋鸡更为安静,减少相互攻击和相互啄食,大大减少伤亡。此外,红光还能降低饲料消耗,提高产蛋量(达5%),笼养时能提高鸡蛋质量(减少刻纹蛋)。产蛋鸡在育成期推荐采用绿光灯或绿光灯+蓝光灯。白羽鸡比褐羽鸡对各种发光灯的敏感较高。

近些年来,由荷兰 Gasolec 公司生产的 GasolecOrion 型新光源单色灯,即红光灯、绿光灯和蓝光灯,在世界30多个国家的许多养鸡场广泛使用。单色灯比通常白炽灯和荧光灯更有效、更安全、更耐用(使用寿命8 000~10 000h)、更能节约电力,能使产蛋量增加5%。这种新型鸡舍用各种颜色的光照灯值得我国养鸡业的重视,宜先引进后深化创新研制。

4.照明设备的安装

(1)确定灯的高度　灯的高度直接影响地面的光照度。光源一定时,灯愈高,地面的照度就愈小,为在地面获得10lx照度,需要的白炽灯瓦数和安装高度为:15W灯泡时为1.1m,25W时1.4m,40W时2.0m,60W时3.1m,75W时3.2m,100W时4.1m。

(2)确定灯的数量　灯数量=畜舍地面面积×a÷b÷c,其中a为畜舍所需的照度，b 为 1W 光源为每平方米地面积所提供的照度，如表 2-9 所示，c 为每只灯的功率，一般取 40W 或 60W。

表 2-9　每平方米畜舍地面积设 1W 光源可提供的照度

光源种类	白炽灯	荧光灯	卤钨灯	自镇流高压水银灯
照度(lx/W)	3.5~5.0	12.0~17.0	5.0~7.0	8.0~10.0

（3）灯的分布　如果安装 15W 的无罩白炽灯应安装在离鸡体 0.7(1.1)~1.1(1.6)m 的垂直高度处，或直线距离处；如是 25W，0.9(1.4)~1.5(2.1)m；40W，1.4(2.0)~1.8(2.6)m；60W，1.6(2.3)~2.3(3.3)m；100W，2.1(3.0)~2.9(4.2)m，括号内数字为加上灯罩时灯离鸡的垂直高度或直线距离。灯和灯之间的距离应为灯离鸡距离的 1.5 倍，灯离墙的水平距离应为灯间距的 1/2。各个灯的安装位置应交错排列，均匀分布。

如果是荧光灯，灯与鸡的距离和同功率的白炽灯相同时，光照强度要比白炽灯大 4~5 倍。所以，要使光照强度相同，就要安装功率较小的荧光灯。

在多层笼养鸡舍，灯的安装位置最好应在鸡笼的上方，或在 2 排鸡笼的中间。但离鸡的距离应能保证顶层的或中间 1 层的光照强度为 10lx，底层的就能达到 5lx，各层都能得到适宜的光照度。另外，纵向安装也能使各层得到适宜的光照（图 2-8 所示）。为了省电，保持适宜的光照强度，最好设置灯罩，并保持灯泡、灯管、灯罩光亮清洁。光照设备要固定安装，以防刮风时来回摆动，惊扰鸡群。

（三）人工光照的管理措施

一般来说，畜禽在产仔期、哺乳期、生长发育期及繁殖期需要较长时间光照，在育肥期需要较短时间光照，例如，育肥舍（牛、羊、猪）光照时间一般要求为 8h/d，非育肥舍光照时间则为 16~18h/d。常采用的人工控制光照制度有：

1. 恒定光照制度

恒定光照制度是培育小母鸡的一种光照制度，即自出雏后第二天起直到开产时为止（蛋鸡 20 周龄、肉鸡 22 周龄），每日用恒定的 8h 光照；从开产之日起光照骤增到 13h/d，以后每周延长 1h，达到 15~17h/d 后，保持恒定。

2. 递减光照制度（渐减渐增光照制度）

递减光照制度是利用有窗鸡舍培育小母鸡的一种光照制度。先预计自雏鸡出壳至开产时（蛋鸡 20 周龄、肉鸡 22 周龄）的每日自然光照时数，加上 7h，即为出壳后第 3 天的光照时数，以后每周光照时间递减 20min，到开产时恰为当时的自然光照时数，此后每周增加 1h，直到光照时数达到 15~17h/d 后，保

图2-8 鸡舍照明设备纵向安装

持恒定。

3.间歇光照制度

间歇光照制度是用无窗鸡舍饲养肉用仔鸡的一种光照制度。即把一天分为若干个光周期,如光照与黑暗交替时数之比为1:3或0.5:2.5或0.25:1.75等。较常用的为1:3,光照期供鸡采食和饮水,黑暗期供鸡休息。这种光照制度有利于提高肉鸡采食量、日增重、饲料利用率和节约电力,但饲槽饮水器的数量需要增加50%。

4.持续光照制度

持续光照制度是在肉用仔鸡生产中采用的一种光照制度,在雏鸡出壳后数天(2~5d)光照时间为24h/d,此后每日黑暗1h,光照23h,直至育肥结束。

5.恒定单期光照制度

恒定单期光照制度是对蛋鸡实行的一种光照制度,通常在鸡开始产蛋后一直采用16h/d的光照。当自然光照短于16h时,以人工照明补足16h。

6.超期光照制度

超期光照制度是对蛋鸡采用的一种光照制度,即光照的明暗周期合计时间大于或小于24h。也有单期光照和间歇光照之分。通常光照周期长于24h(如16L:10D,18L:10D等),超期光照可使蛋形变大,减少破壳率,多适用于蛋鸡产蛋后期。短于24h的超期光照(如15.75L:5.25D,13L:9D等)多用于蛋鸡的培育期。

目前,人工光照在养鸡场应用得较多,表2-10列出了一种便于操作的蛋鸡舍光照管理方案。表2-11列出了各种畜禽的光照时间。

表2-10　蛋鸡舍光照管理方案

商品蛋鸡		父母代种鸡	
周龄	光照时间(h/d)	周龄	光照时间(h/d)
0~1	23	0~1	23
2~17	8	2~19	8
18	9	20	9
19	10	21	10
20	11	22	11
21	12	23	12
22	13	24	13
23	14	25	14
24	15	26	15
25~68	16	27~64	16
69~76	17	65~70	17

表2-11　各种畜禽的光照时间

畜舍	家畜	光照时间(h)
牛舍	泌乳牛	16~18
	种公牛	16
	1岁育肥牛	6~8
	育成牛、后备牛	14~18
猪舍	种公猪、母猪、哺乳猪、断奶仔猪、后备猪	14~18
	瘦肉猪	6~12
	脂型肥猪	5~6
羊舍	母羊、种公羊	8~10
	妊娠后期母羊及羊羔	16~18
兔舍	兔	15~16
	毛皮动物	16~18

需要注意的是,光照制度和饲养制度结合起来,效果更好。如育雏期减少

畜禽环境管理关键技术

光照和限制饲养结合起来,控制体重和性成熟;产蛋初期增加光照和提高营养水平结合起来,以提高产蛋量等。开始增加光照时间,要根据鸡群平均体重和该品种开产时的标准体重比较结果而定。鸡群未达到适宜体重之间不应使用光照刺激。若对轻于标准体重的鸡群进行光刺激产蛋,则将生产小于正常的蛋,并使高峰产蛋减少或过高峰期产蛋下降。

(四)光照自动化控制系统

人工控制光照度、光照时间和明暗变化,可提高畜禽生产力、繁殖力和产蛋品质,消除或改变畜禽生产的季节性。产蛋鸡每天需要光照 10 ~ 14h,光照度为10lx,可采用天黑后补充、天亮前补充或天黑后天亮前两次补充等 3 种方式。其中,以每天早晨天亮前补充光照效果最好,它符合鸡的生理特点,还能使鸡每天的产蛋时间提前。缺点是要随着白天自然光照时数的变化及时调整开关灯时间,操作较麻烦,饲养人员也要早起,比较辛苦。鸡舍光照测控系统可以根据生产需求自动调整或者手动调整光照时间和光照强度,减少了人工参与,同时又能在满足要求的前提下节约用电量。

基于STC89C52 和 TSL2561 的鸡舍光照测控系统总体结构与工作原理:

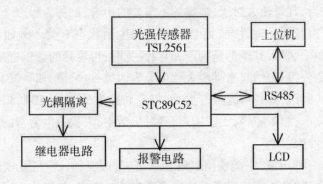

图2-9 系统总体结构框图

系统总体结构(图 2-9)以 STC89C52 微控制器为核心,由外接 TSL2561光强传感器、RS485 总线通信接口、LCD 显示、切换按键和声光报警等组成。光照度自动控制部分硬件电路主要由光电耦合电路和继电器开关组合电路组成。系统以光强传感器为输入部分,单片机通过驱动单元、光耦模块和继电器模块控制光源发光,从而实现人工补充光照的自动调节。同时,单片机还可以将光强传感器采集到的光强数据通过 RS485 通信模块传给上位机,实现光强与蛋鸡产蛋量数据的对比分析,从而得到人工光照的最优控制。

单片机上电工作后,对当前光强度进行实时测量,并通过 RS485 总线与

PC 机进行通信，将参数值传送到上位机。同时，操作员也可以通过上位机对光照度进行控制，从而达到远程监控的目的。

光照测控系统通过 STC89C52 微控制器，结合 TSL2561 光强传感器，运用 C51 语言和汇编语言编写程序，使得蛋鸡舍光照度实时采集控制系统得以实现，并能将测量结果通过 RS485 串行通信传送给上位机；然后，利用计算机强大的数据处理功能，绘制出实时光照度曲线，为进一步分析光照度对蛋鸡产蛋量以及产蛋质量进行分析。通过试验检验，系统实现了鸡舍光照度的自动控制，并实现了光照度信息的存储，为分析蛋产量与光照度的关系提供了数据支持。同时，该系统运行稳定，抗干扰性强，还可以通过上位机对光照阈值进行调整，有一定的实际应用价值。

第二节　声环境管理技术

一、噪声的来源与危害

（一）噪声的概念

一般认为，凡是使人讨厌、烦躁的不需要的声音，都称为噪声。因此，噪声不但取决于声音的物理性质，而且与人类的生活状态有关。例如，听音乐会时，除演员和乐队外，其他都是噪声，但当睡觉时，再悦耳的音乐也是噪声。但是，作为感觉公害，归纳起来噪声大致可分为四类：过响声，如喷气发动机发出的轰隆声；妨碍声，此种声音虽不大响，但它妨碍人的交谈、睡眠和休息；不愉快声，如摩擦声，刹车声等；无影响声，日常生活中，人们习以为常的声音，如风吹树叶的沙沙声。

噪声是一种声波，它能使空气时而紧密，时而变稀。空气变密时，压强就增高，空气变稀时，压强就降低。这样由于声波的存在，气压产生迅速的起伏，这种起伏称为声压，通常用 P 来表示，其单位是 N/m^2）。声压是常用来表示声音强弱的物理量。人耳刚能听到的最小声压 P_0 称为听阈（2×10^{-5} N/m^2），人耳刚刚感到疼痛的最大声压称为痛阈（$20N/m^2$）。从听阈到痛阈，声压的绝对值相差 100 万倍，因此，用声压的绝对值来表示声音的大小很不方便，于是人们引用一个成倍比关系的对数量声压级表示声音的大小，相对声压的对数值称为声压级，其数学表示式为：

$$LP = 20 \, lg(P/P_0)$$

式中：LP 为声压级（dB）；P 为声压（N/m^2）；P_0 为基准声压（为 2×10^{-5}

N/m² ），是在频率为 1 000 赫（Hz 的听阈声压）时人能听到的最低声压，即阈声压。

声压级的单位是分贝（dB），它是一个相对单位，这样就使听阈到痛阈百万倍的变化范围，改变为 0 ~ 120dB 的变化范围。

声波作为一种波动形式，具有一定的能量，因此，也常用能量的大小来表示声辐射的强弱。因而引出了声强的概念。声强是单位时间内通过垂直于声传播方向上单位面积物体的能量，单位是 W/m²。其数学表达式为：

$L_1 = 10\ lg(I/\ I_0)$

式中：L_1 为声强级（W/m²）；I 为声强（W/m²）；I_0 为基准声强（10 ~ 12 W/m²）。

由于声强不易直接测量，而声压则较易测量，故常用声压级来表示声音的强弱。

（二）噪声的测试

测定噪声的仪器是声级计，频谱分析仪等。声级计由传声器、放大器、衰减器、计权网路和有效值指示表头等组成。声压信号通过传声器转换成电压信号，经过放大器放大，再经过对不同频率噪声有一定衰减滤波作用的计权网络，最后在表头上显示出分贝（dB）值。频谱分析仪能分别测定各倍频带的声压级，便于对环境噪声进行较深入的分析。

在现场测量中，传声器的位置应根据具体条件而定，原则上应离声源有较大的距离，以免读数不稳定，并应考虑墙面、地面等反射的影响，一般以相当于观察对象耳部的位置为宜。

（三）畜禽舍内噪声的来源

畜舍内的噪声有 3 个来源，一是外界传入，如飞机、汽车、火车、拖拉机、雷鸣等；二是舍内机械产生，如风机、真空泵、除粪机、喂料机等；三是家畜自身产生，如鸣叫、采食、走动、争斗等。

据测定，舍内风机噪声为 36 ~ 84dB，真空泵和挤奶机为 75 ~ 90dB，除粪机为 63 ~ 70dB。一般畜舍内的噪声，相对安静时为 48.5 ~ 63.9dB，生产（饲喂、挤奶、开动风机等）时高达 70 ~ 94dB。

（四）噪声对畜禽的危害

1. 产乳量

有报道，110 ~ 115dB 的噪声会使奶牛产乳量下降 30%以上，同时发生流产和早产现象。还有人指出，经常处于噪声下的奶牛，适应了噪声环境，产乳量不会下降,但突然而来的噪声可使奶牛一次挤乳量减少,正在挤奶的牛受到突如其来的噪声的影响,会停止泌乳。

2. 产蛋量

严重的噪声刺激,可导致蛋鸡产蛋量下降,软蛋率和破蛋率增加。有人对试验鸡每天给予 10min 的电铃或其他噪声刺激,结果产蛋量有所下降,死亡和淘汰率有所上升。日本有人对来航鸡每天用 110~120dB 刺激 72~166 次,连续两个月鸡产蛋率下降,蛋重减轻,蛋的质量下降(表 2 – 12)。还有人用爆破声和 85~89 dB 的稳定噪声对鸡进行刺激,结果成年鸡、大雏和中雏都受到影响(表 2 – 13)。研究表明,100dB 噪声使母鸡产蛋力下降 9%~22%,受精率下降 6%~31%,130dB 噪声可使鸡体重下降,甚至死亡。

表 2 – 12 噪声对来航鸡的影响

组别	平均产蛋率(%)	平均蛋重(g/枚)	软壳蛋率(%)	血斑蛋发生率(%)
对照	82.9	52.0	0	3.1
试验	78.0	51.0	1.9	4.6

注:据国外畜牧科技资料,增刊第 2 期,1975。

表 2 – 13 噪声对成年鸡、大雏和中雏的影响

| 组别 | 成年鸡 | | 大雏 | | | 中雏 | | 废鸡(%) |
	产蛋率(%)	体重减少(%)	开产日龄(d)	产蛋率(%)	体重(g/只)	开产日龄(d)	产蛋率(%)	
对照	81.3	10~30	160	66	1 702	147.1	54	15
试验	72.4	33~55	150.5	46	1740	148.2	32	24

注:据国外畜牧科技资料,增刊第 2 期,1975。

3. 生长育肥

噪声可对动物生长发育产生不利影响,如噪声由 75dB 增至 100dB,可使绵羊的平均日增重质量和饲料利用率降低。

4. 生理机能

噪声可使动物血压升高,脉搏加快,也可引起动物烦躁不安,神经紧张。严重的噪声刺激,可以引起动物产生应激反应,导致动物死亡。噪声对动物神经、内分泌系统产生影响,如使垂体促甲状腺素和肾上腺素分泌量增加,促性腺激素分泌量减少,血糖含量增加,免疫力下降。据 A. ижогов(1996)研究,猪舍内噪声经常高于 65dB 时,仔猪血液中白细胞和胆固醇含量会分别上升

25%和30%。

5. 行为

噪声会使家畜发生惊恐反应,受惊动物行为表现为奔跑,不动,小而急剧的头部活动,最后像睡着一样。猫和兔在突然噪声下会发生惊厥,咬死幼仔。猪遇突然噪声会受惊,狂奔,发生撞伤,跌伤和碰伤,牛也有类似情况。但是许多人发现马、牛、羊、猪对于噪声都能很快适应,因而不再有行为上的反应。

有报道,轻音乐可使鸡安静、减小因突然的声响或人员走动所引起的惊吓飞奔现象。也有人发现低强度轻音乐有助于提高奶牛的产乳量,但这方面的试验尚少,有待于进一步证实。国际标准组织规定,人在90dB噪声中,每天可以停留8h,声级每提高3dB,停留时间应减半。许多国家认为,90dB是噪声的极限,实际上,在90dB的环境下工作的人,仍有16%以上发生噪声性耳聋,我国1979年颁布《工业企业噪声卫生标准》规定,工业企业工作地点噪声标准为85dB。这是针对每天在噪声环境下工作8h而言,这个标准,可以作为畜牧兽医工作者的参考。

二、畜禽场噪声控制

控制畜牧场的噪声应采取以下措施:选好场址,尽量避免外界干扰。畜牧场不应建在飞机场和主要交通干线的附近。合理地规划畜牧场,使汽车、拖拉机等不能靠近畜舍,还可利用地形做隔声屏障,降低噪声。畜牧场内应选择性能优良,噪声小的机械设备,装置机械时,应注意消声隔音。畜牧场及畜舍周围应大量植树,可降低外来的噪声。据研究,30m宽的林带可降低噪声16% ~ 18%,宽40m发育良好的乔木,灌木林带可将噪声降低27%,植物减弱噪声的机制,一般认为是声波被树叶向各个方向不规则反射而使声音减弱和噪声波造成树叶微振而使声音消耗。

第三章　畜禽舍空气质量管理关键技术

　　随着畜牧业生产规模的不断扩大和集约化程度的不断提高,畜牧场的恶臭对大气的污染已构成了社会公害,使人类生存环境恶化,并对畜牧生产本身造成了危害,畜禽生产力下降,畜禽对疫病的易感性提高或直接引起某些疾病。恶臭物质以猪场最多,其次为鸡场、奶牛场、肉牛场。

第一节　畜禽舍内有害气体及其控制技术

一、有害气体的来源及其影响

(一)有害气体的来源

畜牧场粪尿的分解作用是一个连续的过程,可以导致有害气体混合物的形成。这些有害气体的多少不仅取决于环境的富氧还是缺氧,还和粪尿的处理方法有关。大量的粪尿运出舍外在好氧分解过程中,大都分解为二氧化碳,在厌氧分解条件下,则形成有害气体,如氨和硫化氢等。这些有害气体如长期滞留在舍内或畜牧场内,往往危害工作人员和畜禽的健康,并污染环境,严重时引起畜产公害。所以说,畜牧场的粪尿处理是畜禽环境管理技术要解决的主要问题,也是消除有害气体的重要途径。畜牧场恶臭的主要来源是畜禽粪便排出之后的腐败分解产物(图3-1)。

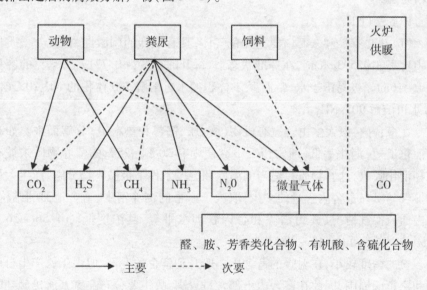

图3-1　有害气体来源及主要成分

[资料来源:Hartung J. ,Phillips V. R.J. ,Agric. Eng. Res. ,1994(57):174]

畜禽采食的饲料经胃和小肠消化吸收后进入后段肠道(结肠和直肠),未被消化的部分作为微生物发酵的底物,分解产生多种臭气成分,故新鲜粪便也具有一定的臭味。同时,这些臭气随消化道气体排出体外。粪便排出体外后,粪便中原有的和外来的微生物和酶继续分解其中的有机物,生成的某些中间产物或终产物形成有害气体和恶臭。畜禽粪便和污物在收集、运输、堆放和加工利用过程中,腐败产生有害气体和恶臭的过程可分为 3 个阶段:①粪便中的碳水化合物、蛋白质和脂肪分别被微生物和细胞外酶水解为单糖、氨基酸和脂肪酸(乙酸、丙酸和丁酸等),此为酸酵解阶段。②有机酸和可溶性含氮化合物被水解为氨(NH_3)、胺、二氧化碳(CO_2)、碳氢化合物、氮、甲烷(CH_4)、氢等。此时,pH 升高,生成硫化氢(H_2S)、吲哚、粪臭素、硫醇等,此为酸发酵减弱阶段。③有机酸被降解为 CO_2、CH_4,并产生 NH_3、H_2S、胺类、酰胺类、硫醇类、醇类、二硫化物、硫化物等,此为碱性发酵阶段。

一般认为,散发的臭气浓度与粪便的磷酸盐和氮的含量是成正比的,磷酸盐和氮的含量越高,产生的有害气体也就越多。

(二)有害气体对畜禽的影响

畜舍内产生最多、危害最大的有害气体主要有:氨、硫化氢、二氧化碳、恶臭物质等。

1. 氨气(NH_3)

(1)理化特性和来源 氨为无色气体,具有强烈的刺激性,相对分子质量17.03,密度 $0.593g/cm^3$,在标准状态下,每升的重量为 0.771g,每毫克的容积为 1.316ml。极易溶于水,常温下,1 体积的水可溶解 700 体积的 NH_3;0℃时,1L 水可溶解 $907gNH_3$。

在畜舍内,氨大多由含氮有机物(粪、尿、饲料和垫料等)分解而来。如鸡的消化道短,消化率低,通常情况下粪便中有 20% ~25% 的营养物质未被有机物消化吸收,这些物质在适当的温度和湿度条件下被微生物分解,产生大量的氨气。氨在畜舍内含量的多少,取决于家畜的饲养密度、畜舍地面的结构、舍内通风换气情况、粪污清除和舍内管理水平等,其浓度低时 4.56 ~ 26.6 mg/m^3。高者可达 $114 ~ 380\ mg/m^3$。

氨的密度较小,在温暖的畜舍内一般升到畜舍的上部,但由于氨产生自地面和家畜的周围,因此在畜舍内下部含量较高,故主要分布在家畜所接触到的范围之内,且分布不均匀。特别是在空气潮湿的畜舍内,如果舍内通风不良,水汽不易逸散,舍内氨的含量就更高。

(2)氨对畜禽的影响 氨易溶于水,在畜舍内,氨常被溶解或吸附在潮湿的地面、墙壁表面,也可溶于家畜的黏膜上,产生刺激和损伤。家畜的眼结膜充血,产生炎症,严重者失明。氨吸入呼吸系统后,可引起家畜咳嗽,打喷嚏,上呼吸道黏膜充血,红肿,分泌物增加,甚至引起肺部出血和炎症。低浓度的氨可刺激三叉神经末梢,引起呼吸中枢的反射性兴奋。氨吸入肺部,可通过肺泡上皮进入血液,引起血管中枢的反应,并与血红蛋白(Hb)结合,置换氧基,破坏血液运氧的能力,造成组织缺氧,引起呼吸困难。如果短期吸入少量的氨,可被体液吸收,变成尿素排出体外。而高浓度的氨,可直接刺激体组织,引起碱性化学性灼伤,使组织溶解、坏死;还能引起中枢神经系统麻痹、中毒性肝病、心肌损伤等症。短时间少量吸入 NH_3 很容易变成尿素而排出体外,所以中毒能较快地缓解。

家畜长期生活在低浓度的 NH_3 环境中,虽然没有明显的病理变化,但出现采食量降低,消化率下降,对疾病的抵抗力降低,生产力下降,这种慢性中毒,需经过一段时间才能被察觉。这种情况,往往危害更大,应引起高度注意。

据报道,体重45kg 生长猪,在氨浓度为 38 ~ 46 mg/m³ 的舍内饲喂 4 周,采食量下降 15.6% ,体重下降 20% 。氨还影响猪的繁殖性能,当舍内氨浓度达 15.0 mg/m³ ,小母猪持续不发情,当氨浓度降到 4.3 mg/m³ 时,所有小母猪均在 7 ~ 10d 内发情。

氨还影响肉鸡的生长、蛋鸡的产蛋,使破蛋增加,发病率提高。如雏鸡在无氨的环境中接触新城疫病毒只有 40% 受感染;在含 15.2 mg/m³ 氨的舍内饲养 3d 的雏鸡,接触新城疫病毒可达到 100% 感染。СерянскииВ. М. 的实验(表 3 - 1)提供了氨对雏鸡呼吸影响的资料。

表 3 - 1　氨对雏鸡呼吸的影响

组 别	氨浓度 (mg/m³)	呼吸数(次/min)		雏鸡状态
		加氨前	加氨后 1 h	
1	5 ~ 10	30 ~ 40	40 ~ 45	正常、安静地休息
2	20	39 ~ 40	42 ~ 50	呼吸加快
3	30	36 ~ 38	50 ~ 60	呼吸加快、翅膀无力、瞬膜收缩加快、排粪频繁
4	40	34 ~ 36	65 ~ 80	呼吸快、张嘴、有的可不断抖动或梳理羽毛、排粪频繁
5	50	34 ~ 36	40 ~ 80	雏鸡受刺激、时卧时起、呼吸急促
6	60 ~ 70	36 ~ 40	42 ~ 60	严重刺激、神经质地啄羽、个别鸡胸肌向一边收缩
7	5(对照)	38 ~ 40	42 ~ 44	安静地休息、乐于采食

注:实验鸡为 1 ~ 20 日龄雏鸡,每组 5 只;氨每天作用 1h,连续 7d;实验箱温度为 19.5 ~ 21.0℃,相对湿度64% ~ 74% 。

鸡舍内氨气的体感检测法:检测者进入鸡舍后,若闻到有氨气味且不刺眼、不刺鼻,其浓度在 7.6~11.4 mg/m³;当感觉到刺鼻流泪时,其浓度在 19.0~26.6 mg/m³;当感觉到呼吸困难时,睁不开眼,泪流不止时,其浓度大致可达到 34.2~49.4 mg/m³。

2. 硫化氢(H_2S)

(1)理化特性和来源　硫化氢是一种无色、有腐蛋臭味的刺激性、窒息性气体,可燃,当其在空气中的浓度达 4.3%~45.5% 时,可发生爆炸。相对分子质量 34.08,熔点 -85.6℃,沸点 -60.4℃,燃点 292℃,密度 1.19 g/cm³。有很强的还原性,易溶于水,在 0℃时,1 体积的水可溶解 4.65 体积的硫化氢。在标准状态下,1L 的硫化氢重量为 1.526g,每毫克的容积为 0.649 7ml。

畜舍空气中的硫化氢,主要来源于含硫有机物的分解。另外,家畜采食富含硫的蛋白质饲料,当发生消化机能紊乱时,可由肠道排出大量硫化氢来。在畜舍内,由于硫化氢比空气重,且发生在地面和畜禽周围,故在畜舍中多聚积于低处。根据鸡舍的一次实测,距地面 30.5cm 处的浓度为 5.2mg/m³,而 122cm 高处,其浓度仅为 0.6mg/m³。管理良好的鸡舍,硫化氢含量极微,管理不善或者通风不良时,含量可高达危害程度。在封闭式鸡舍内,破损鸡蛋较多而不及时清除时,空气中硫化氢浓度可显著提高。

(2)硫化氢对畜禽的影响　处于含硫化氢空气环境中的家畜,首先受到刺激。硫化氢可溶于水,其水溶液为氢硫酸,是一种弱的二元酸,故对黏膜有刺激和腐蚀作用。硫化氢化学性质不稳定,能与多种金属离子发生反应,H_2S 遇黏膜水分很快分解,与 Na^+ 结合生成 Na_2S,产生强烈的刺激作用,引起眼炎和呼吸道炎症,出现畏光、流泪、咳嗽、发生鼻塞、气管炎甚至引起肺水肿(表 3-2)。H_2S 的最大危害在于具有强烈的还原性,H_2S 随空气经肺泡壁吸收进入血液循环,与细胞中氧化型细胞色素氧化酶中的 Fe^{3+} 结合,破坏了这种酶的组成,因此,影响细胞呼吸,造成组织缺氧。所以长期处在低浓度硫化氢的环境中,家畜体质变弱、抗病力下降、易发生肠胃病、心脏衰弱等。高浓度的硫化氢可直接抑制呼吸中枢,引起窒息,以致死亡。

猪长期生活在低浓度硫化氢的空气环境中会感到不舒适,生长缓慢;浓度为 30.4 mg/m³ 时,猪变得畏光,丧失食欲,神经质;在 76~304 mg/m³ 时,猪会突然呕吐,失去知觉,接着因呼吸中枢和血管运动中枢麻痹而死亡。猪在脱离硫化氢的影响以后,对肺炎和其他呼吸道疾病仍很敏感,极易引起发气管炎和咳嗽等症状。

表 3－2 H₂S 对育成鸡血液指标的影响

组 别	H₂S 浓度(mg/m³)	血红素(g)	氧容量(%)	碱储(mg)
1	0.03	7.8～8.0	93～94	480～520
2	0.02	8.8～8.9	92～93	520
3	0.01	8.9～9.0	93～94	520
4	0.005	9.8～10.0	95～96	420

注:实验鸡为 70～85 日龄育成鸡,每组 75～84 只,表中数值为实验 15d 后的结果。

人长期接触硫化氢能引起头痛、恶心,心跳缓慢,组织缺氧和肺水肿等。高浓度时可直接抑制呼吸中枢,造成窒息死亡。

我国劳动卫生规定人的生产环境中硫化氢不得超过 6.6mg/m³;畜禽舍中硫化氢的最高允许浓度为 10mg/m³。

3. 二氧化碳(CO_2)

(1)理化性质和来源 二氧化碳为无色、无臭、没有毒性、略带酸味的气体。相对分子质量为 44.01,密度为 1.524g/cm³。在标准状态下 1L 重量为 1.98g。每毫克的容积为 0.509ml。

大气中的二氧化碳的含量为 0.03%(0.02%～0.04%),而在畜禽舍中二氧化碳一般大大高于此值。其主要来源是家畜呼吸。例如,一头体重 100kg 的肥猪,每小时呼出 CO_2 43L;一头体重 600kg、日产乳 30kg 的奶牛,每小时可呼出 CO_2 200 L;1 000 只鸡每小时可排出 CO_2 1 700L。因此,在冬季,封闭式畜禽舍空气中的 CO_2 含量比大气高得多。即使在通风良好的条件下,舍内 CO_2 含量也往往比大气高出 50% 以上。如畜舍卫生管理不当、通风设备不良,或容纳家畜数量过多,CO_2 的积存量可超过大气数倍或数十倍,达到 0.5%～1.0%。

CO_2 在畜舍内分布很不均匀,一般多积留在家畜活动区域、饲槽附近及靠近天棚的上部空间。

(2)二氧化碳对畜禽的影响 由于 CO_2 本身为无毒气体,空气中 CO_2 浓度的安全阈值比较高。但是,由于畜舍中高浓度 CO_2 的出现,表明畜舍长期通风不良、舍内氧气消耗较多、其他有害气体含量可能较高;氧的含量相对下降,使家畜出现慢性缺氧、生产力下降、体质衰弱、易感染结核等慢性传染病。

据试验报道,猪在 2% CO_2 空气环境中无明显痛苦,4% 时呼吸变紧迫,10% 时昏迷。体重 68kg 的猪在 20% 的 CO_2 环境中可忍受 1h。雏鸡在 4% CO_2 中无明显反应,5.8% CO_2 时呈轻微痛苦状,6.6%～8.2% CO_2 时呼吸次数增加,8.6%~11.8% CO_2 中痛苦显著,15.2% CO_2 时进入昏迷状态,而在 17.4% CO_2 时则使小鸡窒息死亡。牛在2.0% CO_2 环境中停留4h,气体和能量代谢下降24%~26%,且因氧化过程及热的产生受阻,体温稍下降;CO_2 浓度为4%时,血液中发生 CO_2 积累;10%时发生严重气喘;25%时试验牛窒息死亡。

畜舍空气中的 CO_2 很少达到有害的程度。只有当封闭式的大型畜舍通风设备失灵而得不到及时维修时,才可能发生 CO_2 中毒。因此,CO_2 主要的意义在于:它的含量表明了畜舍通风状况和空气的污浊程度。当 CO_2 含量增加时,其他有害气体含量也可能增多。因此,CO_2 浓度通常被作为监测空气污染程度的可靠指标。

4. 恶臭物质(Mephitis)

(1)理化特性和来源 恶臭物质是指刺激人的嗅觉,使人产生厌恶感,并对人和动物产生有害作用的一类物质。畜牧场的恶臭来自家畜粪便、污水、垫料、饲料、畜尸等的腐败分解产物,家畜的新鲜粪便、消化道排出的气体、皮脂腺和汗腺的分泌物、畜体的外激素、黏附在体表的污物等以及呼出的 CO_2(含量比大气高约100倍)也会散发出不同于畜禽特有的难闻气味。有资料表明,牛粪产生的恶臭成分有94种,猪粪有230种,鸡粪有150种。恶臭物质主要包括挥发性脂肪酸、酸类、醇类、酚类、醛类、酮类、酯类、胺类、硫醇类以及含氮杂环化合物等有机成分,氨、硫化氢等无机成分。

(2)恶臭物质对畜禽的影响 畜牧场恶臭物质的成分及其性质非常复杂,其中有一些并无臭味甚至具有芳香味,但对动物有刺激性和毒性。此外恶臭对人和动物的危害与其浓度和作用时间有关。低浓度、短时间的作用一般不会有显著危害;高浓度臭气往往导致对健康损害的急性症状,但在生产中这种机会较少;值得注意的是低浓度、长时间的作用,有产生慢性中毒的危险,应引起重视。

所有的恶臭物质都能影响人畜的生理机能。家畜突然暴露在有恶臭气体的环境中,就会反射性地引起吸气抑制,呼吸次数减少,深度变浅,轻则产生刺激,发生炎症;重则使神经麻痹,窒息死亡。经常受恶臭刺激,会使内分泌功能紊乱,影响机体的代谢活动。恶臭可引发血压、脉搏变化,如氨气等刺激性的臭气会出现血压先下降或上升,脉搏先减慢后加快的现象。恶臭还可使嗅觉丧失、嗅觉疲劳等障碍,头痛、头晕、失眠、烦躁、抑郁等。有些恶臭物质随降雨进入土壤或水体,可污染水和饲料,通过饲料和饮水可对畜体消化系统造成危害,如发生胃肠炎、丧失食欲、呕吐、恶心、腹泻等。

(3)恶臭的评定 畜牧场的恶臭是多种成分的复合物,不是单一臭气成分的简单叠加,而是各种成分相互作用及气体相抵、相加、相互促进而反应的结果。加之影响各种臭气成分在畜舍空气和牧场大气中浓度的因素十分复杂,如气象条件、场址选择、牧场建筑物布局、绿化、畜舍设计、通风排水、清粪方式和设备、饲养密度、饲料成分、饲养工艺、粪便的加工和利用等。所以要测定各种臭气的浓度十分困难,且往往得不到满意的结果,在实践中也没有测定的必要。对恶臭的评定主要根据恶臭对人嗅觉的刺激程度来衡量(即恶臭程度),正常人对某种臭气能够勉强察觉到的最低浓度称为该种臭气的嗅阈值。恶臭程度不仅取决于其浓度,也取决于其嗅阈值。相同浓度的臭气,阈值越低,臭味越强。如硫醇类化合物的阈值就较低,即使其产生量不大,也会发生较强的恶臭。

人类对臭味的感觉比较灵敏,能感受极微量的臭气,如对粪臭素的最小感知量为 4×10^{-6} mg/m^3。因此,对某一恶臭污染源所排放的恶臭物质种类、性质、污染范围及恶臭强度等做检验评价时,多采用访问法和嗅觉法。我国对恶臭强度的表示方法采用 6 级评价法(表 3-3)。嗅觉是人的主观感觉,不同的人对相同臭气给出的嗅阈值可能是不同的,这之间会有一定的误差,在生产实践中必须予以考虑和注意。

表 3-3 恶臭强度表示法

级别	强度	说明
0	无	无任何异味
1	微弱	一般人难于察觉,但嗅觉敏感的人可以察觉
2	弱	一般人刚能察觉
3	明显	能明显察觉
4	强	有很显著的臭味
5	很强	有很强烈的恶臭物质

(资料来源:农业部标准与技术规范编写组,畜禽饲养场废弃物排放标准编制说明,1994 年。)

二、空气环境质量标准

我国农业行业标准对缓冲区、场区和畜舍内都有具体的空气环境质量标准(表 3 - 4)。

表 3-4　空气环境质量标准

序号	项目	单位	缓冲区	场区	舍内			
					禽舍		猪舍	牛舍
					雏禽	成禽		
1	氨气	mg/m³	2	5	10	15	25	20
2	硫化氢	mg/m³	1	2	2	10	10	8
3	二氧化碳	mg/m³	380	750	1 500		1 500	1 500
4	恶臭	稀释倍数	40	50	70		70	70

注:①场区——规模化畜禽围栏或院墙以内、舍内以外的区域。

缓冲区——在畜禽场外周围,延场院向外≤500m 范围内的禽畜保护区,该区具有保护禽畜场免受外界污染的功能。

②恶臭的测定采用三点比较式臭袋法。

③表中数据皆为日测值。

(资料来源:中华人民共和国农业行业标准 NT/T 388—1999)

一氧化碳的日平均最高容许浓度为 1.0 mg/m³,一次最高容许浓度为 3.0 mg/m³。

三、有害气体的控制技术

随着规模化畜牧业的发展,尤其是在近几年有不少国家暴发了流行性动物疫病以及其他动物疾病愈来愈多的情况下,畜禽舍的空气质量和疾病的预防,已成为当前环境控制及疾病预防技术解决的主要问题之一。畜禽舍空气中的有害气体对畜禽的影响是长期的,即使有害气体浓度很低,也会使畜禽体质变弱,生产力下降。因此,控制畜禽舍中有害气体的含量,防止舍内空气质量恶化,对保持畜禽健康和生产力有重要意义。

(一)电净化技术

畜禽舍空气电净化技术是一种全新的畜禽舍空气质量控制技术,作为环境安全型畜禽舍的关键性技术,被广泛应用在封闭畜禽舍的建设中。

1. 技术设备与工作原理

电净化技术是依靠空间电场防病防疫技术原理,利用直流电晕放电的特点对空气中各成分进行净化。空间电场的高压电极对空气放电产生的高能带电粒子(低温等离子体)和微量臭氧能对有害气体进行氧化与分解,而空间电场和高能带电粒子和微量臭氧能对附着在粉尘、飞沫上的病原微生物有效地杀死或灭活。

畜禽舍空气电净化防病防疫系统一般包括主电源、控制器、空间电极网络三部分，控制器可安装在鸡舍操作间内或鸡舍内，主电源和空间电极网络安装在鸡舍内。电极网络是由数个均匀布置在鸡舍天花板或三脚架横梁下方的绝缘子悬挂的电极线形成。空间电极网络由主电源供电，空间电极与地面和建筑结构之间能产生的强静电场、高能带电粒子、微量臭氧。设置在自动循环间歇工作状态系统能够有效地降低空气中的微粒物质数量并可持续保持空气的清洁度，清新的空气可明显降低呼吸道疾病的发生率。

畜禽舍空气中的有害气体及恶臭物质主要有 NH_3、H_2S、CO_2，恶臭素的主要成分是 N_2O 等，当其达到一定浓度后对人和畜禽产生毒害作用，电净化系统可设置在畜禽舍上方空间和粪道空间中，空间电极系统对这些有害气体及恶臭物质的消除基于两个过程：

第一个过程，直流电晕电场抑制由粪便和空气形成的气—固、气—液界面边界层中的有害气体及恶臭物质的蒸发和扩散，将 NH_3、H_2S 等有害气体与水蒸气相互作用形成的气溶胶封闭在只有几微米厚度的边界层中，其中对 NH_3、H_2S 等的抑制效率可达到40% ~ 70%。

第二个过程，在畜禽舍上方，空间电极系统放电产生的臭氧和高能荷电粒子可对有害气体进行分解，分解的产物为 NO_2、H_2SO_4 和 H_2O，分解的效率为30% ~40%，在粪道中的电极系统对以上气体的消除率能达到80%以上。分解化学方程式：

$$O_3 + H_2S + N_2O \longrightarrow NO_2 + H_2SO_4 + H_2O$$

2.电净化技术在畜禽舍中的应用

畜禽舍空气电净化系统可在各种类型的畜禽舍中使用，可应用于敞开舍、半封闭舍和全封闭舍。冬、春两季是动物疾病的多发时期，对此间的畜禽舍环境实施调控是全年获得良好效益的基础，特别是对全封闭畜禽舍的空气质量的控制。很多疾病如慢性呼吸道病、传染性支气管炎、传染性喉气管炎、马立克病、真菌病等都显著减少，病死率远远低于未采用空间电场设备的畜禽舍。

（1）平养鸡舍和普通猪舍的应用 畜禽舍空气电净化系统在平养鸡舍和普通猪舍中只能安装在舍内上方顶部，考虑到系统的安全性，电极系统应保持距地面2.5m以上的高度。由于畜禽舍地面的建筑和用具比较复杂，系统建立的空间电场将会受到显著影响而降低作用效果。

空间电场对畜禽舍内空气中微生物、粉尘、恶臭气体的清除效率受饲养设备、建筑结构影响较大。也就是说，结构物对空间电场的屏蔽可显著降低空间电场的灭菌效率,而空间电场在暴露或平坦的空间灭菌效率则很高。

（2）笼养鸡舍、高床猪舍的应用（图3-2、图3-3、图3-4）　对于笼养鸡舍、高床猪舍,一般安装两套空气电净化系统。一套装在舍内上方顶部,用于净化空气中的粉尘,分解恶臭气体和对空气进行灭菌消毒;另一套装在粪道空间中,直接控制恶臭气体的产生和病原微生物的扩散。这种电净化方式在空气净化方面要远远优于平养鸡舍、矮床猪舍或地面平养猪舍允许的布置方式。

图3-2　新疆福海壹农场牛舍内部安装实景

图3-3　科农养鸡场内部设备实景

图3-4 大连经济开发区凤栖园养鸡场

(二)喷雾净化技术

以压缩空气为动力的喷雾装置的喷雾原理是利用高速气流对水的分裂作用,把水挤拉成细雾,当压缩空气以很高速度从喷嘴中喷出时,水也以一定速

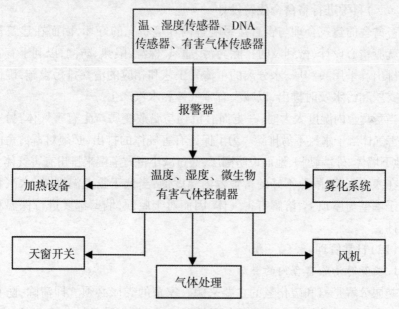

图3-5 喷雾系统流程图

度喷射,两者由于速度差产生摩擦,另外水与孔壁也产生摩擦,致使水被挤拉成一条很细的丝,遇到空气阻力很快断裂成微小的环形水滴,直径可达$20\mu m$

以下。形成的细雾滴弥漫整个室内与空气混合,从而实现除尘、降温、消毒的目的。随着科技的不断进步,喷雾系统可以采用完全自动控制来实现。温度传感器、湿度传感器、NH_3、H_2S 气体浓度传感器以及生物病毒 DNA 传感器,各种特种传感器应运而生,为环境的控制提供了方便。这种系统可以根据传感器的反馈信息来调节畜禽舍内各因素含量,启动雾化装置降温消毒免疫,启动通风设备实现通风。系统控制原理见图 3-5,鸡舍喷雾消毒见图 3-6。

图 3-6　鸡舍喷雾消毒

(三)科学进行畜禽舍建筑设计

畜禽舍的建筑合理与否直接影响舍内环境状况的好坏,因而在建筑畜禽舍时就应精心设计,做到及时排除粪污、通风、保温、隔热、防潮,以利于有害气体的排出。采用粪和尿、水分离的干清粪工艺和相应的清粪排污设施,确保畜禽舍粪尿和污水及时排出,以减少有害气体和水汽产生。

当畜禽舍内湿度太大时,一方面有机物易腐败变质产生有害气体,另一方面有害气体溶于水汽不易排除。为了保证有害气体的排出,必须对畜禽舍的地基、地下墙体、外墙勒脚、地面设防潮层,通过减小畜禽潮湿来排出有害气体。

在寒冷季节,隔热不好的畜舍舍内温度低,当低于露点温度时,水汽容易凝结于墙壁与屋顶上,溶解有害气体,因而对于屋顶、墙壁都要进行保温和隔热设计。

(四)日常管理

1. 要及时清除畜舍内的粪尿

粪尿分解是氨和硫化氢的主要来源。家畜的粪尿必须立即清除,防止在舍内积存和腐败分解。不论采用何种清粪方式,都应满足排除迅速、彻底,防止滞留,便于清扫,避免污染的要求。

2. 要保持舍内干燥

潮湿的畜舍、墙壁和其他物体表面可以吸附大量的氨和硫化氢。当舍温上升或潮湿物体表面逐渐干燥时,氨和硫化氢会挥发出来。因此,在冬季应加强畜舍保温和防潮管理,避免舍温下降,导致水汽在墙壁、天棚上凝结。

3.使用垫料或吸收剂,可吸收一定量的有害气体

各种垫料吸收有害气体的能力不同,麦秸、稻草、树叶较好一些;黄土的效果也不错,北方农村广泛使用。肉鸡育雏时也可用吸收剂,如磷酸、磷酸钙、硅酸等。在小型猪舍内可用干土垫圈,以吸收粪尿和有害气体。

4.适当降低饲养密度

在规模化集约化畜牧场,冬季畜舍密闭,通风不良,换气量小,畜舍饲养密度过大产生有害气体量超过正常换气量,易导致空气污浊,适当降低饲养密度可以减少畜舍有害气体。

5.建立合理的通风换气制度

采用科学的方法合理组织通风换气方法,保证气流均匀不留死角,可及时排出畜禽舍有害气体。值得注意的是,在冬季畜舍通风时,进入畜舍的空气温度应高于水汽露点温度,否则,舍内水汽凝结成小滴,不易排出水汽及有害气体,在条件许可的情况下,尽量采用可对进入空气进行加热或降温处理的有管道正压通风系统以提高污浊空气排出量,减少畜禽舍污浊空气。

6.在粪便中加入化学试剂减少有害气体产生

采用以上方法还未能消除有害气体时,可采取化学试剂方法,比如氨的消除可采用过磷酸钙中和,生成铵盐。

$$CaHPO_4 + NH_3 \longrightarrow CaNH_4PO_4$$

据有关资料统计,在 NH_3 浓度为 100 mg/m^3 的蛋鸡舍中,按每只鸡撒布16g 过磷酸钙后,NH_3 可降至 50 mg/m^3。在肉鸡舍中,NH_3 浓度达 50 mg/m^3 时,按每只鸡撒布10g 过磷酸钙后,NH_3 可降至 10 mg/m^3。

7.采用微生物活菌制剂降解有害物质

据有关资料表明,在畜禽日粮中投放 EM 菌剂等有益微生物复合制剂,能有效地降解 NH_3、H_2S 等有害气体(表 3 - 5、表 3 - 6)。

表 3 - 5　日粮添加 EM 菌剂对猪舍空气氨含量的影响

试验次数	1	2	3	4	平均数
添加 EM 菌剂前舍内氨浓度(mg/m^3)	66.8	57.5	48.4	62.6	58.8 ± 7.9
添加 EM 菌剂后舍内氨浓度(mg/m^3)	17.5	16.1	14.2	16.5	16.1 ± 1.4
添加 EM 菌剂舍内氨浓度降低率(%)	73.8	72.0	70.7	73.4	72.5 ± 1.4

表 3 - 6　添加 EM 菌剂对蛋鸡舍硫化氢的降解效果

试验次数	1	2	3	4	平均数
未添加 EM 菌剂舍内 H_2S 浓度（mg/m^3）	20.4	22.8	19.8	20.2	20.8 ± 1.4
添加 EM 菌剂舍内 H_2S 浓度（mg/m^3）	3.9	4.2	3.8	3.8	3.9 ± 0.3
舍内 H_2S 降低率（%）	80.9	81.6	82.3	81.2	81.5 ± 0.6

此外,EM 菌剂中含有多种有效微生物菌群,在粪便中加入有益微生物制剂,可减少有害气体的产生。例如,其中的好气和光合微生物能利用 H_2S 进行光合作用,放线菌产生的分泌物对病原微生物有抑制作用等;一方面抑制臭气成分的产生,另一方面对上述有害成分直接利用,从而达到净化空气的目的。

8. 合理配合日粮和使用添加剂以减少有害气体的排放量

采用理想蛋白质体系,适当降低日粮中粗蛋白含量,添加必要的必需氨基酸,提高日粮蛋白质的利用率,可以尽量减少粪便中氮、磷、硫的含量,减少粪便和肠道臭气的排放量。例如,在保持生产性能不变的情况下,添加必需氨基酸,将育肥猪日粮蛋白质从 16% 减至 12% 时,猪粪尿中氨气的散发量减少 79%。在日粮中添加非营养性添加剂如膨润土和沸石粉,可吸附粪尿中的有害气体,如 Canh(1977) 报道,在生长猪日粮中添加 2% 海泡石,可使粪尿中氨含量减少 6%。在幼畜日粮中添加酶制剂,可有效提高饲料消化利用率,降低粪尿中有害气体的产生量。

第二节　畜禽舍内空气中微粒控制技术

一、空气中微粒的性质和来源

（一）微粒的性质

微粒是指以固体或液体微小颗粒形式存在于空气中的分散胶体。在大气和畜舍空气中都含有微粒,其所含数量的多少和组成不同,随当地的地面条件、土壤特性、植被状况、季节与气象因素的不同,居民、工厂以及农事活动情况的不同而有所不同。在畜舍内及其附近,由于分发饲料、清扫地面、使用垫料、通风除粪、刷拭畜体、饲料加工及家畜本身的活动、咳嗽、鸣叫等,都会使舍内空气微粒含量增多。

微粒按成分不同,可分为无机微粒和有机微粒两种。无机微粒多是土壤粒子被风从地面刮起或生产活动引起的,如燃烧各种燃料;有机微粒又可分为植物微粒(如饲料屑、细纤维、花粉、孢子等)和动物微粒(如动物皮屑、细毛、飞沫等)。畜舍空气中以有机微粒所占数量最大,可达60%或更多。

微粒按粒径大小可分为尘、烟、雾3种。尘是指粒径大于$1\mu m$的固体粒子,其中粒径大于$10\mu m$的粒子,由于本身的重力作用能迅速降到地面,称降尘;而粒径在$1\sim10\mu m$的粒子,能在空气中长期飘浮,称飘尘;粒径小于$1\mu m$的固体粒子则称为烟;粒径小于$10\mu m$的液体粒子称为雾。

除了粒径大小影响微粒在空气中的飘浮时间外,空气湿度和运动速度也起很大的作用。湿度高时,微粒容易相互粘连而降沉;干燥时微粒不易凝集,延长飘浮时间。空气流动速度大时,也会使微粒长期飘浮或悬浮。

(二)空气中微粒的来源

畜舍空气中的微粒,少量是在通风换气中由外界大气带入,而大部分来自饲料管理过程,如打扫地面、分发饲料以及家畜活动等。所以,畜舍内空气微粒的含量远比大气中高,而且主要是有机的。畜舍中空气微粒的数量因家畜的种类、饲养管理的方式而有很大差别。据测定,一般含量为$10^3\sim10^6$粒$/m^3$,而在翻动垫料时,数量可增加数十倍。如果舍内有患病家畜或带菌家畜,病原体通过微粒使疾病很快蔓延。因此,在封闭式畜舍中,如何消除或减少畜舍内微粒的传染,已成为控制家畜舍内环境的重要内容。

二、微粒与畜禽生产、卫生标准

(一)微粒对畜禽生产与健康的影响

1. 微粒对畜禽健康的直接危害

微粒对畜禽最大的危害是通过呼吸造成的。微粒直径的大小可以影响其侵入家畜呼吸道的深度和停留时间,而产生不同的危害,微粒的化学性质则决定其毒害的性质。有的微粒本身具有毒性,如石棉、油烟、强酸或强碱的雾滴、某些重金属(铅、铬、汞等)粉末。有的微粒吸附性很强,能吸附许多有害物质。大于$10\mu m$的降尘一般被阻留在鼻腔内,对鼻黏膜产生刺激作用,经咳嗽、喷嚏等保护性反射作用可排出体外。$5\sim10\mu m$的微粒可到达支气管,$5\mu m$以下的微粒可进入细支气管和肺泡,而$2\sim5\mu m$的微粒可直至肺泡内。这些微粒一部分沉积下来,另一部分随淋巴液循环流到淋巴结或进入血液循环系统,然后到达其他器官,引起尘肺病,表现为淋巴结尘埃沉着、结缔组织纤维性增生、肺泡组织坏死,导致肺功能衰退。当少量微粒被吸入肺部时,可由巨噬细胞处理,经淋巴管送往支气管淋巴结。肺内少量微粒的出现,通常不认为是尘肺。只有当微粒(粉尘)在肺组织中沉积并引起慢性炎症反应时才称为尘肺。现在普遍认为,呼吸性粉尘浓度是影响猪肺炎发生的因子之一。

微粒在肺泡的沉积率与粒径大小有关,1μm 以下的在肺泡内沉积率最高。但小于 0.4μm 的颗粒能较自由地进入肺泡并可随呼吸排出体外,故沉积较少。当微粒吸附氨、硫化氢以及细菌、病毒等有害物质时,其危害更为严重。微粒愈小,被吸入肺部的可能性愈大,这些有害物质在肺部有可能被溶解,并侵入血液,造成中毒及各种疾病。

微粒落在皮肤上,可与皮脂腺、汗腺分泌物以及细毛、皮屑、微生物混合在一起,对皮肤产生刺激作用,引起发痒、发炎,同时使皮脂腺和汗腺管道堵塞,皮脂分泌受阻,致使皮脂缺乏,皮肤变干燥、龟裂,造成皮肤感染。当汗腺分泌受阻时,皮肤的散热功能下降,热调节机能发生障碍,同时使皮肤感受器反应迟钝。

2. 微粒可作为有害气体的载体侵入动物体内

微粒除了其本身对畜禽健康造成危害外,更主要的是微粒在潮湿环境下可吸附水汽,也可吸附 NH_3、SO_2、H_2S 等有害气体,这些吸附了有害气体的微粒进入呼吸道后,给呼吸道黏膜以更大的刺激,引起黏膜损伤。微粒体积越小,吸收有害气体后对呼吸系统的危害越大。

3. 微粒可作为病原微生物的载体

微生物多附着在空气微粒上运动与传播,畜舍中的微生物随尘埃等微粒的增多而增多(表 3 - 7)。

表 3 - 7　畜舍空气中细菌数和降尘量的关系

指标	夏季			冬季		
	哺乳母猪舍	肉种鸡舍	蛋鸡舍	哺乳母猪舍	肉种鸡舍	蛋鸡舍
细菌数(个/L)	127 534	275 446	776 780	329 551	807 628	1 167 253
降尘量[g/(m²·d)]	0.966 6	2.185 0	2.761 0	0.608 0	2.839 2	5.564 7
相对湿度(%)	77.9	78.6	72.8	88.8	72.5	80.3

从表 3 - 7 测定结果可以看出,不但肉种鸡舍和蛋鸡舍冬季空气中细菌数和降尘量均高于夏季,而且畜舍空气中降尘量越高,细菌数越多。畜舍空气中飘浮的有机性灰尘与潮湿、污浊的气体环境相结合,为微生物的生存和繁殖提供了良好条件。因此,冬季哺乳母猪舍虽然降尘量减少,但因湿度大而使细菌数仍较高。减少空气微粒,是减少病原传播的重要措施。

4. 微粒对畜禽生产的影响

一方面,尘埃等微粒通过影响畜禽机体健康而影响畜禽优良生产性状的充分发挥;另一方面,微粒也可直接影响动物的产品,比如在毛皮动物生产中,过分干燥的环境,加之尘埃的作用,会极大地降低毛绒品质与板皮质量。

(二)卫生标准

大气中微粒的含量,可用重量法和密度法计量。重量法即以每立方米空气中微粒的质量表示,其单位为 mg/m^3 或 $\mu g/m^3$。密度法即以每立方米空气中微粒的颗粒数表示,单位为 粒/m^3。我国农业行业标准对于微粒的评价有两项指标,即可吸入颗粒物(PM10)和总悬浮颗粒物(TSP),其质量标准见表 3 – 8。

表3 – 8　空气环境可吸入颗粒物和总悬浮颗粒物质量标准

序号	项目	单位	缓冲区	场区	舍　内		
					禽舍	猪舍	牛舍
1	PM10	mg/m^3	0.5	1	4	1	2
2	TSP	mg/m^3	1	2	8	3	4

注:①场区——规模化畜禽场围栏或院墙以内、舍内以外的区域。

缓冲区——在畜禽场外围,沿场院向外≤500m 范围内的禽畜保护区,该区具有保护畜禽场免受外界污染的功能。

②PM10:空气动力学当量直径≤10μm 的颗粒物;TSP:空气动力学当量直径≤100μm 的颗粒。

③表中数据皆为日测值。

(资料来源:中华人民共和国农业行业标准 NT/T 388—1999)

三、微粒的控制技术

(一)进气净化技术

畜禽舍空气中的部分微粒是由通风换气从舍外带进来的。对进气的除尘处理不仅可以减少舍内的粉尘浓度,更重要的是可以降低病原微生物在舍与舍之间的传播,同时也减少病原微生物在舍内的累积速度。对于幼畜禽来说,由于其特异性与非特异性抵抗力都较弱,只能抵御很少的病原体,病原积累期短,所以需要对进气进行净化。畜禽舍进气的主要净化技术是空气过滤。

过滤装置经常用畜舍的进气除尘或对舍内空气进行循环过滤。过滤除尘与其他除尘技术相比,其主要特点是可以对呼吸性粉尘有较高的捕集效率。人们在不同的畜禽舍都进行过过滤除尘研究。

正压过滤装置在鸡舍的试验结果表明,用粗效和高效两组过滤器对进气过滤,总过滤效率为 90% ,能有效隔离外界传染病的侵入。即使在 60 m 远的其他舍发生传染性支气管炎,实验鸡舍中也未检验出该病的血清学指标。而且空气过滤能改善雏鸡的生长性能。结果显示 21 日龄时,实验舍的饲料转化率和增重效果分别比普通舍高 25% 和 30%。为了减少犊牛舍肺炎的发生，Hillmam 等人用正压过滤通风系统对粉尘进行控制。过滤后的进气粉尘数密度小于 10^4 个/m^3，舍内粉尘降到 7×10^5 个/m^3 ± 2×10^5 个/m^3，（在未安装过滤装置的犊牛舍测得粉尘浓度为 93×10^5 个/m^3 ± 29×10^5 个/m^3），下降了 90% 以上。由于选用了亚高效滤膜（对 $0.3\mu m$ 粒子的过滤效率达 95%），$0.5 \sim 2.0\mu m$ 的呼吸性粉尘数量得到明显降低。Duulea 等人尝试使用过滤通风装置对马厩的呼吸性粉尘进行控制。当舍外呼吸性粉尘达 45 个/m^3 时，实验间内保持在 10 个/m^3 以下。分别用秸秆、纸屑、刨花作垫草并搅动，发现在短时间内（12min），舍内呼吸性粉尘就能降到 10 个/m^3 以下。在实际马厩中实验证实了试验间的结果。选用的过滤材料为袋式过滤器（效率 93% ～ 97%）和高效过滤器（效率 >99.97%）。

国内也开始了对正压过滤通风系统的研究。杨其长在育雏舍的试验发现：粗效与高效过滤器的粉尘总过滤效率达 97.5%，细菌的总过滤效率达 84.6%，对 $3.5\mu m$ 以上的粒子有 90% 以上的过滤效率。舍内总尘浓度降低了 19.3%，细菌数减少了 67.6%。雏鸡增重提高 1.55% ～ 3.89%，均匀度提高 2% ～ 12%，死亡率下降 0.4% ～ 0.8%。

在一定范围内的除尘系统调查发现，干空气过滤比通风与湿法除尘更经济。另外，过滤除尘不受粉尘比电阻的影响，也不存在污水处理问题。因此，过滤除尘被认为是一种较为实用的畜禽舍除尘技术。不过，目前过滤技术用于畜禽舍除尘还存在两个问题。

第一个问题是压力损失过大，影响进风。绝大部分试验研究中选用的都是高效或亚高效滤膜，虽然取得了较好的试验效果，但应用于生产还存在一些困难。选用高效滤膜主要出于两方面的考虑：更彻底地去除粉尘，隔绝微生物；因为呼吸性粉尘能够深入到肺部，对呼吸系统影响较大，使用高效过滤器能有效去除空气中的呼吸性粉尘。但是，高效过滤器存在很高的压力损失，这对通风系统有非常高的要求。天津的华牧公司曾引进一套高效袋式过滤器，在雏鸡舍使用发现：由于过滤器压力损失太大，严重影响进风，过滤袋几乎无法全部张开，使舍内风速降到很低。另外，高效过滤器会极大地增加投资，而且更换与操作费用很高，对于一般的畜禽生产场来说，是难以承受的。

另一个问题是处理风量不足。与工业除尘不同，畜禽舍粉尘浓度相对较低，但要处理的含尘空气量大，而且要求过滤器的投资运行费用不能过高。研究人员发现干空气过滤方式由于处理的风量有限，用于畜禽舍实际生产还有一定困难。而增加过滤器数目,则会大大增加投资和运行费用。

图3-7　进气口的空气过滤器

(二)舍内净化技术

猪舍的主要粉尘来源是饲料,鸡舍的主要粉尘来源是动物自身和垫草,因此畜舍大部分粉尘是在舍内形成的。控制舍内粉尘有两个好处:减少高浓度粉尘对人畜呼吸系统的危害;能同时减少排出气体的粉尘浓度,从源上减少了对邻近畜舍以及对大气环境的污染(通风除外)。

1.增加通风速率

通风是一种传统的除尘方式。大部分研究表明,高通风率能有效降低舍内粉尘浓度。在断奶仔猪舍和育肥舍,将通风速率从最小升至最大,粉尘浓度下降了61%。不同通风系统的6个舍的试验表明,通风速率与空气中粉尘数密度密切相关。在低通风速率下,粉尘浓度明显受湿度的影响;而在高通风速率下,粉尘浓度一直维持较低水平。

机械通风的降尘效果优于自然通风,机械通风舍的粉尘数密度比自然通风舍低43%。而且与自然通风的畜舍相比,机械通风舍内粉尘浓度变化较小。

但通风降尘有其不足之处。通风排出了部分粉尘,但也减少了粉尘的沉降。另外,北方地区冬季舍外温度低,要求小的通风量,所以无法仅靠通风达到控制粉尘的目的。而且通风直接把污浊气体排向周围大气,造成新的污染。如果畜舍间的距离较近,排出的空气被其他舍吸入,容易造成疫病的流行。因此,无论从防疫的角度或者从环境保护的角度考虑,选择通风除尘方式时,都需要对排风或者进风进行一定处理。

2. 喷雾

喷雾除尘的过程，是当雾化水滴与随风扩散的尘粒相碰撞，由于较粗颗粒的粉尘惯性大于水滴，碰撞后会黏着在水滴表面或被水滴包围，润湿凝聚成重量较大的颗粒，从而借助重力加速沉降，高压风力产生的雾粒增加带电性，产生静电凝聚的效果，这一作用力加速了尘粒与雾粒合并的效果，获得较高的降尘率。

3. 过滤除尘

过滤装置也用于畜舍内除尘。Carpenter 等人使用干空气过滤器进行舍内空气再循环过滤。试验结果表明：在小型畜舍（如早期断奶仔猪平养舍），可降低粉尘质量浓度和微生物菌落数密度 50%～60%。在 2 个猪场测得的过滤效率分别为 99.2% 和 97.6%。该过滤系统由预过滤器和细过滤器组成，预过滤器用吸尘器清洗。

湿法除尘有较好的空气净化效果，它能同时去除水溶性的气体（如 NH_3、CO_2 等），也无须频繁清洗除尘器。湿法除尘器能去除 40% 的猪舍粉尘，25% 的 NH_3，15% 的 CO_2 及 50% 的微生物。但是湿法除尘的耗水量大，而且存在污水处理和舍内湿度过大等问题。

表 3-9　过滤器的种类

过滤器形式		过滤效率		压力（Pa）	容尘量（g/m²）	备注
		粒径（μm）	（%）			
一般通风用过滤器	粗效过滤器	≥5.0	20～80	≤50	500～2 000	过滤速度以 m/s 计，通常小于 2m/s
	中效过滤器	≥1.0	20～70	≤80	300～800	滤料实际面积与迎风面积之比 10～20 以上，滤速以 dm/s 计
	高中效过滤器	≥1.0	70～99	≤100	70～250	滤料实际面积与迎风面积之比在 20～40 以上，滤速以 cm/s 计
	亚高效过滤器	≥0.5	95～99.9	≤120	50～70	滤料实际面积与迎风面积之比在 50～60，滤速以 cm/s 计，通常 <2cm/s
高效过滤器		0.3	>99.97	200～250		

在国外，有些畜禽舍采用了静电过滤器。在鸡舍里采用小流量（$0.5\text{m}^3/\text{s}$）

静电过滤器,按重量计可以清除90%粒径>8μm的粉尘,低于50%的<3μm的微粒,以及80%的细菌。静电过滤器是利用高压电场产生的静电力,使通过的含尘空气发生电离,荷电的尘粒向集尘极移动,并沉积在上面。它是一种高效的除尘设备,对粒径1~2μm的微粒,效率可达98%~99%,而与其他高效空气过滤器相比,其阻力比较低。处理空气量愈大,经济效果愈明显。

静电除尘器对清除大的尘粒效果较好,但对于呼吸性粉尘的除尘效果较差。鸡舍内使用一个小型静电除尘器能去除80%的悬浮细菌与大于8μm的粒子,但对于小于3μm的粉尘,效率不到50%。电除尘器的一次性投资费用较大,需要高压变电及整流控制设备,对制造和安装要求高,不过易于实现微机控制。

4. 清除降尘

在自然条件下,降尘会由于通风、动物活动等而重新回到空气中。畜舍粉尘再逸散的问题目前研究相对较少。人们试过用吸尘器及冲洗等方法来清除降尘,但效果不明显。用吸尘器清洗仅使空气中的粉尘质量浓度降低6%;每周冲洗猪只与地面则可以减少10%。高孔隙度的地板却较好地减少了降尘的再逸散。金属网格地板的舍内飘尘只有实地的1/4。漏粪地板不但能减少降尘的再逸散,而且避免了粪便在地上干燥形成粉尘源。

5. 控制饲料粉尘

大量研究证实粉尘最大的来源是饲料,从饲料上控制粉尘的产生,费用低,操作简单,有较好的效果。而且,还可以与其他除尘措施配合使用,提高除尘效果。目前,控制饲料粉尘主要有3个途径:改变饲料种类,使用饲料添加剂,使用饲料涂层。

颗粒饲料能有效降低粉尘浓度。模拟动物进食行为的实验室试验发现:与粉质饲料相比,3mm颗粒饲料减少40%的呼吸性粉尘粒子;而7mm颗粒饲料比3mm颗粒饲料又能减少17%。20个畜舍的调查表明:使用颗粒饲料的畜舍,飘尘浓度和降尘浓度都是最低的。但湿饲料的降尘效果还存在争议。一些研究认为湿饲料能明显减少粉尘浓度,而另外的调查却表明:喂湿饲料的舍是粉尘浓度最大的舍之一。

饲料中添加脂类物质能降低粉尘的产生。降尘量与添加剂的数量成比例。在断奶仔猪饲料中添加5%的豆油,能减少47%的降尘和27%的悬浮细菌。动物油脂的降尘效果只有豆油的1/2。

动植物油脂一般作为涂层喷洒到颗粒上,主要目的是提高饲料的热量值,它也同样可以降低粉尘的产生。与无涂层的饲料相比,喷了2%脂肪涂层的饲料能减少25%的呼吸性粉尘数。脂肪涂层中加入2%的木质素,能降低33%的呼吸性粉尘数。在热饲料中的使用效果明显高于凉饲料。

(三)排气净化技术

排气除尘是对已排出舍外的气体进行除尘处理,以减少微粒与气味对外界的污染,同时也降低疫病在场区的交叉感染。通常人们认为排气口的通风量大,含尘浓度高,在排气口除尘会花费很高的成本,所以应用很少。但近年来,出现了一些较为经济实用的排气口除尘技术。

1. 生物质过滤器

生物质过滤器的原理是在排风机的后面设置水平式或垂直式的过滤间,借助排风机的压力使排出空气通过秸秆等生物质材料,清除排出气流中的微粒、有害微生物和恶臭。Hoff 等人用切碎的玉米秸秆作为生物质过滤材料对猪舍的排出空气进行了实际测定,过滤片的厚度为 10 ~ 15cm,过滤片之间的间距为 30 ~ 50cm。

试验的初步结果见表 3 - 10,生物质过滤可以减低排出空气粉尘 45% ~ 75%,但在气流量 2 000 ~ 3 000m³/h 下需要最小过滤面积达 8 ~ 10m²,如按中国典型蛋鸡舍 12m × 120m,饲养量为(1.8 ~ 2)× 10⁴ 只,需通风量(2 ~ 2.8)× 10⁵m³/h,将需要过滤面积达 800 ~ 1 000m²,不仅投资高,而且大面积过滤间将增大排风机的阻力,增加通风系统的运行成本。因此,生物质过滤器的主要问题是处理空气量太小。

表 3 - 10　生物质过滤器降尘效果

类型	总尘减少均值(%)	总尘减少范围(%)	气流量(m³/h)	有效过滤面积(m²)	过滤面流速(cm/s)	恶臭阈值下降(%)
水平式	67	52 ~ 76	2 298 ± 1 043	20.4	3.1 ± 1.4	50 ~ 70
垂直式	62	46 ~ 83	3 060 ± 1 015	8.8	9.7 ± 3.2	–

2. 挡尘墙

挡尘墙是现在畜禽舍环境研究中的一个热点问题。台湾已经有 200 多个鸡场的纵向通风舍使用挡尘墙来控制粉尘和恶臭。美国很多猪场采用负压纵向通风,人们也在试验各种挡尘墙来降低粉尘和臭味。

挡尘墙的主要工作原理是:在风机排风气流附近设一个大的开放式沉降室,改变排出气流的方向与流速,使排出气流中的多数颗粒物沉降在挡尘墙以内,这也同时清除了附着于颗粒物上的恶臭化合物和病原微生物。而且,挡尘墙能够提供排出气流一个迅速有力的垂直扩散,使新鲜空气以更快的速度混合进来,增加了对臭气的稀释潜力。与生物过滤器等畜禽舍排气处理技术不同,挡尘墙可以说不存在压力损失,也没有通风换气量的限制,尤其适用于排气集中于尾端的纵向通风舍。

挡尘墙的材料可以有多种多样。Bottcher 等人将带金属环的防水布绑在管架上制成挡尘墙,但这种设计不能适应大风的环境。还有人用压实的秸秆垛为材料。台湾有的挡尘墙由金属材料制成,并具有双层结构。有些墙表面还可以用化学添加剂处理,以中和气流中的 VOC。

挡尘墙一般位于排气扇后 3 ~ 10m 处,高度为 3 ~ 5m 或更高。烟雾试验发现:6m 处的挡尘墙内烟雾滞留时间较 3m 处更长,也许意味着更多的粉尘沉降。

挡尘墙的投资运行费用都很低,使用简单,而有相当的空气净化效果。Bottcher 等人的试验发现:将挡尘墙设于排气扇后 6m,距排风口 10m 处的粉尘数密度出现明显降低。其中 0.5 ~ 0.7μm 的粒子数降低了 25% 左右,随粒径的增加,分级除尘效率基本呈上升趋势,对 >5μm 的粒子达到 55% 以上,恶臭也明显降低。

图 3 - 8　畜舍外的挡尘墙

3. 防护林带

防护林也被用于畜禽舍排出空气的治理。一个设计与布局良好的防护林可以给粉尘和 VOC 提供非常大的过滤面积。而且和挡尘墙一样,防护林也可以增加紊流和垂直方向扩散,这些都使产生恶臭的化合物被稀释得更快。防护林带的费用非常低廉,还能带来视觉享受。不过,防护林带更适合作为其他恶臭处理技术的辅助措施配合使用。

(四)日常管理

1. 畜舍选址

新建畜牧场在选择建厂地方时,要远离产生微粒较多的工厂,如水泥厂、磷肥厂等。

2. 畜牧场规划布局

应考虑产生微粒较多的饲料加工厂或饲料配制间的设置,饲料加工厂或饲料配制间要远离畜舍,并应设有防尘设施。

3. 加强日常的生产管理

尽量减少微粒的产生,清扫地面、分发饲料、翻动或更换垫草时,应趁家畜不在舍内时进行,禁止在舍内进行刷拭畜体、干扫地面等活动。

4. 选择适当的饲料类型和喂料方法

一般来说,粉料易产生灰尘,而颗粒饲料产生灰尘较少;干料产生灰尘较多,而湿拌料不易产生灰尘。

5. 注意通风换气

保证舍内通风换气设备性能良好。

6. 绿化

改善畜舍和牧场周围地面状况,实行全面绿化,种草种树。

第三节 畜禽舍内空气中微生物控制技术

一、空气中微生物的来源与传播方式

空气比较干燥,缺乏营养物质,始终在流动,温度也经常变化,加之太阳中紫外线的杀菌作用,故空气本身对微生物的生存极为不利。只有一些抵抗力强,能产生芽孢或具有色素的细菌、真菌的孢子能独立存在于空气中。其他微生物一般均附着于空气中的微粒上。在畜禽舍空气中,由于微粒多、紫外线少、空气流速慢以及微生物来源多等原因,使畜禽舍空气中微生物往往较舍外多,其中病原微生物更可对畜禽造成严重的危害。

(一)空气中微生物的来源

空气中微生物的主要来源,是人类的各种生产活动,其数量同微粒的多少有直接的关系,凡是能使空气中微粒增多的因素,都可能使微生物的数量随之增加,如干扫地面和墙壁、刷拭家畜、家畜的咳嗽、打喷嚏和争斗等都可产生大量的微生物。据测定,奶牛舍在一般生产条件下,每升空气中含细菌总数121~2 530个,用扫帚干扫墙壁或地面,可使细菌数量达到16 000个。如果舍内有家畜受到感染而带有某种病原微生物,可以通过喷嚏、咳嗽等途径将这些病原微生物散布于空气中,并传染给其他家畜。如结核病、肺炎、流行性感冒、口蹄疫、猪瘟、猪气喘病、鸡新城病疫、马立克病等都是这样通过气源传播的。

了解空气中微生物的数量,对于保持环境卫生和预防传染病有重要意义。一般用柯赫氏沉降法来测定空气中的微生物的数量,具体方法是,把盛有固体培养基的培养皿在距离地面一定高度打开器皿盖,暴露一定时间,加盖,进行培养后,计数。这种方法只能大致说明空气被微生物污染的情况,精确度较低。一般认为5min内100cm²表面上沉降的微生物数量是大约10m³空气中微生物的数量。

(二)空气中微生物的传播方式

畜禽舍空气中的病原微生物可附着在飞沫和尘埃两种不同的微粒上,传播疾病。

1. 飞沫传播

当家畜咳嗽或打喷嚏时可喷出大量的飞沫液滴,喷射距离可达5m以上,滴径小的可形成雾扩散到畜舍的各个部分,滴径在10μm左右的,由于重量大而很快沉降,在空气中停留时间很短。而粒径小于1μm的飞沫,可长期飘浮在空气中。大多数飞沫在空气中迅速蒸发并形成飞沫核,飞沫核由唾液的黏液素、蛋白质和盐类组成,附着在其上的微生物因得到保护而不易受干燥及其他因素的影响,有利于微生物的生存,其粒径一般小于1~2μm,属于飘尘,可以长期飘浮于空气中。故可侵入家畜支气管深部和肺泡而发生传染。通过飞沫传染的,主要是呼吸道传染病,如肺结核、猪气喘病、流行性感冒等。

2. 尘埃传播

来源于人累和家畜的尘埃,往往带有多种病原微生物。病畜排泄的粪尿、飞沫、皮屑等经干燥后形成微粒,极易携带病原微生物飞扬于空气中,被易感动物吸入后,就可传染发病。通过尘埃传播的病原体,一般对外界环境条件的抵抗力较强,如结核菌、链球菌、霉菌孢子、鸡的马立克病毒等。

一般来说,飞沫传播在流行病学上比尘埃传播更为重要。

（三）空气微生物对家禽的危害

空气微生物能够随颗粒物降落到家禽体表，与尾脂腺的分泌物、羽绒等混为一起，引起发痒，诱发皮炎，进而使皮肤的防疫屏障功能降低，激发相应的变态反应，还能导致家禽进一步发生细菌性、病毒性、寄生虫性等多种疾患。这种机体因逐渐失去应对能力陷入病理状态，从而出现衰竭现象，称之为全身适应综合征（GAS）。

病原微生物在空气中通过呼吸道侵入机体后，对家禽所造成的危害程度因颗粒大小而不同。研究表明，大于 $10\mu m$ 的颗粒一般被阻留在鼻腔中，对鼻腔黏膜发生机械性刺激和损伤；$5 \sim 10\mu m$ 的颗粒可达到支气管，引起支气管炎；$5\mu m$ 以下的颗粒可直达细支气管以至肺组织，引起肺炎和其他相应病原的感染。颗粒还能阻塞在淋巴管里，引发淋巴结尘埃沉着、结缔组织纤维性增生、肺泡组织坏死等。同时，空气微生物还能经呼吸道引发全身性感染的疫病，例如，传染性鼻炎、传染性喉气管炎、鹌鹑支气管炎、鸡传染性支气管炎、病毒性关节炎、火鸡波氏杆菌病、鸡马立克病以及禽霍乱、鸭瘟、新城疫、禽流感、鸡败血支原体、鸡传染性滑膜炎、大肠杆菌病、曲霉菌病等。值得注意的是，任何一种病毒都不是引起呼吸道病症的唯一病原体。某些条件病原对呼吸道疫病的发生发展影响较大，特别是呼吸道病毒与呼吸道条件致病菌具有缘源性协同发病关系。因此，养禽场新城疫与禽流感的发病，一旦同大肠杆菌混合感染时，死亡率就急剧增高，难以控制。调查研究表明，鸡新城疫、大肠杆菌败血症在鸡群间的相互感染，65% ~85% 是由空气微生物侵入呼吸道或其他部位黏膜而感染的。生产实践中，家禽受病原微生物侵袭，往往造成呼吸道、消化道、泌尿生殖道等全身性组织器官并发症状而加重病势，给养禽业生产带来严重损失。非典时期的病原体 SARS 病毒就是通过呼吸道侵害火鸡、鸡、鸭等9 种禽类和直接危害哺乳动物及人类生命的烈性传染性致病因子。

空气微生物附着的颗粒直径越小，在 $1 \sim 2\mu m$ 及以下时，受感染的家禽发病越快，病态反应也越严重。这些颗粒及其有害微生物能阻塞局部支气管的通气功能，刺激或腐蚀肺泡壁，长期作用可使呼吸系统的防御机能受到不同程度的伤害，诱发支气管炎、支气管哮喘、肺气肿等。颗粒物能够直接或间接地激活肺泡巨噬细胞和上皮细胞内的氧化应激系统，刺激炎性因子的分泌以及中性粒细胞和淋巴细胞的浸润，引起肺脏组织发生脂质过氧化，出现肺活量降低，呼气时间延长，肺功能下降。同时，增加了家禽对细菌的敏感性，导致心脏功能与呼吸系统对感染的抵抗力都下降。

由于通风不良或温度不适或湿度不适等环境因素造成的空气微生物污染,都能使家禽咳嗽、气喘、呼吸加快,引发气管炎、支气管炎,进而导致肺充血、瘀血、水肿等。病原微生物附着在空气颗粒上容易沉降到家禽眼结膜中,引发流泪、充血、肿痛、炎症。有些有害物质微粒在吸附空气中细菌、病毒的同时,还能吸附 NH_3、H_2S 等有毒有害气体,对家禽造成的危害更大。

因空气微生物传播的呼吸系统疫病对家禽生产所造成的经济损失日趋严重,养殖成本和风险都大大增加。一般混合感染的雏鸡患病后死亡率40% ~ 60%;成年鸡患病后产蛋率降低10% ~40%;种蛋孵化率减少10% ~30%;肉鸡体重降低30% ~40%。空气病原微生物在对家禽侵害的同时,还会污染家禽产品,并能通过食物链进入人体,危害人类健康。大量研究表明,家禽生产力10% ~30%取决于品种遗传,40% ~50%取决于饲料营养,20% ~30%取决于环境状况。家禽舍内环境中,空气颗粒含量以不超过 $3 \sim 8mg/m^3$ 为标准。如果不能为家禽提供适宜的环境条件,不仅优良品种的遗传性能不能充分发挥,完善的配合饲料不能有效地转化,还会被多种疾病所困扰。因此,环境与品种、营养、疾病已构成直接影响养禽业发展的四大重要制约因素。

二、控制和净化空气中微生物的措施

(一)选择和设计适宜的饲养场

场地址选择应经过考察论证。要求地势高燥,背风向阳,有一定缓坡,便于通风、采光和排水,能够保持场区内部小气候环境相对稳定。远离人口聚集地,靠近农田、菜地或林地,附近无屠宰场以及易造成"三废"污染的工厂。距离公路、铁路、运输河道500 ~ 1 000m 以上。场内建设要分区规划,禽舍布局设计符合卫生要求。人员、畜禽、材料、废弃物等运输应采取单一流向,不可交叉,防止污染和疫病扩散。

(二)加强场区绿化,改善小气候环境

畜禽场周围通过植树绿化形成环绕场区的林木隔离带,同时在围墙内外设置防护网、防疫沟,形成屏障,净化畜禽场周围环境。研究表明,林草地至少能阻留和净化空气中25%的有害微生物和有害气体。在夏季,树林地带区域可使空气颗粒下降35.2% ~ 66.5%,空气有害微生物可减少27.6% ~ 79.3%。在冬季,树木阻风,使场区风速降低75% ~80%,有效范围达树高的10倍。草地既可吸附空气中的颗粒,还可固定表土,减少扬尘。柳树、槐树、银杏、桉树、无花果、桐树、雪松、核桃、臭椿、板栗、杨树、榆树、月季、鸡冠花、吊兰、桂花、常春藤、万年青、柑橘、桃树、五角枫、花椒、丁香、山楂、合欢、榕树、樟

树、侧柏、油松、雪松、华山松、蔷薇、玫瑰、紫穗槐等乔灌木都具有改善空气质量和抵抗污染的良好作用,畜禽场内应有计划的大量种植。用这些植物实现畜禽场内的行道绿化、遮阳绿化、裸地绿化,不断减少尘埃颗粒的产生,降低空气微生物传播。

(三)坚持通风换气和消毒制度,保障舍内空气持续清新

将经过过滤器的舍外空气送入,可以使舍内畜禽呼吸道疾病减少55%~70%。舍内清扫后,用清水冲洗,则舍内环境的细菌数量可以减少54%~60%,再用消毒药物实施空气喷雾,则细菌数量可减少到90%以上。无论哪一种形式的畜禽舍,都要根据实际条件因地制宜地做好通风换气,使舍内NH_3浓度在20mg/kg以下,H_2S浓度在6.6mg/kg以下,CO_2浓度在1 500mg/kg以下。一般以人进入舍后无烦闷和眼鼻无不适刺激为度,保障舍内空气持续清新。研究表明,在向患有鸡新城疫、传染性支气管炎、传染性喉气管炎、鸭瘟、禽流感等疫病的舍内喷雾消毒,可使空气中的上述病原微生物减少70%~85%以上。用紫外线照射3min,可杀灭80%~90%的空气病原微生物。定时向场内道路和舍内空气中喷雾消毒药液,能使凭借空气而传染的疫病发生率及舍内空气中的细菌数量大大降低。

畜禽场消毒制度的内容包括人员消毒、车辆消毒、用具消毒、带禽消毒、饲料消毒和环境消毒以及紧急消毒等。消毒过程要按程序施行,消毒结果要按消毒标准进行检查、评价,从而有效保障消毒管理形成制度并与生产管理相配套。

(四)采取"全进全出"的转群模式与生产工艺

根据不同生长发育阶段的特点和对饲养管理的不同要求,将所有畜禽分成不同类群,在工艺设计中按照存栏数与畜禽舍数制订出各类畜禽的饲养周期和消毒空舍时间,"一次装满","全进全出"。合理减少和避免饲喂干粉料、断续照明、加厚垫草、密集饲养等能够使舍内空气颗粒和细菌数量明显增多的生产环节,采用产生空气微生物少的先进工艺、材料和设备,完成饲养和操作过程。

(五)有效清除排泄物与废弃物

畜禽排泄的粪便通过堆粪法等生物热处理过程,粪便温度高达70℃以上,能使大量非芽孢病原细菌、病毒、寄生虫卵等致病微生物污染的粪便变为无害,且不丧失肥料的应用价值。粪便通过高温干燥、青贮、化学和生物等方法处理后还可以作为饲料或进行厌氧发酵生产沼气来提供能源。

对于养禽场污水按照厌氧—好氧联合法进行处理,其中 COD、BOD_5、SS 清除率较高,最后采用氧化塘等作为最终出水利用单元,出水质量能够达到国家规定的排放标准。我国《畜禽养殖业污染防治技术规范》(HJ/T 81—2001) 规定病死畜禽尸体处理应采用焚烧或填埋的方法。对于非病死家禽,堆肥是处置尸体经济价值较高的方法。

第四章　畜禽舍内环境卫生管理关键技术

　　畜禽舍是畜禽生产生活的主要场所，畜禽舍设计布置是否合理，饮水饲喂设备选用是否合适，排水排污系统是否完善，生产用具和生产人员管理是否得当，都将直接影响到畜禽的生产生活水平高低。因此，畜禽舍内良好的卫生环境是保持畜禽具有良好的体况和充分发挥潜在生产性能的先决条件。本章将围绕畜禽舍内环境卫生管理这一任务重点介绍畜禽舍设计与布置、饮水设备的选用、饲喂设备的选用、排水排污系统的设计、生产用具和人员的管理等内容。

第一节　舍内环境卫生管理

一、畜禽舍设计与布置

畜禽舍平面设计的主要依据是畜牧场生产工艺、工程工艺和相关的建筑设计规范和标准。其内容主要包括圈栏、舍内通道、门窗、排水系统、粪尿沟、环境调控设备、附属用房以及畜禽舍建筑的平面尺寸确定等。

1. 圈栏的布置

根据工艺设计确定的每栋畜禽舍应容纳的畜禽占栏头（只）数、饲养工艺、设备选型、劳动定额、场地尺寸、结构形式、通风方式等，选择栏圈排列方式（单列、双列或多列）并进行圈栏布置。单列和多列布置使建筑跨度小，有利于自然采光、通风和减少梁、屋架等建筑结构尺寸，但在长度一定的情况下，单栋舍的容纳量有限，且不利于冬季保温。多列式布置使畜禽舍跨度大，可节约建筑用地，减少建筑外围护结构面积，利于保温隔热，但不利于自然通风和采光。南方炎热地区为了自然通风的需要，常采用小跨度畜禽舍，而北方寒冷地区为保温的需要，常采用大跨度畜禽舍。

2. 舍内通道的布置

舍内通道包括饲喂道、清粪道和横向通道。饲喂道和清粪道一般沿畜禽栏平行布置，两者不应混用；横向通道和前两者垂直布置，一般是在畜禽舍较长时为管理方便而设的。通道的宽度也是影响畜禽舍的跨度和长度的重要因素，为节省建筑面积，从而降低工程造价，在工艺允许的情况下，应尽量减少通道的数量。不同类型的畜禽舍，采用不同的饲喂方式（人工、机械、自动），其通道的宽度要求不同，详见表4-1。

表4-1　畜禽舍纵向通道宽度

舍别	用途	使用工具及操作特点	宽度（m）
牛舍	饲喂方式	用手工或推车饲喂精、粗、青饲料	1.2~1.4
	清粪及管理	用推车清粪，放奶桶，放洗乳房的水桶等	1.4~1.8
猪舍	饲喂方式	手推车喂料	1.0~1.2
	清粪及管理	清粪（幼猪舍窄，成年猪舍宽）、助产等	1.0~1.5
鸡舍	饲喂方式	用特制推车送料、用通用车盘捡蛋	笼养0.8~0.9
	清粪及管理		平养1.0~1.2

3. 排水系统的布置

畜禽舍一般沿畜禽栏布置方向设置粪尿沟以排出污水,宽度一般为0.3～0.5m,沟底坡度根据长度可设为0.5%～2.0%(过长时可分段设坡),在沟的最低处设沟底地漏或侧壁地漏,通过地下管道排至舍内的沉淀池,然后经污水管排至舍外的检查井,通过场区的支管、干管排至粪污处理池。畜禽舍内的饲喂通道不靠近粪尿沟时,宜单独设0.1～0.15m宽的专用排水沟,排除清洗畜禽舍的水。值班室、饲料间、集乳室等附属用房也应设地漏和其他排水设施。

4. 附属用房和设施布置

畜禽舍一般在靠场区净道的一侧设值班室、饲料间等,有的幼畜禽舍需要设置热风炉房,有的畜禽舍在靠场区污道一侧设畜禽消毒间,在舍内挤奶的奶牛舍一般还设置真空泵、集乳间等。这些附属用房,应按其作用和要求设计其位置和尺寸。大跨度的畜禽舍,值班室和饲料间可分设在南、北相对位置;跨度较小时,可靠南侧并排布置。真空泵房、青贮饲料和块根饲料间、热风炉房等,可以突出设在畜禽舍北侧。

5. 畜禽舍平面尺寸设计

畜禽舍平面尺寸主要指跨度和长度。影响畜禽舍平面尺寸的因素有很多,如建筑形式、气候条件、设备尺寸、走道、畜禽饲养密度、饲养定额、建筑模数等。通常,需首先确定圈栏或笼具、畜床等主要设备的尺寸。如果设备是定额产品,可直接按排列方式计算其所占的总长度和跨度;如果是非定额设备,则需按每圈(笼)容畜禽头(只)数、畜禽占栏面积和采食宽度标准,确定其宽度(长度方向)和深度(跨度方向)。然后考虑通道、粪尿沟、食槽、附属房间等的设置,即可初步确定畜禽舍的跨度与长度。最后,根据建筑模数要求对跨度、长度作适当调整。

6. 水、暖、电、通风等设备布置

根据畜禽圈栏、饲喂通道、排水沟、粪尿沟、清粪通道、附属用房等的布置,分别进行水、暖、电、通风等设备工程设计。饮水器、用水龙头、冲水水箱、减压水箱等用水设备的位置,应按圈栏、粪尿沟、附属用房等的位置来设计,满足技术需要的前提下力求管线最短。照明灯具一般沿饲喂通道设置,产房的照明须方便接产;育雏伞、仔猪保温箱等电热设备的设计则需根据其安装位置、相应功率来安置插座,尽量缩短线路。通风设备的设置,应在通风量计算的基础上分析。

7. 门窗和各种预留孔洞的布置

畜禽舍大门可根据气候条件、圈栏布置及工作需要,设于畜禽舍两端山墙或南北纵墙上。西、北墙设门不利于与冬季防风,应设置缓冲用的门斗。宿舍大门、值班室门、圈栏门等的位置和尺寸,应根据畜种、用途等决定。窗的尺寸设计应根据采光、通风等要求经计算确定,并考虑其所在墙的承重情况和结构柱间距进行合理布置。除门窗洞外,上下水管道、穿墙电线、通风进出风口、排污水等,也应该按需要的尺寸和位置在平面设计时统一安排。

二、饮水设备的选用

在集约化畜禽饲养场中,对畜禽饮水设备的技术要求是,能根据畜禽需要自动供水;保证水不被污染;密封性好,不漏水,以免影响清粪等工作;工作可靠,使用寿命长。畜禽饮水设备包括自动饮水器及其附属设备。自动饮水器按结构原理可分水槽式、真空式、吊塔式、杯式、乳头式、鸭嘴式、吸管式等,按用途又可分鸡用、猪用、牛用、羊用和兔用等。猪用自动饮水器安装高度见表4-2。

表4-2　猪用自动饮水器安装高度(单位:cm)

猪的种类	鸭嘴式	杯式	乳头式
公猪	55～65	25～30	80～85
母猪	55～65	15～25	70～80
后备母猪	50～60	15～25	70～80
仔猪	15～25	10～15	25～30
保育猪	30～40	15～20	30～45
生长猪	45～55	15～25	50～60
育肥猪	55～60	15～25	70～80

1. 自动饮水槽

在机械化饲养场中,饮水槽(图4-1)只用于养鸡。饮水槽必须保持一定的水面,水槽断面为"U"形或"V"形,宽45～65cm,深40～48cm,水槽始端有一经常开放的水龙头,末端有一出水管和一流水管。当供水量超过用水量而使水面超过溢流水塞的上平面时,水就从其内孔流出,使水槽始终保持一定水面。清洗时需将溢流塞取出,放水冲洗。

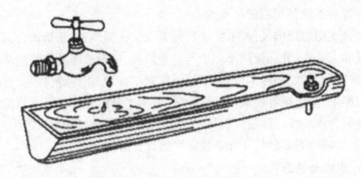

图 4-1 自动饮水槽

2. 真空式自动饮水器

真空式自动饮水器主要用于平养雏鸡。它的优点是结构简单、故障少、不妨碍鸡的活动;缺点是需人工定期加水,劳动量较大。

真空式饮水器常由聚氯乙烯塑料制,它由筒和盘组成,筒倒装在盘中部,并由销子定位,筒下部的壁上有若干小孔,和盘中部内槽壁上的孔相对。在两者配合之前先在筒内灌水,将盘扣在筒上定好位,在翻过来放置,此时水通过孔流入饮水器盘的环形槽内,当水面将孔盖住时,空气不能进入筒内,由于筒内上部一定程度的真空使水停止流出,因此可以保持盘内水面,当鸡饮用后环形槽内水面降低使孔露出水面时,由孔进入一定量空气,使水又能流入环形槽,直至水面又将孔盖住。

真空式饮水器圆筒容量为 1 ~ 3L,盘直径为 160 ~ 230mm,槽深 25 ~ 30mm,每个饮水器供 50 ~ 70 只雏鸡饮水。国产 9SZ-205 型真空式饮水器用于平养 0 ~ 4 周龄雏鸡,盛水量 2.5kg,水盘外径 230mm,水盘高 30mm,每只饮水器供 70 只雏鸡使用(图 4-2)。

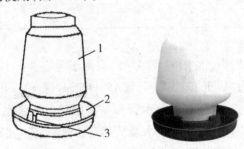

图 4-2 真空式饮水器

1. 水筒 2. 水盘 3. 出水孔

3. 吊塔式饮水器

吊塔式饮水器又称自流式饮水器(图4-3)。它的优点是不妨碍鸡的活动,工作可靠,不需人工加水,主要用于平养鸡舍,由于其尺寸相对较大,除了群饲鸡笼养时采用外,一般不用于单体笼养。

国产9LS-260型吊塔式饮水器的水槽盛水量为1kg,水盘外径260mm,水盘高52mm,适用水压为20~120kPa,适用于平养2周龄以上幼鸡和成年鸡,每只饮水器可供30只成年鸡使用。

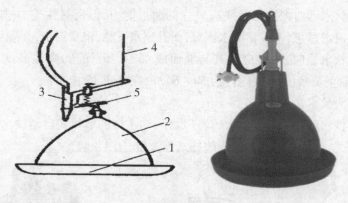

图4-3　吊塔式饮水器

1.饮水盘　2.锥形罩壳　3.供水软管　4.吊绳　5.弹簧阀门

4.乳头式饮水器

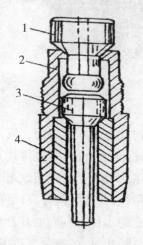

图4-4　乳头式饮水器

1.上阀芯　2.阀体　3.下阀芯　4.阀座

乳头式饮水器主要用于鸡和仔猪的饮水(图4-4),它的优点是有利于防疫,并可免除清洗工作,缺点是在鸡和猪饮水时容易漏水,造成水的浪费,使环境变湿和影响清粪作业,国产9STR-3.4型鸡用乳头式饮水器用于笼养鸡,9STY-9型猪用乳头式饮水器用于育肥猪和育成猪。

乳头式猪用自动饮水器的最大特点是结构简单,由壳体、顶杆和钢球三大件构成。猪饮水时,顶起顶杆,水从钢球、顶杆与壳体间隙流出至猪的口腔中;猪松嘴后,靠水压及钢球、顶杆的重力,钢球、顶杆落下与壳体密接,水停止流出。这种饮水器对泥沙等杂质有较强的通过能力,但密封性差,并要减压使用,否则,流水过急,不仅猪喝水困难,而且流水飞溅,浪费用水,弄湿猪栏。安装乳头式饮水器时,一般应使其与地面成45°~75°倾角,离地高度,仔猪为25~30cm,生长猪(3~6月龄)为50~60cm,成年猪75~85cm。

5. 杯式饮水器

杯式饮水器是一种以盛水容器(水杯)为主体的单体式自动饮水器,常见的有浮子式、弹簧阀门式和水压阀杆式等类型(图4-5)。

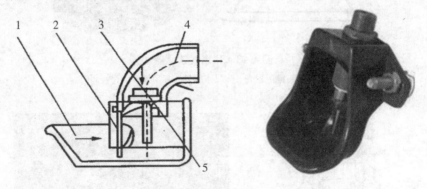

图4-5 杯式饮水器

1. 水杯　2. 出水压板　3. 阀　4. 水管　5. 阀杆

浮子式饮水器多为双杯式,浮子室和控制机构放在两水杯之间。通常,一个双杯浮子式饮水器固定安装在两猪栏间的栅栏间壁处,供两栏猪共用。浮子式饮水器由壳体、浮子阀门机构、浮子室盖、连接管等组成。当猪饮水时,推动浮子使阀芯偏斜,水即流入杯中供猪饮用;当猪嘴离开时,阀杆靠回位弹簧弹力复位,停止供水。浮子有限制水位的作用,它随水位上升而上升,当水上升到一定高度,猪嘴就碰不到浮子了,阀门复位后停止供水,避免水过多流出弹簧阀门式饮水器,水杯壳体一般为铸造件或由钢板冲压而成杯式。杯上销连有水杯盖。当猪饮水时,用嘴顶动压板,使弹簧阀打开,水便流入饮水杯内,当嘴离开压板,阀杆复位停止供水。水压阀杆式饮水器,靠水阀自重和水压作用控制出水的杯式猪饮水器,当猪饮水时用嘴顶压压板,使阀杆偏斜,水即沿阀杆与阀座之间隙流进饮水杯内,饮水完毕,阀板自然下垂,阀杆恢复正常状态。

杯式饮水器的优点是在畜禽需饮水的时候才流入杯内,耗水少;缺点是阀门不严密时易溢水。杯式饮水器适用范围较广,不同的杯式饮水器可用于鸡、猪和牛,小尺寸杯式饮水器主要用于笼养鸡,大尺寸杯式饮水器主要用于牛。

6. 鸭嘴式饮水器

鸭嘴式饮水器主要由阀体、阀芯、密封圈、回位弹簧、塞盖、滤网等组成(图4-6)。其中阀体、阀芯选用黄铜和不锈钢材料,弹簧、滤网为不锈钢材料,塞盖用工程塑料制造。整体结构简单,耐腐蚀,工作可靠,不漏水,寿命长。鸭嘴式饮水器主要用于猪,鸭嘴饮水器安装高度与猪体重关系见表4-3。当猪要饮水时,咬动阀杆,使阀杆偏斜,不能封闭孔口,水从孔口流出,经器体尖端流入猪的口腔,猪饮水完毕后停止咬阀门,密封垫又重新封闭出水孔口。鸭嘴式饮水器的优点与乳头式饮水器相同,缺点是在猪饮水时易漏水。鸭嘴式猪用自动饮水器,一般的有大小两种规格,小型的如9SZY-2.5(流量2~3L/min),大型的如9SZY-3(流量3~4L/min),乳猪和保育仔猪用小型的,中猪和大猪用大型的。安装这种饮水器的角度有水平的和45°的两种,离地高度随猪体重变化而不同,饮水器要安装在远离猪休息区的排粪区内。定期检查饮水器的工作状态,清除泥垢,调节和紧固螺钉,发现故障及时更换零件。

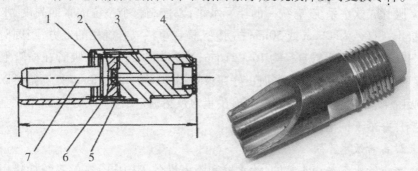

图4-6 鸭嘴式饮水器
1.卡簧 2.弹簧 3.饮水器 4.滤网 5.鸭嘴器 6.胶垫 7.阀杆

表4-3　鸭嘴饮水器安装高度与猪体重关系

体重范围(kg)	饮水器安装高度(cm)	
	水平安装	45°倾斜安装
断奶离乳前	10	15
5~15	15~35	30~45
5~20	25~40	30~50
7~15	30~35	35~45
7~20	30~40	30~50
7~25	30~45	35~55
15~30	35~45	45~55
15~30	35~55	45~65
20~50	40~55	50~65
25~50	45~55	55~65
25~100	45~65	55~75
50~100	55~65	65~75

7. 吸管式饮水器

吸管式饮水器主要用于猪,在澳大利亚用于所有的猪,在英国主要用于单栏饲养的妊娠母猪和哺乳母猪。

吸管式饮水系统,有统一的浮子水箱,以控制整个系统的水面高度,水箱中接出一直径为42mm或50mm的水管,横在单栏或分娩栏的上方,距饲槽底高300~600mm,吸管直径为16~21mm,长为100~150mm,吸管在横管上呈30°~40°。浮子室控制的水面正好在吸管端部以下12~18mm处。猪可以利用吸吮来饮水,饮水时漏水很少,有少量水从猪嘴角漏下时沿吸管滑下直至圆形挡片并落于饲槽内。

8. 畜禽饮水系统

畜禽饮水系统由水管网、饮水器和附属设备等构成。有的系统如猪用和牛用饮水系统,附属设备只包括一些闸阀等,有的系统如鸡用杯式和乳头式饮水器,必须包括闸阀、过滤器、减压阀等。过滤器可过滤水中杂质,以保证饮水器中的阀门能闭合严密。减压阀用来调节水压,以保证饮水器有合适的工作水压。图4-7为乳头式饮水系统结构图。

供水设备包括水的提取、储存、调节、输送分配等部分，即水井提取、水塔储存和输送管道等。供水可分为自流式供水和压力供水。现代化猪场的供水一般都是压力供水，其供水系统主要包括供水管路、过滤器、减压阀、自动饮水器等。

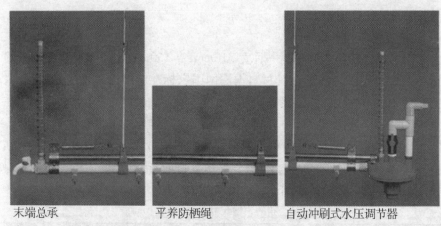

末端总承　　　　　　　　平养防栖绳　　　　　　自动冲刷式水压调节器

图 4-7　乳头式饮水系统结构图

三、饲喂设备的选用

1. 饲喂器与饲料浪费

（1）饲喂器与采食浪费　饲喂器尺寸的长短，其实体现了两种不同的设计思想，长饲槽是基于"如果饲喂器每次仅能容纳一头猪采食则会造成猪群其他猪挨饿"的观点，传统的思想往往将饲槽设计得很长。这种长饲槽造成的结果是猪在采食时一哄而上，加剧了来食时的激烈追逐和争抢，同时此种设计使猪整个躯体都可进入饲喂器，结果造成了大量的饲料浪费。为减少这种浪费，在长饲槽的中间设置了分隔挡板，但仍未能从根本上解决群体采食时的激烈争斗问题。短饲槽设计从猪的群体等级位次理论出发，在设计饲喂器时有意识地将猪群的采食在时间上进行强制分组，对应的饲槽尺寸往往仅够一两头猪同时采食。以期通过饲槽尺寸的缩短，强制将猪群的采食按群体等级位次进行分组定位。Norman Walker（1989）曾比较了多格饲喂器（120cm 长）和单格饲喂器（20～30cm）的应用效果，两种饲喂器均饲喂干料，均是料水分离，结果发现多格饲喂器的料重比为 2.90，单格的料重比为 2.81，单格饲喂器的饲料利用率比多格饲喂器提高了 3.10%。

（2）饲喂器与采食量　影响猪采食量的环境因素很多，如热应激、冷应激、群体大小、精神感应、生理节奏、光周期、饲养制度、饲槽类型等。尽管已知

167

饲槽设计可影响猪的采食量,合理的饲槽设计能减少猪个体间采食量的悬殊差异,但有关这方面的资料惊人得少。当然,饲槽设计的某些方面如高度、形状、孔大小及与社群因素的互作等都对饲料采食有影响。研究表明,使用不同种料槽,饲料采食量变化范围约15%。与干料槽相比,使用简单的湿(干)料槽时,猪的采食量增加5%。

2. 猪场常用饲喂设备

(1)饲槽 较早的饲槽是一种宽310mm,高150mm,长600~2 000mm的饲槽(UFU55-102-1970),其材料据法国国家标准应用镀锌钢板。在我国,出于设备成本的考虑,许多猪场用相对廉价的混凝土浇筑了类似的饲槽(在尺寸上存在不同程度的差异)。饲喂时,一般由饲养员手工直接向饲槽加料。尽管设备资金投入低,但这类饲槽普遍存在饲料浪费大、饲喂效果差和人工强度大等缺点。猪的饲槽尺寸参考见表4-4。目前,猪场常见饲槽有间息添料饲槽、方形自动落料饲槽和圆形自动落料饲槽3种。

表4-4 猪的饲槽尺寸参考(单位:mm)

猪的种类	槽宽	槽长	槽高
公猪(独用)	350~450	500	200
空怀及妊娠前期母猪	350~400	350~400	180
妊娠及哺乳母猪	350~400	400~500	180
仔猪	200	200	100
育成猪	300~350	300~350	180
育肥猪	350~400	300~400	220

1)间息添料饲槽 条件较差的一般猪场采用。分为固定饲槽和移动饲槽。一般为水泥浇注固定饲槽。饲槽一般为长形,每头猪所占饲槽的长度应根据猪的种类、年龄而定。较为规范的养猪场都不采用移动饲槽。集约化、工厂化猪场,限位饲养的妊娠母猪或泌乳母猪,其固定饲槽为金属制品,固定在限位栏上,见限位产床、限位栏部分(图4-8)。

2)方形自动落料饲槽 一般条件的猪场不用这种饲槽,它常见于集约化、工厂化的猪场。方形落料饲槽有单开式(图4-9)和双开式(图4-10)两种。单开式的一面固定在与走廊的隔栏或隔墙上;双开式则安放在两栏的隔栏或隔墙上,自动落料饲槽一般为镀锌铁皮制成,并以钢筋加固,否则极易损坏。方形自动落料饲槽主要结构参数见表4-5。

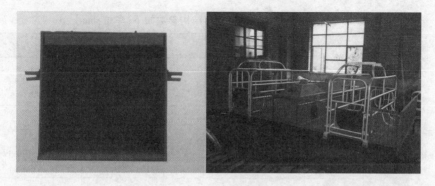

图4-8　金属饲槽

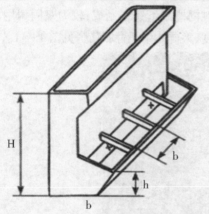

图4-9　单开式方形自动落料饲槽

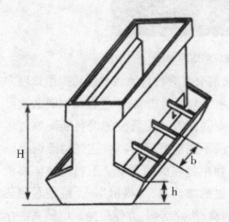

图4-10　双开式方形自动落料饲槽

表4-5　方形自动落料饲槽主要结构参数如下(单位:mm)

类别		高度(H)	前缘高度(Y)	最大宽度(a)	采食间隔(b)
双面	保育猪	700	120	520	150
	生长猪	800	150	650	200
	育肥猪	800	180	690	250
单面	保育猪	700	120	270	150
	生长猪	800	150	330	200
	育肥猪	800	180	350	250

3)圆形自动落料饲槽　圆形自动落料饲槽用不锈钢制成,较为坚固耐用,底盘也可用铸铁或水泥浇注,适用于高密度、大群体生长育肥猪舍见图4-11。

图4-11　圆形自动落料饲槽

(2)干料自动饲喂系统　干料自动饲喂系统具有灵活、可靠、操作管理方便、运行费用低等特点。根据专家设置系统饲喂的曲线,干料自动饲喂系统可以自动按生长无数调节饲料方,并可将不同配方和配料量的饲料准确地送往不同的猪栏,从而使猪场可以施行多阶段不同配方、配料量,达到精准饲喂以改善饲料转化率,并可以有效减少排泄物中氮和磷的含量。干料自动饲喂系统还具有其他一些优点,如在系统里设置的加药器,可将抗生素、维生素和某些粉状或颗粒状的饲料剂精确地加进饲料,治疗疾病,方便快捷。电脑系统存储的大量饲喂数据,可以随时打印出来,便于做统计分析,制订更佳的饲喂方案。

但是,适用于万头猪场的干料自动饲喂系统,即便是配套部分国产化设备,仅设备费用也需60多万元,这对经济实力较弱,猪粮比偏低的我国工厂化猪来说,也是难以普及的。

(3)干湿饲喂器 自动饲喂系统和电子饲喂系统投资大,需要有较高的技术水平和管理水平。现阶段在我国推广应用还有许多制约因素,而猪干湿饲喂器是一种最近研制的,投资少、效果好,适合于我国工厂化猪场应用的一种饲喂设备。猪干湿饲喂器主要用于保育猪和生长育肥猪的饲喂,该设备是一种把猪采食和饮水在空间位点上设计在一起的、形状和结构设计充分考虑猪采食行为特点、适于养猪生产机械化且自动化要求的饲喂设备。猪干湿饲喂器有以下特点:

1)集成料与水 该设备把猪的采食和饮水在空间位点上集成在一起,猪无须在采食过程中为饮水而做位移。而传统饲喂设备依自动饮水器常被设计安装在运动场内或猪栏的另一边,在采食过程中,猪需要饮水时,就不得不做饲喂器到饮水器之间的往返位移,从而增加了饲料浪费的可能,也多消耗了能量。

2)充分考虑采食行为 猪采食时常有拱食、前蹄跨入及争斗行为,而这些行为是引起采食时饲料大量浪费的主要原因。猪干湿饲喂器在饲槽形状、结构设计时充分考虑到了猪采食的不良行为。能使猪改变不良的来食行为,而达到减少饲料浪费的目的。

3)有利于合理群体分级,减少采食争斗 任何一个猪的群体,都存在着群体的位次 关系,不同猪个体在群体中的位次顺序造成了采食时的争斗、抢食。猪干湿饲喂器在形状和结构方面的特定设计,使猪在采食时能以较小规模分组,使猪群的采食在时间上得以排序,从而减少了采食时的争斗,也减少了饲喂时饥饱不均。

(4)液态饲喂系统 近年来,国外的大量研究和生产实践表明,采汁液态饲料饲喂生长育肥猪,其适口性好,消化吸收率高,无粉尘,减少了猪的呼吸道疾病,还可充分利用各种饲料资源(如食品厂的下脚料、酒厂的酒糟等),降低成本;猪的生长速度快,饲料转化率提高5% ~12%。

湿喂或饲喂粥状食物是增加采食量的有效方式。湿喂提高采食最可能是由于刚断奶仔猪尚未适应饲喂和饮水,而湿喂与哺乳方式相似,湿喂的另一益处是可以避免于饲料对肠壁的损害。液态自动饲喂系统结构较复杂,要求有较高的管理水平,而且设备费用高,适用于万头猪场的液态自动饲喂系统,其设备费用超过100万元。且用工大而难于很好利用,由于我国经济水平较低,劳动力便宜,所以到目前为止,饲料自动饲喂系统在我国工厂化猪场的应用还屈指可数。

(5)电子饲喂系统 电子饲喂系统采用计算机作为控制系统,在饲槽上方20~30mm处设计了感应器,感应器感应饲槽是否已空。如果已空,则马上出料,否则不出料,以强迫猪吃光饲槽中的饲料。另外,计算机和根据猪采食的时间节律,把每天的供给量按少量多次的方式饲喂(如每天12~14餐),这样就较好地符合了猪采食的时间节律。据估计,这种符合猪采食节律的饲喂方式每天至少多获得50g的增重。计算机还可通过一段时间的每栏的饲喂数据的积累及相应模型的建立,可以对猪群的健康加以示警,并改变相应的饲喂量。随着微电子技术及计算机技术的不断发展,可以预见,在不远的将来,将出现能实现个别饲喂及工程化饲喂的智能化程度更高的饲喂系统。

四、畜禽舍的排水与清粪

(一)畜禽舍排水、除粪系统的组成

合理设置畜舍的排水系统,及时地清除这些污物与污水,是防止舍内潮湿、保证良好的空气卫生状况和储积有效粪肥的重要措施。主要畜禽粪尿的产量及营养成分见表4-6。

畜舍的排水除粪设施因家畜种类、畜舍结构、饲养管理方式的不同而有差别,但排水系统主要由畜床、排尿沟、降口、地下排水管及粪水池组成。

表4-6 主要畜禽粪尿的产量及营养成分

种类	粪[kg/(只·d)]	尿[kg/(只·d)]	N(%)	P₂O₅(%)	K₂O(%)
育肥猪(大)	2.7	5.0	0.45	0.19	0.6
育肥猪(中)	2.3	3.5	0.45	0.19	0.6
育肥猪(小)	1.3	2.0	0.45	0.19	0.6
繁殖母猪	2.4	5.5	0.45	0.19	0.6
公猪	2.5	5.5	0.45	0.19	0.6
蛋鸡	0.15	-	1.63	1.54	0.85
肉用仔鸡	0.13	-	1.63	1.54	0.85
泌乳牛	40.0	20.0	0.34	0.16	0.4
成年牛	27.5	13.5	0.34	0.16	0.4
育成牛	15.0	7.5	0.34	0.16	0.4
犊牛	5.0	3.5	0.34	0.16	0.4
绵羊	1.13	1.0	0.65	0.49	0.24

1. 畜床

为了使粪尿流通无阻,无论哪一种畜床都必须有坡度。畜床趋向排尿沟的一侧,应保持2%～3%的相对坡度。这样的坡度,可使粪尿的液体部分很快地流入排尿沟内,固体部分则可人工清理。坡度必须适宜,坡度太小,不利于粪尿的流动;如果坡度太大,家畜的腹腔受的压力也大,特别对妊娠后期的家畜,容易引起流产。但因母猪在畜床上躺卧,并无固定方向,坡度大点并无妨碍,猪舍畜床坡度,可为3%～4%。所有畜床,必须坚固、不透水。

为了不断提高劳动生产率、节省人力,一些发达国家采用了漏缝地板作为畜床。在地板上留有很多缝隙,不铺垫草,家畜排泄的粪尿落在缝隙地板上,大部分从地板缝漏下,或被家畜踩入地沟,少量残粪用水冲洗干净。落入地板下的粪尿,可直接通过管道送出舍外储存或用车送到农田。漏缝地板清粪工效高,速度快,节省劳动力。

用于制作漏缝地板的建筑材料有水泥、木板、金属、玻璃钢、塑料、陶瓷,等。混凝土构件较为经济耐用、便于清洗消毒。塑料漏缝地板比金属制作的漏缝地板抗腐蚀,且易清洗。而木制漏缝地板不卫生而且易破损,使用年限较短。金属漏缝地板(图4－12)易遭腐蚀、生锈。水泥制的漏缝地板经久耐用,便于清洗消毒,比较合适,目前被广泛采用。

图4－12　铸铁漏缝地板

混凝土漏缝地板常用于成年的猪舍和牛舍,一般由若干栅条组成一整体,每根栅条为倒置的梯形断面,内部的上下各有一根加强钢筋。栅条尺寸:

图 4 - 13　混凝土漏缝地板

顶宽 100 ~ 125mm，高 100 ~ 150mm，底宽比顶宽小 25mm（图 4 - 13）。

　　塑料漏缝地板（图 4 - 14）常用于产仔母猪舍和仔猪舍，它体轻价廉，但易引起家畜的滑跌。漏缝地板可用各种材料制成。在美国，木制漏缝地板占 50%，水泥制的地板占 32%，用金属制的地板占 18%。

图 4 - 14　塑料漏缝地板

　　漏缝地板的缝隙，因家畜种类不同而变化；即使同一种家畜，因体重不同，缝隙也不一样。总的要求是粪便易于踩下，主要畜禽所需漏缝地板规格见表 4 - 7。

表4-7 几种畜禽的漏缝地板尺寸(单位:mm)

家畜种类		缝隙宽	板条宽	备注
牛	10d 至 4 月龄	25~30	50	条横断面为上宽下窄梯形,而缝隙是下宽上窄梯形;表中缝隙及板条宽度均指上宽,畜舍地面可分全漏缝或部分漏缝地板
	4~8 月龄	35~40	80~100	
	9 月龄以上	40~45	100~150	
猪	哺乳仔猪	10	40	
	育成猪	12	40~70	
	中猪	20	70~100	
	育肥猪	25	70~100	
	种猪	25	70~100	
羊		18~20	30~50	板条厚25mm,距地面高0.6m。板条占舍内地面的2/3,另1/3铺垫草
种鸡		25	40	

　　畜栏可以全部安装漏缝地板,也可在排粪的局部安装漏缝地板。美国曾经用全水泥地面、局部漏缝地板、全部漏缝地板三种不同的地面养猪。全水泥地面每天清除粪便和垫草为24min,局部漏缝地板为5min,全漏缝地板为3min。可见,漏缝地板不但可以大大提高劳动生产效率,而且又可快速地将舍内粪尿清理出去。目前仍认为漏缝地板是一种较好的排水、清粪尿的措施。牛、猪均可用漏缝地板,高床网上养鸡,粪便通过网眼落在地坑里,然后用刮粪板除掉,这也是漏缝地板的另一种形式。

　　2. 排尿沟

　　排尿沟是用于排出从畜床流出来的粪尿和污水。尿沟设在畜床地面的一侧。对头式畜舍尿沟位于除粪道,对尾式畜舍尿沟位于中央通道的两侧。猪舍的尿沟多设于中央。漏缝地板设有尿沟或在地板下面有粪坑。

　　排尿沟一般用水泥砌成,内面光滑不透水。尿沟底部要平整,应向降口方向保持1%~1.5%的相对坡度。尿沟不宜太深,尿沟太深,易使家畜发生外伤和蹄病。牛舍尿沟深度不超过20cm,马舍为12cm,猪舍为10cm。尿沟的宽度:牛舍为30~40cm,猪舍为13~15cm,马舍为20cm。排尿沟的形状为方形或半圆形。前者适用于乳牛舍,后者适用于马舍。犊牛舍与猪舍则两种形状的尿沟均适用。在尿沟一定的间隔要安设排尿井,或叫地漏、降口。在降口

175

上面要覆盖铁箅子,防止降口被堵塞。尿沟的形式很多(图4-15),根据家畜种类的不同,可以适当选择。

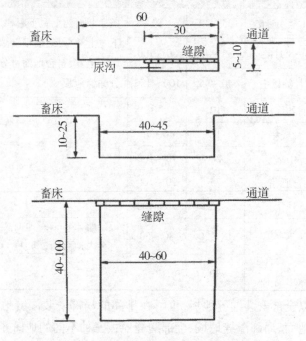

图4-15　各种不同形式的尿沟示意图(单位:cm)

3. 降口及水封

降口又被称为水漏,是排尿沟与地下排水管的衔接部分(图4-16)。降口设在尿沟的最深处,通常位于畜舍的中段。降口是个方形的地下坑,其尺寸一般为20 cm×20 cm,30 cm×30 cm,深度没有明确规定。降口的作用是使从畜床流入降口的粪尿临时沉淀,以防止固体堵塞地下排水管,粪污中的液体部分再通过水封和地下排水管流走。

水封设在降口内,是用水的自然压力,防止地下排水管内发酵的有害气体逆流到舍内而设置的封闭装置。

4. 地下排水管

地下排水管(图4-17)与排尿沟呈垂直方向,用于将降口流入的尿液及污水导入畜舍外的粪水池中。为了便于尿液流动,通向粪水池的地下排水管应有3%～5%的坡度。如果只接受尿水,排水管可以细些。如粪尿同时通过排水管道,排出管必须加粗。有时也可加压力泵,使粪尿加速流动。对寒冷地区的地下排水管必须采取防冻措施,以免管中污水结冰。

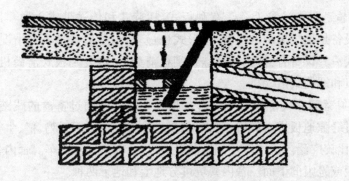

图 4-16 降口

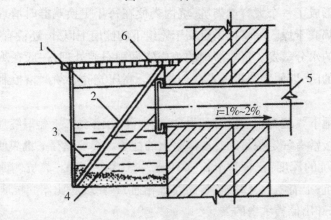

图 4-17 畜禽舍排水系统的沉淀池和排水管

1.通长地沟 2.铁板水封 3.沉淀池 4.可更换的铁网 5.排水管 6.通长铁箅子或沟盖板

5.粪水池

粪水池是指蓄积畜舍粪尿(液)的场所。粪水池应设在远离畜舍的粪污处理区。粪水池应远离饮水井 500m 以上。粪水池要求不渗、不漏,以免污染地下水源。粪水池容积一般应按储积 20～30d 粪水的能力设计。

(二)畜禽舍粪污清除的工艺

1.机械清除

当粪便与垫料混合或粪尿分离时,粪便若呈半固体状态,就可用机械的方法清除畜舍粪便。清粪机械包括人力小推车、电动或机动铲车、地上轨道车、单轨吊罐、牵引刮板和往复刮粪板装置。

(1)人工清粪 人工清扫粪便,用手推车将粪便运输到储粪场。这种方法不需很大投资,但效率低,劳动强度大。

（2）输送器式清粪设备　有刮板式、螺旋式和传送带式3种。其中刮板式清粪设备是最早出现的一种，且形式也最多，以适应各种不同情况，常见的输送器式清粪设备有：拖拉机悬挂式刮板清粪机、往复刮板式清粪机、输送带式清粪机和螺旋式清粪机。

（3）自落积存式清粪设备　自落积存式除粪是通过畜禽的践踏，使畜禽粪便通过缝隙地板进入粪坑。自落积存式除粪设备可用于鸡、猪、牛等各种畜禽，应用比较广泛。所用设备包括漏缝地板，舍内粪坑和铲车。舍内粪坑位于漏缝地板或笼组的下面。舍内粪坑可分地上和地下两种。

舍内地上粪坑用于鸡的高床笼养，鸡笼组距地面1.7~2.0m，在鸡笼组与地面之间形成了一个大容量粪坑，坑内粪便在每年更换鸡群时清理一次。依靠通风使鸡粪干燥。除将排风机安于笼组下的侧墙上以外，还设有循环风机，促使鸡粪的水分蒸发。每年清理的鸡粪常做固态粪处理，一般在鸡舍两端有通往粪坑的门，以便装载机进入清理粪便。高床笼养必须严格控制饮水器的漏水。

舍内地下粪坑常用于猪舍和牛舍，坑由混凝土砌成，上盖漏缝地板。为支撑漏缝地板常有一定数量的砖或混凝土的柱子。粪坑储存一批粪便的时间为4~6月。坑的深度：猪舍为1.5~2.0m，牛舍为2~3m。粪坑侧面的若干点设有卸粪坑，上有盖板，卸粪坑与储粪坑相通，卸粪坑底比储粪坑底深450mm左右，用来卸出储粪坑内的粪。

（4）自动刮板干清粪

1）系统组成　机械刮板清粪系统主要由动力、控制和机械三部分组成（图4-18），即：动力部分是指驱动单元；控制部分包含一个操作面板和一个调频器；机械部分包含所有镀锌钢铁制品，如刮粪板、转角轮、倾倒盖和传动链

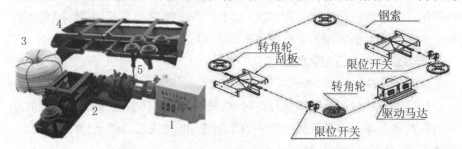

图4-18　自动刮板干清粪组成与结构示意图

1.控制箱　2.动力单元　3.牵引钢索或牵引绳　4.刮粪板　5.转角轮

条(或钢索、尼龙绳等)。一个驱动单元通过传动链条带动刮粪板形成一个闭合环路。环路四周有转角轮定位、变向,能实现单向或双向清粪。

2)自动刮板干清粪系统设计要点(以猪舍为例)

a. 做好猪舍设计,预留好粪沟位置。机械刮板干清粪猪舍,其设计方案与水冲、水泡粪猪舍类似,猪舍圈栏内均采用漏粪地板排粪系统,所不同的是水冲、水泡粪猪舍舍内漏粪地板下的粪沟不需要刮板,而机械刮板清粪系统下的粪沟需要安装刮粪板。机械刮板清粪猪舍的粪沟宽度,根据养殖规模与猪舍规格一般可设计为 0.8~2.8m,粪沟深度一般为 0.5~0.6m。

b. 合理设计粪沟。机械刮板干清粪猪舍的粪沟宜设计成"V"字形,即粪沟的两边稍高,中间稍低,一般由粪沟两边坡向中间的坡度为 10%(图 4 - 19)。粪沟数量可根据场地尺寸进行确定,一般一套动力系统可以驱动 2 个或 4 个刮板,当驱动 4 个刮板时,粪沟长度不应超过 30m。猪舍粪沟纵向上的坡度为 1%。猪舍粪沟要求使用 10cm 的垫层做成水泥面,水泥面必须平整光滑,并保证粪道各方向坡度准确。

图 4 - 19 建设中的猪舍机械刮板干清粪粪沟

c. 预埋好排尿管道。猪舍排尿管道设置在每一道粪沟的正中间(图 4 - 19 左图),应选用强度高、不吸水、不渗水、不变性、不变形、性能稳定的硬质 PVC、铸铁等材料制成(图 4 - 20),其直径(内径)一般为 100mm,采用管托并结合水泥进行固定。排尿管道的主要作用是收集猪只尿液与舍内污水,并排出舍外。需要注意的是采用机械刮板干清粪的猪舍在设计时,固体粪便刮出的方向与猪只尿液等液体污物流出的方向是相反的,以利于固液彻底分离,方便后续处理。

d. 转角轮与动力主机安装位置。转角轮要安装在粪道两头中间位置(图 4 - 21,4 - 22),比排尿管道底面高出 20cm,动力主机应安装在两条粪道中间位置(图 4 - 22),比排尿管道底面高出 20cm。

图 4-20　硬质 PVC 猪舍机械刮板干清粪排尿管道

图 4-21　转角轮

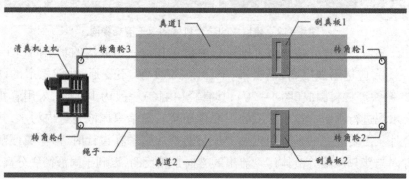

图 4-22　猪舍机械刮板干清粪系统安装示意图

3）机械刮板干清粪系统优点　①猪舍采用机械刮板干清粪系统可使猪舍清粪实现了限时的固液分离，减少猪舍排出污水的 COD 浓度，降低了粪污后期处理的难度与成本。②猪舍采用机械刮板干清粪系统可使猪舍实现排泄物即时清理,减少猪舍氨气和细菌滋生,改善猪舍环境卫生情况。③猪舍采用机械刮板干清粪系统可实现无人化管理,减少人工,降低劳动力成本。

采用机械清粪时,为使粪尿与生产的污水分离,通常在畜舍内设置污水排出系统,液态物经排水系统流入粪水池,固形物经机械运输至农田或堆粪场。机械清粪方法的优点是产生的污物数量少,体积小,便于运输。

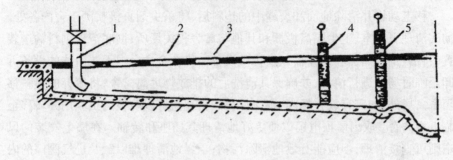

图4-23　自流式水冲清粪示意图
1.冲洗水管　2.粪沟　3.缝隙地板　4.挡板闸门　5.防风闸门

2.自流式清粪

自流式清粪是在漏缝地板下设沟,沟内粪尿定期或连续地流入室外储粪池。自流式清粪设备常用于猪舍和牛舍(图4-23)。

采用自流式清粪设备时,家畜在新进入畜舍以前,纵向沟内应加入0.15m的水,以形成润滑层,同时舍内不能使用垫草。

3.水冲清粪

对于液态或半固态粪便,利用水冲,使粪便离开畜舍的方式称为水冲清粪。水冲清粪多不使用垫草,畜床采用漏缝地板。

水冲清粪是以较大的水流同时流过一带坡度的浅沟或通道,将家畜粪便冲入储粪坑或其他设施的过程。冲粪用的水也可以为经过生物处理后的回收使用。水冲式清粪设备主要用于各种猪舍和牛舍,鸡舍较少使用。

水冲式清粪的优点是设备较简单,省人、省时、工作效率高;故障少,工作可靠,缺点是由于采用漏缝地板水冲清粪方式,舍内潮湿,不利于病原菌的清除;同时耗水,污水和稀粪量大,处理工艺复杂,设备投资大;粪水的处理和利用困难,容易导致环境污染。

第二节　生产用具卫生管理

一、生产用具清理程序

应用合理的清理程序能有效地清洁畜禽舍及相关环境。好的清洁工作应能清除场内 80% 的微生物,这将有助于消毒剂能更好地杀灭余下的病原菌。

移走动物并清除地面和裂缝中的垫料后,将杀虫剂直接喷洒于舍内各处。彻底清理更衣室、卫生隔离栏栅和其他与禽舍相关场所;彻底清理饲料输送装置、料槽、饲料储器和运输器以及称重设备。将在畜禽舍内无法清洁的设备拆卸至临时场地进行清洗,并确保其清洗后的排放物远离禽舍;将废弃的垫料移至畜禽场外,如需存放在场内,则应尽快严密地盖好以防被昆虫利用并转移至临近畜禽舍。取出屋顶电扇以便更好地清理其插座和转轴。在墙上安装的风扇则可直接清理,但应能有效地清除污物;干燥地清理难以触及进气阀门的内外表面及其转轴,特别是积有更多灰尘的外层。对不能用水来清洁的设备,应干拭后加盖塑料防护层。清除在清理过程并干燥后的畜禽舍中所残留粪便和其他有机物。将饮水系统排空、冲洗后,灌满清洁剂并浸泡适当的时间后再清洗。

就水泥地板而言,用清洁剂溶液浸泡 3h 以上,再用高压水枪冲洗。应特别注意冲洗不同材料的连接点和墙与屋顶的接缝,使消毒液能有效地深入其内部。饲喂系统和饮水系统也同样用泡沫清洁剂浸泡 30min 后再冲洗。在应用高压水枪时,出水量应足以迅速冲掉这些泡沫及污物,但注意不要把污物溅到清洁过的表面上。泡沫清洁剂能更好地私附在天花板、风扇转轴和墙壁的表面,浸泡约 30min 后,用水冲下。由上往下,用可四周转动的喷头冲洗屋顶和转轴,用平直的喷头冲洗墙壁。

清理供热装置的内部,以免当畜禽舍再次升温时,蒸干的污物碎片被吹入干净的房舍;注意水管、电线和灯管的清理。以同样的方式清洁和消毒禽舍的每个房间,包括死禽储藏室;清除地板上残留的水渍。

检查所有清洁过的房屋和设备,看是否有污物残留。清洗和消毒错漏过的设备。重新安装好畜禽舍内设备包括通风设备。关闭房舍,给需要处理的物体(如进气口)表面加盖好可移动的防护层。清洗工作服和靴子。

二、饮水系统的清洁与消毒

对于封闭的乳头饮水系统而言,可通过松开部分的连接点来确认其内部的污物。污物可粗略地分为有机物(如细菌、藻类或霉菌)和无机物(如盐类或钙化物)。可用碱性化合物或过氧化氢去除前者或用酸性化合物去除后者,但这些化合物都具有腐蚀性。确认主管道及其分支管道均被冲洗干净。

(1)封闭的乳头或杯形饮水系统　先高压冲洗,再将清洁液灌满整个系统,并通过闻每个连接点的化学药液气味或测定其 pH 来确认是否被充满。浸泡 24h 以上,充分发挥化学药液的作用后,排空系统,并用净水彻底冲洗。

(2)开放的圆形和杯形饮水系统　用清洁液浸泡 2~6h,将钙化物溶解后再冲洗干净,如果钙质过多,则必须刷洗。将带乳头的管道灌满消毒药,浸泡一定时间后冲洗干净并检查是否残留有消毒药;而开放的部分则可在浸泡消毒液后冲洗干净。

三、生产用具的使用卫生

畜禽舍内的生产用具主要包括畜禽舍的除粪(包括铁锹、清粪车、刮粪机等)、饲喂(包括料车、料槽、投料设备)、饮水(包括水槽、饮水系统等)等。对于这些生产用具的卫生管理要做到以下几点:

要求专舍专用,不能串用、乱用,爱惜使用,经常维护和维修。生产用器具使用完毕后要及时清洗保洁,消毒后统一储存。

每天饲喂结束后,对料槽和水槽内的剩余饲料和脏污做一次彻底的清理,以防残留在槽内发霉腐败,被畜禽采食而引起疾病。

保证每天要清洗料槽和水槽等饲养用具一次以上,高温季节还要用0.5%高锰酸钾溶液进行清洗。每周要进行一次彻底的清洗和消毒。

饲料加工搅拌机械和自动投料设备要定期清理残留的饲料残渣,防止发霉,同时要加强这些设备的保养与维修。

定期清洁刮粪机和运送粪便的小推车,并且要经常消毒。

第三节　畜禽体卫生管理

经常保持畜禽体卫生清洁是非常重要的。畜禽体卫生管理工作主要包括:刷拭、修蹄、铺垫褥草及驱虫和药浴等。

一、刷拭

饲养人员要经常观察畜禽群,发现畜禽体脏污时应及时清理,保持畜禽体清洁,但畜禽体刷拭不能在舍内进行。刷拭的顺序是由前到后,自上而下,一刷紧接着一刷,不要疏漏。刷拭的顺序是先逆毛刷,后顺毛刷,不允许用铁刷直接刮畜禽体(图4-24)。家畜的尻部、乳房容易受到粪便的污染,每天应用温水及毛刷进行梳理清洁。一般畜禽要定期刷拭,但奶牛应坚持每天刷拭。奶牛的刷拭方法为:饲养员先站左侧用毛刷由颈部开始,从前向后,从上到下依次刷拭,中后躯刷完后再刷头部、四肢和尾部,然后再刷右侧,每次3~5min。刷拭宜在挤奶前30min进行,否则由于尘土飞扬污染牛奶。刷下的牛毛应收集起来,以免牛舔食,而影响牛的消化。

图4-24 刷拭牛体

二、修蹄

饲养奶牛要做好修蹄的工作。在舍饲条件下奶牛活动量小,蹄子长得快,易于引起肢蹄病或肢蹄患病引起关节炎,而且奶牛长肢蹄会划破乳房,造成乳房损伤及其他感染疾病(特别是围产前后期)。因此,经常保持蹄壁周围及蹄叉清洁无污物。修蹄一般在每年春、秋两季定期进行。平时应该做到经常刷洗蹄子,保持清洁卫生(图4-25)。

三、铺垫褥草

为了保温和舒适,一般会在畜床上铺垫褥草。畜床上应铺碎而柔软的褥草如麦秸、稻草等,并每天进行铺换(图4-26)。为保持畜禽体卫生还应清洗乳房和畜禽体上的粪便污垢,夏天每天应进行一次水浴或淋浴。

四、驱虫和药浴

每年春、秋季各进行一次畜禽体表驱虫,对肝片吸虫病多发的地区,每年可进行3次驱虫,绵羊等家畜应进行药浴(图4-27)。

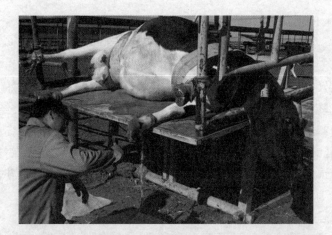

图 4 - 25　修蹄

图 4 - 26　畜禽舍铺垫褥草

图 4 - 27　药浴

第四节　人员卫生管理

除去做好畜禽舍内结构设施、生产用具、畜禽体的卫生管理外,饲养人员的卫生管理也不容忽视。由于饲养人员要每天多次出入畜禽舍,经常接触畜禽设施、生产用具和畜禽体,一旦饲养人员的卫生不好,极有可能造成疾病的传染和疫病的传播。对于饲养人员的卫生管理主要包括以下几点:

第一,饲养员的工作服、工作帽等应经常清洗、消毒,生产操作时必须穿戴好工作服、工作帽。

第二,患病人员不得从事饲草饲料收购、加工、饲喂等工作。

第三,畜禽对突然的噪声较为敏感,严重时会发生惊群、早产、流产等症状,因而,饲养人员工作时应尽量保持安静,不要用力摔打生产用具,不要大声喧哗。

某养殖场清洁卫生管理制度

第1章　总则

第1条　本公司为维护员工健康及工作场所环境卫生,塑造公司形象,特制定本制度。

第2条　凡本公司清洁工事宜,除另有规定外,皆依本制度实行。

第3条　凡本公司清洁工事宜,全体人员须一律遵行。

第4条　凡新进入员工,必须了解清洁卫生的重要性与必要的清洁卫生知识。

第2章　清洁卫生要求

第5条　总体要求。

(1)各工作场所内,均须保持整洁,不得堆放垃圾或碎屑。

(2)各工作场所内的走道及阶梯,至少每天清扫一次,并采用适当方法减少灰尘的飞扬。

(3)各工作场所内,严禁随地吐痰。

(4)饮用水必须清洁。

(5)洗手间(更衣室)及其他卫生设施,必须保持清洁。

(6)排水沟应经常清除污秽,保持清洁畅通。

(7)凡可能寄生传染菌的原料,应于使用前适当消毒。

（8）凡可能产生有碍卫生的气体、灰尘、粉末，应做如下处理：①采用适当方法减少有害物质的产生。②使用密闭器具以防止有害物质的散发。③在产生此项有害物的最近处，按其性质分别做凝结、沉淀、吸引或排除等处理。

（9）各工作场所的窗户及照明器具的透光部分，均须保持清洁。

（10）食堂及厨房的一切用具，均须保持清洁卫生。

（11）垃圾、废弃物、污物的清除，应符合卫生要求，放置于指定的范围内。

第6条　保洁人员工作要求。

（1）安排保洁时间先于工作时间，保洁工作在上班前完成，不能影响公司员工正常工作。

（2）保洁员出入公司各个场所，严禁发生偷窃行为。

（3）按照保洁时间表做好日常保洁工作。

（4）保洁员请假要事先申请并获准后才予以离开，否则不洁责任由其承担。

（5）保洁员与员工礼貌相待，互相尊重。

第7条　员工清洁卫生要求

（1）公司员工尊重保洁员的辛勤劳动，不得有侮辱之行为、言论。

（2）公司员工须圆满完成包干区域的清洁卫生。

（3）不乱倒饭、菜、茶渣，防止堵塞管道，污浊外流。

（4）不要在厕所乱扔手纸、杂物。

（5）不随地吐痰，不在办公室吸烟。

（6）员工自身整洁干净。

（7）积极完成卫生值日工作。

（8）积极参加突击性卫生清除工作。

第3章　办公环境清洁卫生管理

第8条　办公环境是公司员工进行日常工作的区域，办公区内办公桌、文件柜由使用人负责日常的卫生清理和管理工作，其他区域由物业保洁人员负责打扫，行政部负责检查监督办公区环境卫生。

第9条　办公区域内的办公家具及有关设备不得私自挪动，办公家具确因工作需要挪动时必须经行政部的同意，并做统筹安排。

第10条　办公区域内应保持安静,不得喧哗,不准在办公区域内吸烟和就餐;办公区域内不得摆放杂物。

第11条　非本公司人员进入办公区,须由前台秘书引见,并通知相关人员前来迎接。

第12条　行政部负责组织相关人员在每周五对办公区域的卫生和秩序进行检查,并于下周一例会上公布检查结果。其检查结果作为部门绩效考核的参考因素之一。

第4章　公共区域清洁卫生管理

第13条　公共区域的环境卫生是指清洁走道、电梯间、楼层服务台、工作间、消毒间、楼梯等。

第14条　走廊卫生工作包括走廊地毯、走廊地面和走廊两侧的防火器材、报警器等。

第15条　电梯间是客人等候电梯的场所,也是客人接触楼面的第一场所,必须保持清洁、明亮。

第16条　楼层服务台卫生是一个楼层各种工作好坏的外在表现,必须保持服务台面的整洁,整理好各种用具,并保持整个服务台周围的清洁整齐。

第17条　工作间是物品存放的地方,各种物品要分类摆放,保持整齐、安全。

第18条　防火楼梯要保持畅通且干净。

第19条　消毒间是楼层服务员刷洗各种玻璃和器皿的地方,这里的卫生工作包括地面卫生、箱橱卫生和池内外卫生以及热水器擦拭等。

第5章　更衣室清洁

第20条　清洁地面,包括扫地、拖地、擦抹墙脚、清洁卫生死角。

第21条　清洗浴室,包括擦洗地面的墙身(特别是砖缝位置),清洁门、墙和洗手池。

第22条　清洁员工洗手间。

第23条　清洗衣柜的柜顶、柜身。

第24条　清洁室内卫生,包括用抹布清洗窗台、消防栓、消防箱及器材,打扫天花板,清洁空调出风口,倾倒垃圾等工作。

第6章　卫生间清洁

第25条　卫生间清洗工作应自上而下进行。

第26条　水中要放入一定量的清洁剂。

第27条　随时清除垃圾杂物。

第28条　用除渍剂除地胶垫和下水道口,清洁缸圈上的污垢和渍垢。

第29条　保持镜面的清洁。

第30条　用清水洗净箱,并用专用的抹布擦干。烟缸上如有污渍,可用海绵块蘸少许除污剂清洁。

第31条　用中性清洗清洁厕水箱、座沿盖子及外侧底座等。

第32条　用座厕刷清洗座厕内部并用清水冲净,确保座面四周清洁无污物。

第7章　附则

第33条　本制度由行政部解释、补充,经公司总经理批准颁行。

第五章　畜禽行为与福利环境管理关键技术

　　伴着畜牧业的日益商品现代化，驯养畜禽的环境越来越偏离自然，无窗畜禽舍中的畜禽失去了自然光，缝隙地板问世后，垫草的使用大大减少，畜禽的生理机能与本能都面临人类追求高度生产要求的挑战，畜禽环境应激与畜禽康乐问题也逐渐显露出来。关于畜禽行为管理，李世安教授在《应用动物行为学》的序言中指出"要解决不断演变的人为环境与家畜行为之间的矛盾，最经济有效的办法不可能是育种，而是掌握行为规律的基础上'因势利导'，并根据各种动物的行为特点改进我们的饲养管理方法，或者创造出适合动物行为的设备条件去弥补或者延伸家畜的先天机能，同时充分利用动物的学习潜力，使其后天的行为表现符合人们的要求。"简而言之，应适应畜禽的心里欲求，考虑畜禽的需要，为现代畜牧业者提供优良的畜禽饲养管理技术。

第一节 动物福利

一、动物福利概况

1. 动物福利理念的产生

1822 年,英国人马丁提出了禁止虐待动物的议案且获得通过,首次以法律条文的形式规定了动物的利益,是动物福利保护史上的里程碑。在此之后,越来越多的国家相继制定与通过了禁止虐待动物的法案。到 20 世纪中后期,世界上大部分国家都先后制定了反虐待动物的法律,尤其是到 20 世纪后期,各国都制定了更加完善的动物保护法和动物福利法,使其内容更加完善,适用范围更加广泛。

动物福利萌生的 20 世纪 60 年代,全世界的集约化生产模式开始起步,就是说,动物福利是针对集约化生产中存在的各种问题而出现的,如疾病增多、身体损害加剧、死淘率增加、异常行为增多、畜禽产品的品质下降等。诸如这些问题在粗放式管理条件下未显突出,可是却频现于集约化生产方式中。对这一系列问题进行综合分析、判断,可以发现,原因既不是品种问题,也不是营养问题,更不是繁殖问题,而是集约化生产方式造成的。人们发现畜禽对生产环境与生产工艺的不适应是导致各种问题的根源,由于畜禽对环境的不适应会致使机体免疫力下降,畜禽对病原菌非常敏感,进而诱发各种疾病多发、流行,不易控制。因为适应性的问题不单单表现在某一方面,如营养、遗传、抵抗力等,而是多元的、多动症的,不是现代动物科学领域中哪一学科可以解决的。所以,科学家们对现行的动物生产提出了动物福利一概念,目的在于通过改善饲养环境与改进生产工艺,是动物生产更加趋于合理,减少不利因素的发生,从而提高整体生产力水平。

2. 动物福利的概念

福利一词在《现代汉语词典》中的解释是:①生活上的利益。特指对职工生活(食、宿、医疗等)的照顾。②使生活上得到利益。1976 年美国人休斯(Hughes)指出动物福利的最初含义是专指农场中的动物,它要求农场中的动物在生理以及精神上保持完全健康的状态。其中,生理方面主要指的是饮食可不可以满足动物的需求。精神方面指的是动物的生活环境是否适宜,并且避免动物受到各种内在的或外在的刺激等。Broom(1986)认为个体动物的福利就是动物与其所处的环境适应后所达到的状态。当前国际上比较通用的一个定义是 1968 年由英国的农场动物福利委员会（FAWC）提出的"5F"定义：享有不受饥渴的自由（Freedom from hunger and thirsty），享有生活舒适的自由（Freedom from thermal and physical discomfort），享有不受痛苦伤害和疾病威胁的自由（Freedom from pain，injury and disease），享有生活无恐惧和应激的自由（Freedom from fear and stress），享有表达天性的自由（Freedom to express normal behaviour）。

简单地来讲，动物福利就是指善待活着的动物，减少动物死亡时的痛苦，动物与其所处环境相协调一致的完全的精神健康和生理健康的状态。

3．我国动物福利现状

作为发展中国家，我国的动物福利意识相对落后，尤其是农村经济发展依然相对滞后的地区，传统落后的生产方式仍占主导地位。从根本上来说，主要还是动物保护的理念在我国并没有得到深入地宣传和发展，在大多数人眼里动物依然是随意虐杀的对象，是为了满足人类各种需求的东西。因为这种对待人与动物关系的偏差，使得人类随意地支配对动物的生杀大权。同时，我国畜禽在饲养、运输、屠宰等环节都有着较大的问题，不但影响动物性食品安全与卫生质量，而且也远远达不到西方国家制定的动物福利标准。尤其是在饲养环节中，畜禽在肮脏与密集的环境里，自身免疫能力大大降低，极易诱发畜禽患病。

我国现行的有关动物保护的法律法规数量相对较少，只有《野生动物保护法》《陆生野生动物保护实施条例》《水生野生动物保护实施条例》和《实验动物管理条例》等几部法律法规涉及该问题，其他的有关规定散见于《森林法》《渔业法》和《海洋环境保护法》等之中。我国台湾地区 1998 年制定了较完善的动物保护法。

近年来，人们的动物观逐渐发生着改变。2002 年召开的"国际动物福利和立法研讨会"对我国的《实验动物管理条例》进行了修改。专家讨论的修改稿，增加了生物安全与动物福利两个章节，首次将动物福利内容正式写入我国动物相关法案。2005 年 11 月在北京召开了"动物福利与肉品安全国际论坛"，这是中国首次举办以动物福利与肉品安全为关注焦点的国际性专业盛会，论坛的主题是"关注动物福利、保障肉品安全、引导健康消费、促进和谐发展"，呼吁畜禽场的饲养者、管理者和运输、屠宰等行业从业者，必须遵守有关动物福利与肉品安全的相关法律，承诺人性化养殖，尤其提到了应该给予畜禽良好的地面条件（如地板条件、垫料、休息区），并有足够的空间与丰富的环境刺激,而且保证畜禽能够表达那些本身特有的,或维持健康生活所必需的自然行为。由中华人民共和国第十届全国人民代表大会常务委员会第十九次会议通过,自 2006 年 7 月 1 日起实施的《中华人民共和国畜牧法》,总则中明确规定:"国家畜牧兽医行政主管部门应当指导畜牧业生产经营者改善畜禽繁育、饲养、运输的条件和环境",这体现了动物福利的要求。这是畜牧兽医领域的第二部法律,其主要立法目的之一就是要规范畜牧业生产经营行为,保障畜禽产品质量安全,促进畜牧业持续健康发展。2008 年 3 月在北京举行的"农场动物福利科学与农业可持续发展国际论坛"证明了我国的动物福利事业已经取得了较好的进展,进而也表明了我国发展动物福利工作的决心。

中国动物福利发展的水平还有待努力进步提高,在建立系统、完整、科学的动物福利法律体系的同时,还应鼓励动物福利非官方组织的设立,支持其从事动物福利的活动,也教育宣传广大畜禽从业者及全社会的人关注动物福利,从而全面地、有效地保障动物福利的实现。

二、动物福利的评价

1. 动物福利的 5 个评价要素

现如今动物福利的涉及范围已经非常广泛,它已扩展到实验动物、野生动物、伴侣动物等其他动物种类而不单单是农场动物。根据人类利用动物的目的不同,可以把动物分为实验动物、农场动物、娱乐动物、伴侣动物、工作动物五类。2004 年 3 月 2 日,在世界卫生组织巴黎会议上由学者们提出的动物福利包括 5 个基本要素:①生理福利,即为动物提供适当的清洁饮水以及保持健康和精力所需的食物,使动物享受无饥渴的自由,目的是满足动物的生命需要,不受饥渴之苦。②环境福利,即为动物提供适当的栖息场所,使其能够舒适地休息和睡眠,使其享有生活舒适的自由,使动物不受困顿不适之苦。③卫生福利,即享有不受额外的疼痛、伤害、疾病的自由,为动物做好防疫工作,预防疾病和给患病动物及时治疗,降低动物发病率,使其不受疼痛之苦。④行为福利,即为动物提供足够的空间,使动物能够适应复杂的社会环境,使动物拥有能够表达所有天性的自由。⑤心理福利,即保证动物拥有良好的条件和处置(包括宰杀过程),使动物不受恐惧和精神上的痛苦。以上"五大福利"(表 5 - 1)。通常被认为是各国在制定本国动物福利法的最低标准,也是国际上通用的评价是否达到动物福利要求的五大原则。它们是基于动物的实际需要做出的考虑,而不仅仅是人们的情感关怀。

表 5 - 1　动物的"五大福利"

生理福利	无饥渴之忧虑
环境福利	让动物有适当的居所
卫生福利	减少动物的伤病
行为福利	应保证动物表达天性的自由
心理福利	减少动物恐惧和焦虑的心情

动物福利的基本出发点是,让动物在康乐的状态下生存,也就是为了使动物能够健康快乐舒适而采取的一系列的行为和给动物提供的相应的外部条件。至于康乐的标准,即动物心里愉快的感受状态,包括无任何疾病、无行为异常以及无心理紧张压抑和痛苦等。动物的状态可以通过测量评定:可以测量动物受伤或生病的迹象、对疼痛的反应、由于诸如沮丧或压抑等行为失控而产生的行为,及肉体后果与恐慌对动物的影响等。动物福利更加强调保证动物康乐的外部条件,当外界条件无法满足动物的康乐时,就标志着动物福利的恶化。

2.3R 理论

1959 年由英国动物学家 William Russell 和微生物学家 Rex Burch 提出3R 理论,Burch 在他们的研究工作基础上出版了《仁慈的实验技术原理》(也译作《人道主义实验技术原理》)一书,第一次全面系统地提出了 3R 理论。3R 就是 Reduction(减少)、Replacement(替代)、Refinement(优化)的简称。

Reduction(减少)是指在科学研究中,在动物试验时,使用较少量的动物获取同样多的试验数据或使用一定数量的动物能获得更多的试验数据的科学方法,减少的目的不仅仅是降低成本,而是在用最少的动物达到所需要的目的,同时也是对动物的一种保护。

目前,减少动物使用量常用的几种方法:①充分利用已有的数据(包括以前已获得的试验结果及其他信息资源等)。②试验方案的合理设计和试验数据的统计分析。③替代方法的使用。④动物的重复使用(这应根据试验要求和动物质量寿命来决定)。⑤从遗传的角度考虑动物的选择。⑥严格操作,提高试验的成功率;⑦使用高质量的实验动物。

Replacement(替代)是指使用其他方法而不用动物所进行的试验或其他研究课题,达到某一试验目的,或者说是使用没有知觉的试验材料代替以往使用神志清醒的活的脊椎动物进行试验的一种科学方法。

实验动物的替代物包括范围很广,所有能代替整体实验动物进行试验的化学物质、生物材料、动植物细胞、组织、器官,计算机模拟程序等都属于替代物,也包括低等动、植物(如细菌、蠕虫、昆虫等)。小动物替代大动物(如转基因小鼠替代猴,进行脊髓灰质炎减毒活疫苗的生物活性检测等),同时也包括方法和技术的替代(如用分子生物学方法,代替动物试验来鉴定致癌物或遗传毒性的遗传毒理学体外试验方法等)。

"替代"根据是否使用动物或动物组织,可分为相对性替代和绝对性替代,相对替代是用无痛方法处死动物,使用其细胞、组织或器官,进行体外试验研究,或利用低等动物替代高等动物的试验方法,而绝对替代则是在试验中完全不使用动物;根据替代动物的不同,替代可分为直接替代(如志愿者或人类组织等)和间接替代(如尝试剂替代家兔做热源试验等);根据替代的程度,又分为部分替代(如利用替代方法代替整个实验研究计划中的一部分或某一步骤等)和全部替代(如用新的替代方法取代原有的动物试验方法等)。

Refinement(优化)是指在必须使用动物进行有关试验时,要尽量减少非人道程序对动物的影响范围和程度,可通过改进和完善试验程序,避免、减少或减轻给动物造成的疼痛和不安,或为动物提供适宜的生活条件,以保证动物的健康和康乐,保证动物试验结果的可靠性和提高试验动物福利的科学方法,其主要内容包括:①试验方案设计和试验指标选定的优化。②试验技术和试验条件及试验条件的优化。

替代、减少、优化是彼此独立而又相互联系,是使人们要更好地科学利用和合理保护动物的一种科学方法。3R 原则的提出和应用,是在不影响试验要求和试验结果的基础上,如果违背了科学研究的目的,过分地强调 3R 原则,反对使用动物进行试验,3R 原则也就失去了它的价值和意义。

第二节　生产管理与畜禽行为

动物福利的基本原则是保证动物康乐。从理论上讲,动物康乐的标准是对动物需求的满足。动物的需求分为 3 个方面:维持生命需要、维持健康需要及维持舒适需要。3 个方面的条件决定了动物的生活质量。在实践中,生产管理者只重视前两个条件,而忽视第三个条件。动物福利就是最大限度地满足第三个条件。它是全方位的,不仅包括动物的营养满足,还包括动物生存的环境条件、人与动物的情感联系等饲养环境。

一、养殖模式与畜禽行为

1. 饲养方式与畜禽福利

(1)放牧与散养　这种自古以来就普遍的管理方式,给畜禽以自由运动的机会最多,能获取太阳光,沐浴新鲜空气,最有可能实现动物行为的自然表达,见图5-1。它的缺点是无法使畜禽避免外界环境的温差变化与野生肉食动物的影响,另外饲喂料水都不方便。畜禽的自由散放式饲养更加导致了感染寄生虫疾病的危险,例如,猪为了蒸发散热喜欢泥浴导致体表不洁,从而影响到产品质量。而且,自由放牧与环境保护的目标相冲突,大规模的动物群体会增加土壤中氮与磷的富集,还污染水体。所以,健康、安全与环保是放牧管理的要点。

图5-1　天然放牧

(2)集约化饲养　蛋鸡笼养、猪的圈养和牛的拴系饲养的出现,使中小畜禽场的管理从运动场向有运动场的舍饲向封闭式舍饲转化。在生产效益上看是先进的,不过在问题的本质上,集约化生产方式很不合理,因为动物福利就是要求生产的合理性,恰恰不是所认为的"先进性"。

例如,蛋鸡的笼养方式,极大地限制了蛋鸡自身的行动与自由,蛋鸡在笼中不能正常地舒展或拍打翅膀,不能啄理自己的羽毛,不能转身,再加上长期不能运动,致使蛋鸡的骨骼非常脆弱。近些年,全世界各个国家愈重视动物生产中畜禽的福利问题,有些国家制定严格的法规来限制生产条件。比如在德国、奥地利等国家,完全禁止蛋鸡被笼养,散放方式成为蛋鸡饲养的主流。可是这种"散养"和早期的散养在生产规模与科技含量等方面存在着本质的区别,即散养但不粗放,此种饲养方式固然在料蛋比转换方面不如笼养蛋鸡,可在其余每一方面都基本消除了从业者面临的各种问题。

又例如,现代规模化猪场主要使用围栏饲养和定位饲养工艺模式,此种工艺模式常采用限位、拴系、围栏和缝隙地板等设施,猪的饲养环境相对落后甚至恶劣,活动自由受到限制,导致猪受到极大的心理压抑,而以一些异常的行为方式(如咬尾、咬栅栏、空嚼、异食癖、一些不变的重复运动、自我摧残行为等)加以宣泄,致使猪生产力、繁殖力降低,生长缓慢、料肉比降低,机体对疾病的抵抗力下降、肉品质降低等,甚至致猪死亡,见图5-2。

图5-2 笼养蛋鸡、规模化猪场

2.饲养密度和畜禽福利

饲养空间和饲养密度是影响动物福利非常重要的因素。目前舍饲畜禽工艺都是高密度圈栏饲养,此饲养工艺有助于生产管理,在一定程度上也提高畜禽舍利用率与生产效率,可饲养密度高对畜禽福利产生诸多不利影响。

图5-3 炎热夏季饲养密度高造成热应激

(1)畜禽舍的空气环境恶化 炎热的夏季,饲养密度高会使畜禽舍极易形成高温高湿的环境,加剧了高温对畜禽的不利影响,增加了防暑降温的难度,见图5-3;冬季则潮湿污浊,病原微生物增多,导致畜禽发病率高。高密度的饲养不但影响到畜禽舍的温度、湿度,还由于通风效果受到影响,再加上畜禽的呼吸量与排粪量很大,导致畜禽舍有害气体与尘埃、微生物的含量增多,从而使畜禽的呼吸道疾病发病概率增大。

（2）影响畜禽的采食与饮水　饲养密度高的条件下,畜禽在采食与饮水时,因为采食空间不足,极易导致争抢和争斗,位次较低的畜禽就有被挤开的危险,所以这些畜禽的采食时间就要比其他的少,导致采食不均,身体强壮者采食多,致使饲料利用率降低,身体弱者采食不足,生产力下降,见图5-4。

图5-4　饲养密度过大

（3）限制畜禽自然行为的表达　饲养密度影响畜禽的排便、活动、休息、咬斗等行为,进而影响到畜禽的健康与生产力。因为过高的饲养密度,致使畜禽无法按自然天性进行生活与生产,自然状态下生活的畜禽可以自然将生存划分为采食区、躺卧区与排泄区等不同的功能区,从来不会在其采食与躺卧的区域进行排泄,然而高密度的饲养模式,再加上圈栏较小,使处于该饲养环境中畜禽的定点排粪行为发生紊乱,致使圈栏内卫生条件较差,畜禽和粪尿接触机会增多,进而影响畜禽的生产性能与身体健康,见图5-5。

3.环境丰富度和畜禽福利

现在国内外普遍采用圈栏饲养或笼养的模式,非常有利于管理,不过也造成畜禽环境比较单调,出现了很多散养很少发生的问题。

（1）圈栏或笼养使畜禽失去了表达天性行为的机会　因为圈栏或笼养除必要的生产设施设备,见图5-6,比如料槽、饮水器等,栏内环境缺乏多样性,饲养环境落后、单调,能使畜禽表现天性行为的福利性设施、设备都没有,是畜禽的自然天性行为诸如啃咬、拱土、刨食、觅食等行为受到极大抑制,因此,对畜禽的行为需要产生了不利影响,见图5-7。

图5-5　圈栏饲养

图5-6　圈栏饲养、笼养

　　（2）圈养或笼养使畜禽产生异常行为与恶癖　因为可得到的环境刺激单一，导致畜禽心理上需要以一些异常的行为方式加以宣泄，将探究行为转向同伴，出现了许多对同伴的咬尾、咬耳、拱腹、叨肛、啄羽等有害的异常行为，由此对畜禽的生产性能与身体健康造成不良的影响。

　　（3）畜禽对环境的敏感度增大　饲养在落后环境中的畜禽比饲养在优良环境中的畜禽对应急刺激的反应要敏感，对人的敏感度也高。如突然的声音，陌生人员与动物都能使畜禽产生应激反应，从而导致生产力急剧下降，因为没有任何事物可以分散这种单调环境下的畜禽对周围环境的注意力，所以对生产环境与工作人员要求都很高，比如畜禽饲养人员必须穿戴工作服（图5-8）。

　　4. 畜禽行为

　　动物的感受是研究动物福利的核心问题，布兰贝尔委员会明确指出："动物从不错误地表现疼痛、疲劳、恐惧及行为受挫所导致的痛苦感……"由于疾

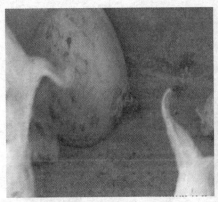

图 5-7 咬尾、叨肛

图 5-8 饲养员固定工作服

病和损伤所引起的痛苦相对容易判断,可是动物心理上的痛苦却很难观察到,只有通过行为表现来鉴别,由此确定了动物行为学在动物福利研究中的地位。通过观察畜禽的行为,我们就能判断畜禽的处境状态与心理感受。

畜禽行为的生物学意义在于可以满足畜禽的某种需求。如果某个或某些行为得不到表现,或者有异常行为的发生,畜禽就难以保持愉悦的状态或身体健康。霍内克将与身体状态相关的行为分为两类:一类是和舒适有关;一类是和健康状态有关。

(1)与畜禽舒适程度有关的行为特征 主要包括:寻找适当的刺激(如同伴)、增加兴奋与沮丧、攻击性增大、转移行为、规癖行为与真空行为的增加、惰性增加、习得性无助与嗜睡症等。

(2)与畜禽的身体健康有关的行为特征 主要包括:寻找需要像水、食物这样的资源。增加可用资源的竞争度、增加兴奋与沮丧、攻击性增大、转移行为、规癖行为与真空行为的增加、惰性增加、习得性无助、身体极度虚弱、极易感染疾病、嗜睡症与死亡等。

因为畜禽的行为不是维持健康,就是满足舒适的需要。所以,不管对哪种行为的剥夺,对畜禽都会产生一定的影响。

二、畜禽行为管理与设施

畜禽的管理主要包括计划与反思、观察和测定等精神活动,以及作业和操纵的体力劳动等,也就是人或其代替通过管束与限制畜禽的要求以实现操作的过程。所谓人的替代主要有牧犬、围栏、圈栏、墙壁、保定架、自动装置等管理设备。

行为管理对象是畜禽,就是具有未知的心理与生理、对复杂的环境做出反应的动物,畜禽行为是个体和其有机、无机环境维持动态平衡中表现最多最快速的手段。并且,管理者是有心理活动的人,二者之间存在着心理关系,人类通过对行为观察来判断畜禽的心理与生理。由此来制定畜禽的管理办法,对畜禽行为实施管束,畜禽则要设计其行为程序适应人类所提供的环境,不但要维持其行为的正常化,而且还要通过行为发育与学习来修饰其行为。所以,畜禽舍的设计应该首先满足畜禽的生理与健康的需求,继而再去满足如何提高设备利用率和提高生产率等经济问题。

1. 地面及垫料

地面对畜禽身体舒适程度、体温调节、健康及卫生是非常重要的,畜禽对不同类型的地面的爱好程度是不同的。比如仔猪,相对于板条地面会更加喜欢固体水泥地面,水泥漏缝地板作为规模化猪场必备的设施设备,其重要作用主要有:一是作为承载猪群全部生活的重要场所,显著影响猪场生产水平和动物福利;二是影响粪污处理方式和效率,从而对猪舍环境与猪场环保产生影响。猪福利水泥漏缝地板有两大设计制作原则:一是在设计制作上,应该摒弃工业化水泥地板生产线,按猪场生产工艺和动物行为学的需求而精雕细琢,尤其是原材料须达到相应标准(图5-9为工作人员在精心打磨地板);二是在猪舍的设备配套上,为不同生长阶段的猪群科学配置不同的水泥漏缝地板,满足不同大小的猪采食、排泄、休息、行走对地板的福利要求。以丹麦标准的水泥漏缝地板为例,不同猪舍的地板漏缝配置有着严格规定。例如,漏缝宽度,小猪为11mm,断奶仔猪为14mm,饲养的小母猪为18mm,散养后的母猪为20mm,这便于保障各类猪群的正常生活需要,保护猪蹄部,同时有效漏粪,保证猪舍清洁(图5-10为猪舍外等待安装的不同规格水泥漏缝地板);关于漏缝与实心地面比例,丹麦规定猪圈内至少有 1/3 的地面必须是实体且易于排污,这能确保舍内保暖、通风和空气质量,能够给予猪舒适的躺卧区域(图 5 - 11 为漏缝和实心相结合的水泥地板);水泥漏缝地板与食槽、水槽的合理配置,便于猪采食清洁的食物和水(图 5 - 12);水泥漏缝地板与母猪智能饲喂系统(ESF)配套,便于提升母猪福利与生产力(图 5 - 13);水泥漏缝地板与集污池的配套,便于粪污清理、储存和后期处理(图 5 - 14)。

图 5 - 9　工作人员在精心打磨地板　　图 5 - 10　猪舍外等待安装的不同规格
　　　　　　　　　　　　　　　　　　　　　　　　　水泥漏缝地板

图 5 - 11　漏缝和实心相结合的水泥地板　图 5 - 12　水泥漏缝地板与食槽、
　　　　　　　　　　　　　　　　　　　　　　　　　　　水槽的合理配置

　　奶牛多发生肢蹄损伤,牛爬跨时,肉牛的长轴和缝隙的长缝成直角,或者只有单蹄搭在缝隙上,会造成受力不均匀而使股关节骨折。在挤乳室移动过道上,牛长轴和缝隙长缝成直角能造成行进困难。所以,缝隙地板的铺设方向和缝隙地板的材料、形状、尺寸与强度都很重要。

　　鸡笼也是一种独特的漏缝地面,如果在地网上增加两根横丝,增强笼的安定性,就不会造成应激,这会帮助维持鸡的安心与正常行为的表达。假如粪便

图 5 - 13　水泥漏缝地板与母猪智能饲喂　　图 5 - 14　水泥漏缝地板与集污池配套
　　　　　系统(ESF)配套

的硬糊挂在笼底,会摩擦雏鸡或肉仔鸡的胸部造成水肿,因此还研制出了不沾网。

　　普通的地面要重视畜床的倾斜与表面粗滑的问题,尤其要重视光滑致使的损伤。畜床倾斜在 1/30 以上时,常造成起立、横卧时的滑坡与颠倒,致使脱臼或流产。尤其是繁殖母猪的行动困难,常发生肢蹄损伤,缩短利用年限。妊娠末期与分娩时可造成脱肛与子宫脱落,还易诱发育肥猪的咬尾。

　　不管牛或猪出于安全感都喜欢在高处休息。对于散养的牛舍,休息地面应有 1/12 程度的倾斜,牛常在斜面的上方站立,能减少粪尿的污染,另外脏污的垫草可被蹄子踢到斜面的下部。

　　适宜的地面应防滑且有弹性,并能耐磨耗,如橡胶、塑料等材料。例如,将橡胶材质的垫子放在新生仔猪的床面上,能防止粗糙或旧地面导致的损害。

　　猪的探索需求是否得到满足对猪的福利是很重要的。给猪提供垫料(稻草),猪会更加活跃,表现出更多的拱地和探索行为。垫料的作用有:隔热、水良好,因此可以给猪提供舒适的感觉;稻草可以给猪提供拱地、咀嚼材料,并可以作为娱乐道具;可以充当临时性食物。

　　因此,可以说,稻草的主要功能就是给猪提供一种刺激,避免一些不良现象(咬尾、打斗)的发生。出于卫生原因,猪舍的粪尿必须要及时清除,垫草要定期更新。否则,散发的有害气体会造成猪的呼吸道疾病,并会导致咬尾、异嗜等异常行为的发生。家禽垫料与福利状见图 5 –15。

　　2. 墙壁和畜禽栏

　　壁面管理须重视有无钉或螺丝等金属突出物,不仅可以造成直接伤害,而且畜禽会将它们摇动下来,食入后会造成创伤性网胃炎和心包炎等。刮伤的

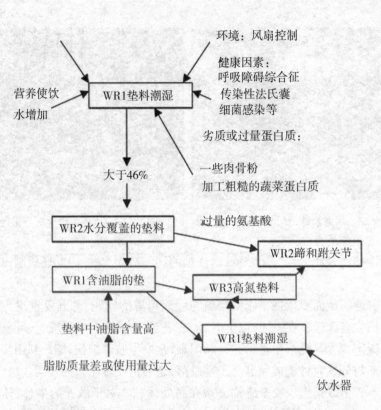

环境：风扇控制

健康因素：
呼吸障碍综合征
传染性法氏囊
细菌感染等

营养使饮
水增加

WR1垫料潮湿

劣质或过量蛋白质：

一些肉骨粉
加工粗糙的蔬菜蛋白质

大于46%

WR2水分覆盖的垫料

过量的氨基酸

WR2蹄和趾关节

WR1含油脂的垫

WR3高氮垫料

垫料中油脂含量高

WR1垫料潮湿

脂肪质量差或使用量过大

饮水器

WR1：家禽面临一些风险；WR2：家禽面临很大风险

WR3：家禽面临巨大风险；WR4：家禽福利状况不能接受

图 5 – 15　家禽垫料与福利状况

能引起关节感染而致跛,病菌感染创伤后会造成肿胀与脓肿。畜禽的习性是不注意静态的东西,所以会直接踩上金属致使刺伤、切伤,但对动态东西较敏感,开放舍的防风软帘可能会被撕破,应加防护栏。而且,壁体施工时应注意防贼风问题。

畜栏隔栅的破损最易发生,育成牛舍的调查依次为隔栅40.6%,窗22.0%,出入口8.3%,壁6.7%,这几项合计为77.6%,由于畜禽运动时冲击造成的破损占51.9%。这些原因是因为人们对畜禽的力量与运动观察得太少,选用的材料与强度不适合畜禽的习性。

妊娠猪隔着栅栏依旧会对相邻的圈舍发起攻击,和群饲相比仅仅难以击败对手,难以决出优势序列,不过能断定这时猪正处于强烈的欲望和不满状态。隔栏围上金属网,能有效地控制它们的攻击行为。降低社会因素对畜禽

畜禽环境管理关键技术

福利的影响能通过改善饲育环境与畜栏形式加以控制。

畜栏在尺寸设计时,福利标准须达到休息时身体不严重挤压隔栏,起立时前后运动可以安乐进行。为了助长做巢行为,例如,猪、兔的休息空间,三方围挡,上面加盖,一方视野开放,在巢中铺设垫草是非常有效的方法。

2013 年起,由于《动物福利法案》的正式实施,欧盟已经开始禁止使用母猪限位栏,猪能够自由进出的自闭栏被更多的使用。关于猪栏的福利使用,母猪在怀孕前 4 周身体状态还不够稳定的情况下,不适合进行大范围的运动,可让其在限位栏内"保胎"。对于怀孕 4 周以后的母猪,建议使用自闭栏饲养,此时母猪身体状况较稳定,自闭栏饲养可扩大其活动范围,增强母猪体质,有利于仔猪发育,可以缩短母猪产仔时间,提高仔猪成活率。自闭栏的应用见图5-16。

图 5-16　自闭栏的应用

3. 饲槽

(1)影响畜禽的采食姿势　饲槽和畜禽行为关系密切,采用自然的姿势便利采食是最基本的福利原则,须保证头可以自由活动的空间范围。假如空间太大,头则前伸,前蹄踏入饲槽,这不是自然姿势,地面如果光滑,还会造成摔倒。例如,成牛的拴系,头部活动范围向前 90 ~ 100cm,左右宽 55 ~ 60cm,后下方高出地面 10 ~ 15cm 最为适宜。此外,还应考虑饲槽的形状来减少饲料的抛散,能承受畜禽损坏的强度。

(2)控制畜禽的优势序列　在群饲条件下重点要减少优势序列对采食的妨碍,还要利用群饲的社会性促进作用来调动采食积极性。群体内个体间的竞争会产生败北者,还会造成特异性伤害或诱发应激反应。牛、猪等家畜的攻击行为是用头部进行的,在饲槽与拴系框上增加栅栏就能控制它们的运动范围,节制它们的攻击行为。例如,采用单口饲槽时,社会优势序列和增重显著

图 5 – 17 牛的自然的姿势便利采食

相关,采用多口饲草时相关不显著。如果把饲料撒在地面上或使用长形饲槽自由采食或饲槽用高隔板分开,饲料就不会成为争夺的资源,进而减少争斗。如果饲槽上设置隔板将猪从头到肩隔开,就可以消除采食时的争斗行为,即使在禁食 24h 的条件下也能使争斗行为降低 60%。

图 5 – 18 隔板式不锈钢矩形饲槽

个体识别的单饲槽已经应用在散养奶牛和群饲母猪上,它的优点是能按产量与体重个体饲喂,即使群居也能消除其他个体的影响,利用率与优势序列无明显关系,但是在犊牛上,饲槽的占有频率与优势序列之间则有很高的相关,主要是和游戏行为有关。

三、常见的福利问题

世界各地的地理环境、气候、饲料作物和利用动物各不相同,所以不能将他国的动物福利规范硬套在我国的畜禽生产上,从而造成畜禽未得其利,反遭其害。畜禽的需求因畜禽种类与个体而异,推广、辨识和制定法律都必须依靠科学理论,以畜禽真正的需求,包含畜禽的生理、营养和行为等,去设计饲养管理规范与系统,不是只单一按人类的意愿,将畜禽拟人化的方式去构建。

我国是个畜牧大国,也是畜禽产品出口贸易大国,如果畜禽在饲养、运输、屠宰过程中不按动物福利的标准执行,检验指标就会出问题,导致严重影响出口。

1.饲料安全

饲料安全指的是饲料中不含有对饲养畜禽的健康与生产性能造成实际危害的有毒、有害物质或因素,而且这些有毒、有害物质或因素不会在畜禽产品中残留、蓄积与转移而危害人体健康或对人类、动物生存的环境构成威胁。随着现代化养殖模式的改变,畜禽产品的生产已开始由数量型向质量型、环保型转变。但是目前许多畜禽产品品质仍然低劣,卫生不能达标,或有药残,严重制约了畜禽、水产品的消费和出口,进而阻碍养殖业的健康和谐的发展。

我国饲料工业从 20 世纪 80 年代起步发展,现在已成为年产量达 7 000万 t、产值突破 1 300 亿元、仅次于美国的世界第二大饲料生产国。不过还存在诸多不安全因素,主要表现在:

第一,农药及废弃物污染。我国农药的使用量逐年递增,目前已超过 30万吨,其中不乏大量高毒、高残留品种。可是农药的总体利用率不足 40%,大部分经过飘移、流失,污染土壤、水等自然环境,造成严重的水体和土壤等农业环境污染。据调查主要农产品的农药残留超标率达 20%,并有逐年递增的生物累积负效应。而大宗饲料原料,如玉米、高粱、麦麸、豆粕、菜籽饼、花生饼、棉粕等都是农产品或其加工副产物,受到农药污染在所难免。而且,土壤、大气、水中其他化学物质对饲料原料的污染也很严重。这些物质主要来源于工业"三废"、城市废弃物和养殖排泄物等。它们极易在各种饲料原料中富集而造成污染。

第二,重金属严重超标。现代饲料生产微量元素的使用很多,日粮中添加高剂量铜(125~250 mg/kg)可明显提高猪的生产性能,再加之许多养殖户片面追求猪皮肤发红、粪便变黑,使铜的添加量超过猪的中毒剂量。随着铜的添加量提高,铁、锌等元素的添加量也相应增加。很多饲料企业使用 2 000~3 000 mg/kg氧化锌来预防仔猪腹泻。铜、铁、锌的大剂量使用,不仅导致土壤水源植被的严重污染,而且通过食物链富集,直接影响动物健康和畜产品的食用安全,从而对人体健康产生毒害作用。

第三,微生物污染。饲料及其原料在运输、储存、加工及销售过程中,由于保管不善，易感染各种霉菌，这些霉菌既能利用其自身产生的酶，分解饲料成分，降低其营养价值，又能感染畜禽致病，甚至有些霉菌还能产生毒素而导致畜禽中毒。人们若食用残留有霉菌毒素的畜产品亦可引发中毒病。

第四，药物添加剂的滥用。滥用违禁药物和超量使用抗生素会残留于畜产品之中并威胁人类健康。抗生素的使用尽管抑制或杀灭了大部分对药物敏感的病原微生物，但还有少量细菌会因此而产生耐药性。这些耐药性强的细菌可以通过食物链传递给人。我国虽然已明确规定了各种药物适用动物的种类、每种药物的适宜用量，但少数企业为了片面追求经济效益，置国家法律于不顾，在饲料生产和养殖过程中仍然使用违禁药物，造成了非常严重的后果。

第五，有机砷制剂的滥用。有机砷制剂具有促进动物生长的作用。但大量使用可导致环境污染，危害人类健康。因为砷被动物吸收后，使许多酶失活，致使代谢紊乱。例如，规模为万头猪的养殖场，利用添加有机砷 100 mg/kg 的饲料，每年可向环境中排放 125kg 砷。更为严重的是，没有排放的砷蓄积于畜产品中，会严重危及人类健康（砷对人的半致死量为 1～2.5mg）。

第六，激素的残留问题。近年来，"瘦肉精"中毒在我国局部地区屡见不鲜。它是一种化学合成的兴奋剂，性质稳定，进入动物体后主要分布于肝脏，代谢慢，易蓄积中毒。1999 年我国已明令禁止在饲料中使用，但近年的饲料质量监测中仍有部分企业违法使用，成为人们食用畜产品的隐患。

第七，转基因饲料安全问题。用转基因技术培育的作物新品种固然显示了较大优势，但其对动物和人类的安全尚无定论。

饲料、饮水对动物的生命是必需的。动物的营养需求是由其品种和生理状态决定的。饲料中的能量、蛋白、氨基酸是决定动物生长，为维持动物良好的福利状况，应当保证动物营养的平衡，否则就损害了动物的福利，引起一些不良影响。比如鸡的软骨病，是由于体内的钙、磷比例失调所致。在现代化生产过程中，由于管理不善也会导致动物的营养不良。

另外，饮水的方法与质量也会对动物福利产生影响。通常情况下，在温度适宜时，动物的饮水量与饲料摄入量是相关的。应当保证动物在任何时候都有充足、洁净的饮水。常用的饮水器有杯状饮水器和饮水乳头，杯状饮水器容易造成水的溢出或溅到饲料中，导致饲料变质，同时会造成大量蒸发。饮水乳头则可以保证饮水质量，减少蒸发和溢出，但是，随着饮水乳头高度的不断调整，地位低、生长缓慢的动物会够不着乳头。饮水质量应当满足动物所需的质量标准，应当定期对微生物及矿物质进行测定。

2.疾病预防

动物福利是动物个体适应环境的情况,当然也包括与病原的适应情况,因此疾病也是动物福利所需考虑的重要因素。疾病会给动物造成痛苦,对动物福利产生影响。疾病通常有传染病、地方性流行病以及营养性疾病等。管理和卫生条件对于任何疾病的发生都会起到关键作用。如猪流行性感冒、地方性肺炎、断奶仔猪综合征以及一些营养性疾病是由于差的气候环境、卫生条件和管理措施造成的。

由于动物福利和疾病有密切关系,因此疾病监测也是评估动物福利的一个重要手段。疾病可以说明动物现在所处的福利状态,也可以说明动物在过去一段时间内的福利状态。对动物发病情况的详细记录可对动物福利的评估提供非常可靠的信息。采取预防和治疗措施是非常重要的,集约化养殖场中常常采用的预防性措施有"全进全出"制度、空舍消毒、早期断奶、制订合理的免疫计划并且定期进行免疫接种。

3.常规管理

在饲养过程中为便于管理或经济需要,通常会对动物进行一些外科手术,如去势、断尾、剪牙、加耳标、挂鼻铃等。这些操作会刺激动物的神经系统,造成动物的疼痛。

一般在仔猪出生后的几天(周)内对其去势。此种手术通常不进行麻醉,在操作过程中常常会造成猪的挣扎与尖叫,假如操作不当导致组织的撕裂则会更加严重,当仔猪尖叫时就能判定其正处于差的福利状态。并且,刚刚去势的仔猪因为疼痛会表现战抖、摇动与跌倒,还可能引发呕吐,避免躺下或躺下时避开伤口。去势的主要目的是为了减少猪在达到性成熟后发生的打斗行为,保证肉品质量,方便管理,可是实际操作中常常等不到性成熟便会被屠宰。所以,此种操作应当尽可能避免或在操作时采取麻醉来降低动物在手术前后的疼痛,并提供适当的护理。

猪的咬尾会造成严重的福利与经济问题,通过断尾能减轻这个问题,不过会造成短期、剧烈的疼痛与痛苦。猪的尾巴是用来交流信息的,断尾后会受到影响。并且,断尾的切断面神经形成的神经瘤会造成长期的疼痛。由于断尾影响,猪对其剩余的断尾会更加敏感,总是会避开各种能接触到其尾巴的行为或物体。咬尾是由于猪舍环境的不舒服,猪受到压抑而造成的,通过提供稻草或其他玩具丰富猪舍环境,满足其习性,保持适宜的饲喂密度,咬尾现象就能缓解不少。

为了降低对母猪乳头及其他仔猪造成伤害,一般会在仔猪出生不久后将其牙齿剪短或磨短。这种操作有时会对牙本质造成损伤,引起仔猪的疼痛。此种现象在室内饲喂时发生率较高,室外饲喂时因为空间较大,仔猪较易于逃避,因此发生率低一些。不过剪牙不会对仔猪的健康与生长速度造成不良影响。所以,在不给仔猪造成疼痛的前提下,这种操作是可行的。

为了使动物便于辨别与管理,一般会给动物加带耳标与鼻铃。操作过程中,假如畜禽的耳组织被撕开,会造成动物的疼痛;假如耳朵的主要结构受伤,就会使疼痛更加剧烈,而且伤口一般不会顺利愈合。当鼻铃嵌入畜禽的鼻子时,会导致肌肉组织受伤,并且由于鼻末端富有神经末梢,拉动鼻铃时会造成很大疼痛。拱地是猪的一种偏好行为,由于鼻铃的存在会阻止其拱地行为,会导致猪的福利受到较大影响。

饲养人员对动物的日常检查对保证畜禽福利是很重要的。忽略或漠视畜禽会影响其福利,其中主要包括生病、受伤后没有及时护理,没有及时饲喂或清理打扫房舍。对于表现出差的福利迹象,如身体、运动姿势异常,食欲不佳,呼吸困难,关节肿胀,瘸腿等,应当及时采取纠正措施,同时应加以注意饲料、饮水的卫生。

群体结构和混群中应注意动物福利,猪是一种社会性动物,在群体中会形成一定的社会等级。一旦这种群体结构发生了改变,为重新确定群体内地位,通常会发生打斗或竞争行为。仔猪刚刚降生后便会形成所谓的"乳头顺序",又称"护理顺序"。乳头顺序似乎是根据仔猪的体重和力量来确定的,即出生早或体重大的仔猪总是在靠前的乳头吃奶,出生晚或体质弱的仔猪则吃后面的乳头,而前面的乳头会产生较多的奶。一旦乳头被其他的仔猪占领,则发生竞争。断奶后,为获得统一的体重,通常会将仔猪重新分群饲喂。互相不熟悉的仔猪混群后会通过打斗来确定其地位,主要表现为对身体腹部的攻击。混群后造成的打斗,会浪费一定的能量,同时进食量也会受到影响。因此,对育肥效果会造成负面影响。将同一窝仔猪从出生到屠宰都饲喂在一个没有应激、条件适宜的房舍中,发现其健康状况、生产性能都较混群后的效果好。

此外,进食也容易发生竞争行为,并且总是对地位低的猪不利。食物竞争一般是发生在撒料后的 30min,地位高的猪会阻止其他的猪进食,导致地位低的猪育肥效果不佳。打斗和竞争行为会造成猪的生理反应,激素水平升高,并对肉品质量产生影响。现在已经采取了几种措施来减少打斗及其造成的危害,通过剪齿会减少对面部及身体造成的伤害。打斗的数量是与环境刺激有关的,通过提供轮胎、软皮管等玩具可以减少仔猪的打斗;在混群前使用一定的镇静药物会起到一定的作用,但是药物不发挥作用后仍然会发生打斗。许多农场主经验表明在混群或饲喂时,光线较弱或提供一定数量的垫草对减少动物打斗是有效的。

4. 人工育种

基因工程和生物技术在集约化养殖场动物育种中的应用大大提高了动物瘦肉率、生长速度和饲料利用率,并且很长一段时间内并没有出现负面影响,但是后来却逐渐发现了一些问题。首先,由于瘦肉所占身体重比例的增加,导致了食欲下降。对猪研究发现,相对于对照组,公猪的食欲下降了10%,母猪也出现了不同程度的食欲下降。其次,动物的繁殖能力受到影响。由于生长速度过快,当猪达到繁殖体重和体型时,身体仍然会处于生长阶段,因此怀孕期间用于胎儿发育的营养将被分出一部分来供母猪生长,繁殖系统缺乏营养,结果就是胎儿出生后体重减轻,身体衰弱,死亡率高。仔猪的身体素质和死亡率是养猪业中非常严重的问题。再次,身体素质受到影响。猪的软骨病是非常疼痛的,并会影响到其运动,是由于高的生长速度对身体骨骼产生的影响造成的。再次,产生应激。猪的应激综合征(PSS)是造成养猪业中经济损失最大的遗传性疾病。其产生的主要影响就是动物在运输屠宰过程中会产生应激,死亡率增加,并导致PSE肉和DFD肉的产生,严重影响肉品质量。PSS的发生与动物的基因组成有密切关系,弗烷基因阳性的猪会表现出较高的瘦肉率和生长速度,但是更容易死亡和出现PSE肉。近些年来由于对瘦肉率、生长速度的选择导致了现在的品种中该基因有较高的存在概率。

5. 运输

畜禽的一生中,从农场运往屠宰场是应激性最强的过程。运输密度、运输空间、运输管理和人员素质都会对动物的福利产生影响。运输过程中的动物福利可以通过行为、生理生化、病理及体变化指标评估。同时,运输后动物的受伤率、发病率和死亡率也可以评估动物在运输过程中的福利情况。

(1)运输前准备 为便于运输管理,降低畜禽在运输过程中的死亡率、受伤率,通常会在运输前做一些准备工作,包括对畜禽、车辆的检查,做出运输计划,对畜禽禁食处理等。

对运输车辆的要求:地板要防滑且材料要保证在装卸动物时不会产生太大的噪声;车厢的大小应当与所运输的动物的数量适应,防止出现拥挤和过于松散的情况,否则容易导致动物受伤;防震、缓冲装置要好,车辆的震动会影响动物的舒适;车厢的地板、墙壁和顶棚,应当是隔热的,能保持车厢温度,保证在炎热的夏天与寒冷的冬天畜禽避免温度应激;车辆在运动时,通风孔应当足够大,且高度要与动物相适应,车辆保持静止时,应当使用机械通风系统;运输计划应当包括详细的运输路线、运输时间、中转点、休息、进食与饮水、运输检查、护理、紧急处理等;根据畜禽的品种、年龄与数量,车辆上应当准备充足的饮水、饲料及垫料。畜禽运输车见图5-19。

图5-19 畜禽运输车

　　畜禽在运输前应当由兽医进行检查,决定畜禽是否适于运输。欧洲兽医联盟(FVE)提出了许多不适于运输的情况:怀孕后期的畜禽;8h内曾分娩过的畜禽;新出生的,脐带没有完全愈合的畜禽;由于疾病和受伤而不能自己走进车辆的畜禽。

　　为便于运输,减少晕车和打斗现象,畜禽在运输前通常会禁食一段时间,并进行适当的围栏处理,使其适应一段时间,使畜禽心率恢复到正常水平,然后装车。待屠宰猪推荐的围栏面积见表5-2。

表5-2 不同时间待屠宰猪的围栏面积

时间	< 30min	30min 至 3h	> 3h
面积	0.45 m²/头	0.55 m²/头	0.65 m²/头

　　(2)装车(图5-20)　对大部分的畜禽,装车是运输过程中应激性最强的部分。假设运输条件比较好而且路程较短,装车将成为运输过程中影响畜禽福利的最重要因素。装车过程中差的畜禽福利主要表现为动物停止移动、发出叫声、心率升高、血液可的松浓度水平升高等。装车过程中几个应激原的联合作用将会给动物福利带来更大的影响。装卸过程中不正确的人工操作会

造成畜禽应激。用棍棒打击畜禽尤其是畜禽的敏感部位会造成动物的疼痛,如电磁棒的使用会使猪的心率升高,造成恐惧与疼痛,导致肉品质量下降。

　　不同品种、不同个体畜禽对装车的反应也不尽相同,畜禽是否有运输经历也是重要的。例如,曾经历过运输的猪在装车时要比初次运输的猪出声的概率小,经历过几次运输的绵羊很少表现出运输福利不良的现象。

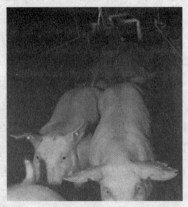

图 5-20　猪装车

　　(3)空间　畜禽运输时的空间也是影响畜禽福利的重要因素。空间要求一般有两个方面:一是指畜禽在站立或躺下时所占的地板面积,即运输密度;一是指畜禽所在车厢的高度。给畜禽提供空间的原则就是使畜禽可以保持自然姿势站立。

图 5-21　空运箱里的猪

　　空间要求的最低值主要是由畜禽身体大小决定,但也取决于其他因素,包括有效调节体温的能力、环境温度以及畜禽是否需要躺下。畜禽是否躺下休息则取决于路程长短、运输条件、驾驶员的细心程度、车辆缓冲系统的好坏以及路面质量好坏。并且畜禽是否需要在车上进食和饮水也是决定空间要求的重要因素。空运箱里的猪见图5-21。

(4)运输管理　运输检查，负责运输的人员应当在经过一定时间间隔，或在出现一些紧急情况后对动物进行检查。比如在车辆过度颠簸后，出现道路交通事故后，都要对动物进行检查。有必要对每只动物都进行检查，发现受伤、生病和死亡的动物，运输人员应当采取相应措施。对没有治疗价值的动物，为减少其痛苦，可以进行人道的紧急屠宰。并对处理措施做好记录，这对于评估运输福利是非常重要的。

在长途运输中，给畜禽一定的休息时间并提供适量饲料和饮水对维持良好的畜禽福利是有益的。欧盟相关要求，经过8h运输后应当给猪提供清洁的饮水，并在车辆静止时提供饮水。24h的运输后，至少提供8h的休息时间，并提供饲料，但应当定量少给。

运输过程中差的畜禽福利会导致健康问题，导致畜禽发病或是病原的传播。在运输过程中疾病主要是由病原体在动物体内存在或病原在运输过程中相互传播造成的。畜禽在运输过程中常常会出现"运输热"，是畜禽在运输后的几小时或几天内表现出来的一种运输综合征，是由于运输过程中动物携带的病原活化所致。运输过程中的各种应激原是通过降低畜禽物的免疫力而提高了畜禽对病原的易感性，并且由于动物的混群，会增加病原在不同个体动物间的传播概率。

6. 屠宰

屠宰过程具有时间短、环境变化快的特点。所以处理不当会在很大程度上影响动物福利。畜禽在屠宰场的福利可以通过行为指标(打斗、叫声、拥挤、死亡率等)、生理指标(心率、体温、血液浓度等)和屠宰后的肉品质量(DFD 或 PSE 肉)等来进行评定。

(1)卸车及待宰圈存养　畜禽运输到屠宰场后是否立即卸车及卸车时间长短会影响到车辆的通风、动物的打斗数量和死亡率。虽然卸车要比装车的应激性小，不过处理不妥，例如，斜坡坡度过大，电刺棒的使用等，仍然会造成拥挤、身体的受伤。

卸车后，畜禽需要一定的休息时间以缓解运输中的应激。所以，卸车后的待宰圈存养对保证动物福利是非常重要的。一般认为2～3h的存养就能保证福利、肉品质量和经济利益的平衡。如果存养时间过长，会造成畜禽的饥饿感和打斗数量的增加。

待宰圈的条件优劣可以对畜禽福利产生影响。根据存养时间、畜禽品种的不一，待宰圈须配备一定的通风系统。待宰圈的大小应该和运输车辆一致，减少混群造成的打斗。对于待宰猪，存养密度不能超过 2 头/m²，因为过大的空间也会造成打斗数量的增加。根据季节的变化，卸车后对猪淋浴 10 ~ 20min，会降低体温，减少存养时的热应激发生率与死亡率。

（2）赶往击晕点　把待宰畜禽赶往击晕点的过程中应激性是很强的。如果处理不当会导致畜禽的血液可的松浓度升高，体温升高，皮肤损伤及肉品质量下降。这个过程处理设施特别是过道的设计对畜禽福利有很大的意义。过道的设计应当方便畜禽的移动，减少人员和畜禽的接触，减少皮肤损伤及 PSE 或 DFD 肉的发生。处理设施应当和生产速度相适应，粗糙、简陋的过道和处理设施不能适应屠宰间的生产速度，常常会借助较多的处理工具，如电刺棒或棍棒的使用，对畜禽福利产生不利影响。

（3）击晕　通常在屠宰前将畜禽击晕，以降低动物在屠宰过程中的活动、痛苦与疼痛。目前常采用的击晕方法有电击晕、CO_2 击晕与枪击击晕 3 种方法。

电击过程中的电流强度，固定装置及电极位置对动物福利是很重要的（图 5 - 22）。不同的动物所适用的电流强度和时间是不相同的见表 5 - 3。击晕前将动物固定是必要的，但是固定操作限制了动物的自由，导致动物产生恐惧感，心率会升高。电击装置及待电击的猪见图 5 - 22，各种动物正确枪击的位置见图 5 - 23。

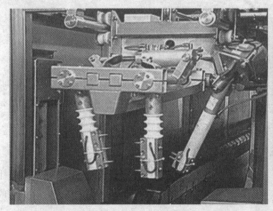

图 5 - 22　电击装置及待电击的猪

表 5 - 3　电击晕时推荐性电流强度和时间

种类	电流（A）	电流（A）	电压电流（V）	时间电流（min）
猪	≥125	≥1.25	≤125	≤10
绵羊	100~125	1.0~1.25	75~125	≤10
禽（1.5~2kg肉禽）	200	2.0	50~70	5
鸡	200	2.0	90	10
鸵鸟	150~200	1.5~2.0	90	10~15

注:表格数据来源于 FAO 农场动物福利一般原则。

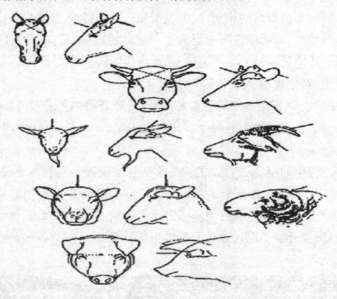

图 5-23　各种动物正确枪击的位置

（4）放血　放血是将畜禽的主要血管割断,从而使畜禽死亡的过程。为保证放血过程中的畜禽福利,放血和击晕之间的时间间隔应当尽量短,因为较长的时间间隔畜禽会恢复知觉,比如禽的放血通常是在击晕后的 15s 内进行。并且放血的刀子必须锋利,下刀要准确,否则会延长放血的时间,会使畜禽感觉到疼痛,还会造成血管破裂,肌肉溶血（图 5-24）。

　　击晕后放血前判断畜禽还处于昏迷状态是非常重要的。牛、绵羊、山羊、猪在枪击后会马上瘫倒,呼吸停止,触摸其眼睛时不会出现眨眼或其他反应。当使用电击时,最初的 30s 是不能判断畜禽是否处于昏迷状态的,假如畜禽出声或试图抬头则表明畜禽没有昏迷,仍然可以感觉到疼痛。如果畜禽被击晕后仍然有知觉的必须重新击晕。

图 5-24 畜禽放血生产线

（5）紧急屠宰 畜禽场的畜禽需要紧急屠宰的原因有很多，一般有：

1）疾病 畜禽在饲养过程中可能发生难以治愈的疾病而没有治疗价值。

2）运输过程中的受伤 运往屠宰场或目的地的途中畜禽受伤，为减少畜禽不必要的痛苦，采取紧急屠宰。

3）存养及屠宰场受伤 畜禽在存养场及屠宰场受到严重伤害时，需要立即屠宰来减少畜禽的痛苦与不适。

4）暴发烈性传染病 当确定发生烈性传染病或是暴发对经济和公共卫生有重大影响的疾病时，为控制疫病的传播，必须对疫点的畜禽屠宰处死。

紧急处死的原则是在最短的时间内处死畜禽，避免造成畜禽的痛苦。紧急屠宰畜禽时必须在兽医的监督下进行，并对执行处死动物的人员进行培训，表 5-4 列举出了控制畜禽疫病时使用的各类处死方法。

表 5-4 以控制疫病为目的时动物的处死方法

方法	程序	效果	标准	动物	方式
1.机械方法	1.子弹	立即	软的或中空的子弹	大小均可	射击身体
	2.弩枪	立即	适当的枪管和射击位置	大小均可	需要理想的射击位置
2.气体	CO_2/空气混合物	非立即	浓度和暴露时间	禽	其他的刺激和麻木

方法	程序	效果	标准	动物	方式
3.电击	1.心脏电击	立即	电击位置、最小电流、时间频率	大小均可禽	保定电流变化
	2.水浴电击	立即	频率、最小电流、时间		
4.注射	1.巴比妥钠 2.T-61	非立即	浓度及注射方法	小动物	注射技术和部位
5.其他方法	1.物理方法	立即	打击	禽	打击技巧
	2.其他或气体混合物 —CO —CO$_2$和氩气或氮 —氮气和氩气 —氰化物	非立即	浓度和暴露时间	仔猪、禽	打击技巧
	3.电击头部	立即	最小电流、时间和频率	大小均可	需要放血

注:表格内容来源于欧盟科学兽医委员会报告(1997.9.30)。

四、福利环境的创设

畜禽是为了排除痛苦和应激,减少来自饲养环境和畜禽自身适应性两个方面的阻碍因素。畜禽和畜禽产品是按社会需求既定的,饲养管理应该仁慈。保证动物能够充分地表达规则行动举止。提高生产管理人员的素质至关重要,首先普及教育传播动物学知识,使爱护动物就是爱护人类自己成为社会常识、道德时尚,提高全社会的道德敏感度;其次通过高等教育和职业培训提高业务素质,满足动物康乐。

1.建立亲和关系

动物被人类掌控,动物福利应该建立在人类的道德良知上。人类要树立爱护动物的观念,发自内心地感受到自己行为的不当与残酷。中立性的管理,抑制虐待,加之爱抚等措施都有利于建立良好的亲和关系以改善生产。

2.循序渐进地进行管理

在饲育环境经常发生戏剧性变化的集约化畜禽生产中,个体差异能否用遗传调控解决是值得怀疑的。主要的改善方案在于循序渐进。在改变饲养管理之前,多安排一种过渡环境,使畜禽逐步适应新的环境。

3. 适宜的生产水平

畜禽生产单位的生产水平要和经济技术条件相适应。盲目的追求高产会事与愿违,既有损动物福利,也会因高强度的利用导致年限缩短、药物费用增加和经济效益下降。

4. 清洁生产

清洁生产战略目标的建立为改善动物福利提供了契机。畜禽产业中清洁生产应包括饲料、供水、防病及饲养管理。可以从以下几个方面注意:提高饲料利用率,对疫病要早预防和早治疗,改善饮水设备,科学处理粪便。

第六章　畜禽场环境防疫管理关键技术

　　消毒是畜禽场环境管理和卫生防疫的重要内容,通过消毒可降低畜禽场内病原体的密度,抵御外部病原菌的入侵,净化生产环境,建立良好的生物安全体系,对于保障动物健康、减少疾病发生、提高养殖生产效益具有重要的作用。

　　规模化畜禽养殖场污染物的排放具有集中度强、排放数量大、污染物浓度高等特点,带来了不容忽视的环境污染问题。

　　畜禽场环境监测是根据环境监测的数据,再按照一定的评价标准和评价方法,以及对畜禽的健康和生产状况进行对比检查,进行环境质量评价,可以确切了解畜牧场环境状况,制订和实施畜牧场环境管理措施以及检验评价畜牧场环境管理的实施效果,及时采取措施解决存在的问题,确保畜禽生产正常进行。

　　绿化是畜禽场环境改善最有效的手段之一,它不但对畜禽场环境的美化和生态平衡有益,而且对工作、生产也会有很大的促进。

　　现代化畜禽养殖场多采用密集养殖技术,极易造成动物疫病流行。蚊、蝇、蠓、虻等害虫不仅刺吸畜禽血液还传播疾病,如猪弓形体等疫病等,影响畜禽生产。鼠类则与畜禽抢夺饲料、污染饲料,甚至传播疾病。因此,现代化畜禽养殖场必须采取措施严加防治蚊、蝇、虻、鼠等有害生物,实现增产节支,创造更好的效益。

第一节　畜禽场环境消毒技术

一、消毒的分类和方法

（一）消毒分类

根据进行的时间及性质不同,畜禽场的消毒通常分为经常性消毒、定期消毒、突击性消毒、临时消毒和终末消毒。

1. 经常性消毒

经常性消毒是在未发生传染病的条件下,为预防疾病的发生,消灭可能存在的病原体,对畜禽场周围环境、畜禽舍、设施、畜禽及畜禽经常接触到的一些器物进行消毒。经常性消毒一般是根据畜禽场日常管理的需要,随时或经常进行。接触面广、流动性大、易受病原体污染的器物、设施和出入畜禽场的人员、车辆等是消毒的主要对象。

2. 定期消毒

定期消毒是在未发生传染病的条件下,为了预防传染病的发生,对于有可能存在病原体的场所或设施如圈舍、栏圈、设备用具等进行定期消毒。如畜群出售,畜禽舍空出后,必须对畜禽舍及设备、设施进行全面清洗和消毒,以彻底消灭微生物,使环境保持清洁卫生。

3. 突击性消毒

突击性消毒也叫疫源地紧急消毒。当发生畜禽传染病时,为及时消灭病畜禽排出的病原体,切断疾病传染途径,防止其进一步扩散和蔓延,对畜禽场环境、畜禽、器具等进行的消毒。通常要对病畜禽的分泌物、排泄物、病畜禽体、尸体及病畜禽接触过的圈舍、设备、物品、用具、被污染的场所等进行彻底的消毒,对兽医人员在防治和试验工作中使用的器械设备和所接触的物品亦应进行消毒。

4. 临时消毒

临时消毒是在非安全地区的非安全期内,为消灭病畜禽携带的病原传播所进行的消毒。临时消毒的对象主要有病畜禽停留过的不安全畜禽舍、隔离舍及被病畜禽分泌物、排泄物污染和可能污染的一切场所、用具和物品等。临时消毒应尽早进行,根据传染病的种类和用具选用合适的消毒剂。

5. 终末消毒

终末消毒是在消灭了某种传染病,解除封锁之前,为了彻底消灭病源地的病原体而进行的全面消毒。终末消毒不仅要对病畜禽周围一切物品及畜禽舍进行消毒,而且要对痊愈畜禽的体表、畜禽舍和畜禽场其他环境进行消毒。

(二)消毒方法

畜禽场的消毒方法包括三大类:物理消毒法、化学消毒法和生物消毒法。

1.物理消毒法

(1)机械性清除　用清扫、铲刮、洗刷等机械方法清除降尘、污物及沾染在墙壁、地面以及设备上的粪尿、残余饲料、废物、垃圾等。因为除了强碱(氢氧化钠溶液)以外,一般消毒剂,即使接触少量的有机物(如泥垢、尘土或粪便等)也会迅速丧失杀菌力,因此,消毒以前的场地必须进行清扫、铲刮、洗刷并保持清洁干净。机械性清除(图6-1)多属于畜禽的日常饲养管理工作,只要按照日常管理规范认真执行,即可最大限度地减少畜禽舍的病原微生物。

图6-1　机械性清除

(2)日光照射　日光照射是指将物品置于日光下暴晒,利用太阳光中的紫外线、阳光的灼热和干燥作用使病原微生物灭活。日光照射适用于对畜禽场、运动场场地,垫料和可以移出室外的用具等进行消毒,这种方法既经济又简便。

一般的病毒和非芽孢菌体,在直射阳光下,只需几分钟到数小时即可被杀灭。如巴氏杆菌经6~8min,口蹄疫病毒经1h,结核杆菌经3~5h就能被杀死。即使对恶劣环境抵抗能力较强的芽孢,在连续几天强烈阳光反复暴晒后也可以被杀灭或变弱。阳光的杀菌效果受空气温度、湿度、太阳辐射强度及微生物自身抵抗能力等因素的影响。低温、高湿及能见度低的天气消毒效果差,高温、干燥、能见度高的天气杀菌效果好。畜禽舍内的散射光也能将微生物杀死,但作用弱得多。

(3)紫外线照射消毒　紫外线照射消毒(图6-2)是用紫外线灯照射杀

灭空气中或物体表面的病原微生物的过程。紫外线可以使细胞变性,进而引起菌体蛋白质和酶代谢障碍而导致微生物变异或死亡。紫外线照射消毒常用于种蛋室、兽医室等空间以及人员进入畜禽舍前的消毒。由于紫外线容易被吸收,对物体(包括固体、液体)的穿透能力很弱,所以紫外线只能杀灭物体表面和空气中的微生物。当空气中微粒较多时,紫外线的杀菌效果降低。由于畜禽舍内空气尘粒多,所以,对畜禽舍内空气采用紫外线消毒效果不理想。另外,紫外线的杀菌效果还受环境温度的影响,消毒效果最好的环境温度为20~40℃,温度过高或过低均不利于紫外线杀菌。

图6-2 紫外线照射消毒

(4)电离辐射消毒 用包括 X 射线、γ 射线、β 射线、阴极射线、中子与质子电离辐射照射物体,以杀灭物体内细菌和病毒等微生物的过程,称为电离辐射消毒。电离辐射具有强大的穿透力且不产生热效应,尽管已在食品业与制药业领域广泛使用,但产生电离辐射需有专门的设备,投资和管理费用都很大,因此,在畜牧业中短期内还难采用。

(5)高温消毒 高温消毒是利用高温环境破坏细菌、病毒、寄生虫等病原体结构,进而杀灭病原体的过程。主要包括火焰、煮沸和高压蒸汽等消毒形式。

火焰消毒(图6-3)是利用火焰喷射器喷射火焰灼烧耐火的物体或者直接焚烧被污染的低价值易燃物品,以杀灭黏附在物体上的病原体的过程。这是一种简单可靠的消毒方法,杀菌率高,平均可达97%;消毒后设备表面干燥。常用于畜舍墙壁、地面、笼具、金属设备等表面的消毒。使用火焰消毒时应注意以下几点:每种火焰消毒器的燃烧器都只和特定的燃料相配,故一定要选用说明书指定的燃料种类;要撤除消毒场所的所有易燃易爆物,以免引起火灾;先用药物进行消毒后,再用火焰消毒器消毒,才能提高灭菌效率。

煮沸消毒是将被污染的物品置于水中蒸煮,利用高温杀灭病原体的过程。煮沸消毒经济方便,应用广泛,消毒效果好。一般病原微生物在100℃沸水中5min即可被杀死,经1~2h煮沸可杀死所有的病原体。这种方法常用于体积较小而且耐煮的物品如衣物、金属、玻璃等器具的消毒。

高压蒸汽消毒(图6-4)是利用水蒸气的高温杀灭病原体。其消毒效果可靠,常用于医疗器械等物品的消毒。常用的温度为115℃、121℃或126℃,一般需维持20~30min。

图6-3　火焰消毒

图6-4　高压蒸汽消毒

2. 化学消毒法

化学消毒法是使用化学消毒剂,经过化学消毒剂的作用破坏病原体的结构以直接杀死病原体或使病原体的增殖发生障碍的过程。化学消毒比其他消毒方法速度快、效率高,所以化学消毒法是畜禽场最常用的消毒方法。

(1)选择消毒剂的原则

1)适用性　不同种类的病原微生物构造不同,对消毒剂反应不同,有些消毒剂为广谱性的,对绝大多数微生物都具有杀灭效果,也有一些消毒剂为专用的,只对有限的几种微生物有效。因此,在购买消毒剂时,须了解消毒剂的药性,消毒的对象如物品、畜舍、汽车、食槽等特性,应根据消毒的目的、对象,根据消毒剂的作用机制和适用范围选择最适宜的消毒剂。

2)杀菌力和稳定性　在同类消毒剂中注意选择消毒力强、性能稳定,不易挥发、不易变质或不易失效的消毒剂。

3)毒性和刺激性　大部分消毒剂对人、畜具有一定的毒性或刺激性,所以应尽量选择对人、畜无害或危害较小的,不易在畜产品中残留的并且对畜禽舍、器具无腐蚀性的消毒剂。

4)经济性　应优先选择价廉、易得、易配制和易使用的消毒剂。

（2）化学消毒剂的使用方法

1)清洗法　用一定浓度的消毒剂对消毒对象进行擦拭或清洗,以达到消毒的目的。常用于对种蛋、畜舍地面、墙裙、器具进行消毒。

2)浸泡法　将需消毒的物品浸泡于消毒液中进行消毒。常用于对医疗器具、小型用具、衣物进行消毒。

3)喷洒　将一定浓度的消毒液通过喷雾器喷洒于设施或物体表面以进行消毒(图6-5)。常用于对畜舍地面、墙壁、笼具及动物产品进行消毒。喷洒法简单易行、效力可靠,是畜禽场最常用的消毒方法。

4)熏蒸法　利用化学消毒剂挥发或在化学反应中产生的气体,以杀死封闭空间中的病原体。这是一种作用彻底、效果可靠的消毒方法。常用于对孵化室、无畜禽的畜舍等空间进行消毒。熏蒸消毒时应注意:畜禽舍要密闭,盛药容器要耐腐蚀,温度和湿度要适宜,消毒后要通风换气2d以上再使用。

5)气雾法　利用气雾发生器将消毒剂溶液雾化为气雾粒子对空气进行消毒(图6-6)。由于气雾发生器喷射出的气雾粒子直径很小(小于200nm),质量极小,能在空气中较长时间的飘浮并可进入细小的缝隙中,因而消毒效果较好,是消灭气源性病原微生物的理想方法。

图6-5　喷洒消毒　　　　图6-6　气雾法消毒

（3）影响化学消毒效果的因素

1)化学消毒剂的性质　由于各种消毒剂本身的化学特性和化学结构不同,对微生物的作用方式也不同,所以不同消毒剂的消毒效果也不一致。

2)微生物的种类　由于微生物生物学特性的不同,其对化学消毒剂所表现的反应也不同,如革兰阳性菌易于碱性染料的阳离子、重金属盐类的阳离子及去污剂结合而被灭活。细菌的芽孢因结构坚实,消毒剂不易渗透进去,所以芽孢对消毒剂的抵抗力比其繁殖体要强得多。

3)有机物 有机物的存在能妨碍消毒药物和病原的接触而影响消毒效果,同时含蛋白质的污物可部分中和消毒剂,特别是阴离子表面活性剂药物受影响更明显。因此,将欲消毒的对象先清洁后再施用消毒剂为最基本的要求。

4)消毒剂的浓度 在一定的范围内,化学消毒剂的浓度越大,其对微生物的毒性作用也越强,但相应的消毒成本会提高,对消毒对象的破坏也严重。但有些药物浓度增加,杀菌力却可能下降,如70%乙醇的杀菌作用比100%的纯乙醇强。因此,各种消毒剂应按其说明书的要求进行配制。

5)温、湿度及时间 大多数消毒剂的消毒作用在温度上升时有显著增加,尤其是戊二醛类。但易蒸发的卤素类的碘剂例外,加温至70℃时会变得不稳定而降低消毒效力。在熏蒸消毒时,湿度对消毒效果有影响。用过氧乙酸及甲醛熏蒸消毒时,相对湿度以60%～80%为最好。湿度太低,则消毒效果不佳。在其他条件都一定的情况下,作用时间越长,消毒效果越好。消毒剂杀灭细菌所需时间的长短取决于消毒剂的种类、浓度及其杀毒速度,同时也与细菌的种类、数量和所处的环境有关。

6)pH 许多消毒剂的消毒效果受消毒环境 pH 的影响。一方面,pH 可以改变消毒剂溶解度、离解程度和分子结构,从而影响消毒效果。如次氯酸、苯甲酸等消毒药在酸性环境中的杀菌作用加强,戊二醛在碱性时易分解而增强杀菌作用。另一方面,微生物正常生长繁殖的 pH 范围是 6～8,当 pH >7 时,细菌带的负电荷增多,有利于阳离子型消毒剂杀菌,而阴离子型消毒剂则在酸性条件下消毒效果较好。

(4)常用化学消毒剂的种类

1)醛类消毒剂 常用的有甲醛和戊二醛两种。甲醛是一种杀菌力极强的消毒剂,但它有刺激性气味且杀菌作用非常迟缓。可配成5%甲醛酒精溶液,用于手术部位消毒,福尔马林是甲醛的水溶液,含甲醛37%～40%,并含有8%～15%的甲醇,福尔马林溶液比较稳定,可在室温下长期保存,而且能与水或醇以任何比例相混合。对细菌芽孢、繁殖体、病毒、真菌等各种微生物都有高效的杀灭作用。甲醛常利用氧化剂高锰酸钾、氯制剂等发生化学反应。戊二醛用于怕热物品的消毒,效果可靠,对物品腐蚀性小,但作用较慢。

2)酚类消毒剂 酚类消毒剂是一种古老的中效消毒剂,只能杀灭细菌繁殖体和病毒,而不能杀灭细菌芽孢,对真菌的作用也不大。酚类化合物有苯酚、甲酚、氯甲酚、氯二甲苯酚、六氯双酚、来苏儿等。由于酚类消毒剂对环境有污染,这类消毒剂应用的趋向逐渐减少。

3)醇类消毒剂 最常用的是乙醇和异丙醇,它可凝固蛋白质,导致微生物死亡,属于中效水平消毒剂,可杀灭细菌繁殖体,不能杀灭芽孢。醇类杀微生物作用亦可受有机物影响,而且由于易挥发,应采用浸泡消毒,或反复擦拭以保证其作用时间。醇类常作为某些消毒剂的溶剂,而且有增效作用。

临床上常用乙醇进行注射部位皮肤消毒、脱碘、器械灭菌,体温计消毒等。常配成70%~75%乙醇溶液用于注射部位皮肤,人员手指,注射针头及小件医疗器械等消毒。

4)季铵盐类消毒剂 季铵盐又称阳离子表面活性剂,它主要用于无生命物品或皮肤消毒。季铵盐化合物的优点,毒性极低,安全、无味、无刺激性,在水中易溶解,对金属、织物、橡胶和塑料等无腐蚀性。它的抑菌能力很强,但杀菌能力不太强,主要对革兰阳性菌抑菌作用好,阴性菌较差。对芽孢、病毒及结核杆菌作用能力差,不能杀死。复合型的双链季铵盐化合物,比传统季铵盐类消毒剂杀菌力强数倍。有的产品还结合杀菌力强的溴原子,使分子亲水性及亲脂性倍增,更增强了杀菌作用。

常用的季铵盐类消毒剂,如新洁而灭,临床上常配成0.1%浓度作为外科手术,器械以及人员手、臂的消毒;百菌灭能杀灭各种病毒、细菌和霉菌。可作为平常预防消毒用,按1:(800~1 200)稀释作畜禽舍内喷雾消毒,按1:800稀释可用于疫情场内、外环境消毒,按1:(3 000~5 000)稀释可长期或定期作为饮水系统消毒;畜禽安消毒剂是复合型第五代双单链季铵盐化合物,比传统季铵盐类消毒剂抗菌广谱、高效,常用浓度40%的畜禽安按3 500~6 000倍稀释用于平常预防消毒,也可按1 200~3 000倍稀释用于猪舍和疫场环境的喷洒消毒使用。

5)过氧化物类消毒剂

过氧乙酸:为强氧化剂,性能不稳定、高浓度(25%以上)加热(70℃以上)能引起爆炸,故应密闭避光储放在低温3~4℃处。有效期半年,使用时应现配现用,过氧乙酸对病原微生物有强而快速的杀灭作用,不仅能杀死细菌、真菌和病毒,而且能杀死芽孢,常用0.5%溶液喷雾消毒畜舍地面、墙壁、食具及周围环境等,用1%溶液作呕吐物和排泄物的消毒,用0.2%~0.4%溶液作蔬菜、饲草的浸泡消毒,本品对金属和橡胶制品有腐蚀性,对皮肤有刺激性,使用前应当多加注意。

过氧化氢(双氧水):是一种氧化剂,弱酸性,可杀灭细菌繁殖体、芽孢、真菌和病毒在内的所有微生物。0.1%的过氧化氢可杀灭细菌繁殖体,用$0.02 \sim 0.031 g/m^3$溶液可灭活H_2N_2(亚洲甲型A2)型流感病毒。常用3%溶液对化脓创口、深部组织创伤及坏死灶等部位消毒;30mg/kg的过氧化氢对空气中的自然菌作用20min,自然菌减少90%。用于空气喷雾消毒的浓度常为60mg/kg。

常用化学消毒剂的使用方法及使用范围见表6-1。

表6-1 常用化学消毒剂的种类及使用

类别	药名	理化性质	用法与用途
醛类	福尔马林	无色,有刺激性气味的液体,含40%甲醛,90℃下易生成沉淀	1%~2%环境消毒,与高锰酸钾配伍熏蒸消毒畜舍房舍等
	戊二醛	挥发慢,刺激性小,碱性溶液,有强大的灭菌作用	2%水溶液,用0.3%碳酸氢钠调整pH在7.5~8.5可消毒,不能用于热灭菌的精密仪器、器材的消毒
酚类	苯酚(石炭酸)	白色针状结晶,弱碱性易溶于水、有芳香味	杀菌力强,2%用于皮肤消毒;3%~5%用于环境与器械消毒
	煤酚皂(来苏儿)	无色,遇光或空气变为深褐色,与水混合成为乳状液体	2%用于皮肤消毒;3%~5%用于环境消毒;5%~10%用于器械消毒
醇类	乙醇(酒精)	无色透明液体,易挥发,易燃,可与水和挥发油任意混合	70%~75%用于皮肤和器械消毒
季铵盐类	苯扎溴铵(新洁而灭)	无色或淡黄色透明液体,无腐蚀性,易溶于水,稳定耐热,长期保存不失效	0.01%~0.05%用于洗眼和阴道冲洗消毒;0.1%用于外科器械和手消毒;1%用于手术部位消毒
	杜米芬	白色粉末,易溶于水和乙醇,受热稳定	0.01%~0.02%用于黏膜消毒;0.05%~0.1%用于器械消毒;1%用于皮肤消毒
	双氯苯胍己烷	白色结晶粉末,微溶于水和乙醇	0.02%用于皮肤、器械消毒;0.5%用于环境消毒

类别	药名	理化性质	用法与用途
过氧化物类	过氧乙酸	无色透明酸性液体,易挥发,具有浓烈刺激性,不稳定,对皮肤、黏膜有腐蚀性	0.2%用于器械消毒;0.5%~5%用于环境消毒
	过氧化氢	无色透明,无异味,微酸苦,易溶于水,在水中分解成水和氧	1%~2%创面消毒;0.3%~1%黏膜消毒
	臭氧	在常温下为淡蓝色气体,有鱼腥臭味,极不稳定,易溶于水	30mg/m³,15min室内空气消毒;0.5mg/kg,10min用于水消毒;15~20mg/kg用于污染源污水消毒
	高锰酸钾	深紫色结晶,溶于水	0.1%用于创面和黏膜消毒;0.01%~0.02%用于消化道清洗
烷基化合物	环氧乙烷	常温无色气体,沸点10.4℃,易燃、易爆、有毒	50mg/kg密闭容器内用于器械、敷料等消毒
含碘类消毒剂	碘酊(碘酒)	红棕色液体,微溶于水,易溶于乙醚、氯仿等有机溶剂	2%~2.5%用于皮肤消毒
	碘伏(络合碘)	主要剂型为聚乙烯吡咯烷酮碘和聚乙烯醇碘等,性质稳定,对皮肤无害	0.5%~1%用于皮肤消毒;10mg/kg浓度用于饮水消毒
含氯化合物	漂白粉(含氯石灰)	白色颗粒状粉末,有氯臭味,久置空气中失效,大部溶于水和醇	5%~10%用于环境和饮水消毒
	漂白粉精	白色结晶,有氯臭味,含氯稳定	0.5%~1.5%用于地面、墙壁消毒;0.3~0.4g/kg饮水消毒
	氯铵类(含氯铵 B、C、T)	白色结晶,有氯臭味,属氯稳定类消毒剂	0.1%~0.2%浸泡物品与器材消毒;0.2%~0.5%水溶液喷雾用于室内空气及表面消毒

类别	药名	理化性质	用法与用途
碱类	氢氧化钠（火碱）	白色棒状、块状、片状，易溶于水，碱性溶液，易吸收空气中的 CO_2	0.5% 溶液用于煮沸消毒敷料消毒；2% 用于病毒消毒；5% 用于炭疽消毒
	生石灰	白色或灰白色块状，无臭，易吸水，生成氢氧化钙	加水配制 10% ~ 20% 石灰乳涂刷畜舍墙壁、畜栏等消毒
乙烷类（二胍类）	氯己定（洗必泰）	白色结晶，微溶于水，易溶于醇	0.01% ~ 0.025% 用于腹腔、膀胱等冲洗；0.02% ~ 0.05% 术前洗手浸泡 5min

3. 生物消毒法

生物消毒法是利用微生物在分解有机物过程中释放出的生物热杀灭病原微生物和寄生虫卵的方法。在有机物分解过程中温度可以达到 60 ~ 70℃，可以使病原性微生物和寄生虫卵在十几分钟至数天内死亡。生物消毒法是一种经济简便的消毒方法，常用于畜禽粪便的消毒。

二、畜牧场的消毒管理

（一）畜牧场消毒制度

畜牧场大门和圈舍门前必须设消毒池，消毒池内的消毒液应保证有效；场内还应设更衣室、淋浴室、消毒室、病禽隔离舍。

畜牧场应采用物理消毒、化学消毒相结合的方式，进行定期或不定期消毒。

选择高效低毒、人畜无害的消毒药品；对环境、生态及动物有危害的药不得选择。

圈舍每天清扫 1 ~ 2 次，周围环境每周清扫一次，及时清理污物、粪便、剩余饲料等物品，保持圈舍、场地、用具及圈舍周围环境的清洁卫生，对清理的污物、粪便、垫草及饲料残留物应通过生物发酵、焚烧、深埋等进行无害化处理。

定期进行消毒灭源工作，一般圈舍和用具 1 周消毒 1 次，周围环境 1 个月消毒 1 次。发病期间做到 1 天 1 次消毒。疾病发生后进行彻底消毒。

场内工作人员进出场要更换衣服和鞋，场外的衣物鞋帽不得穿入场内，场内使用的外套、衣物不得带出场外，同时定期进行消毒。

所有人员进入生产区必须经过消毒池和消毒室，并对手、鞋消毒。消毒池的药液每周至少更换 1 次。

（二）车辆消毒

在畜牧场入口处供车辆通行的道路上应设消毒池,池内放入 2% ~ 4% 氢氧化钠溶液,2 ~ 3d 更换 1 次。北方冬季消毒池内的消毒液应换用生石灰。消毒池宽度应与门的宽度相同;长度以能使车轮通过两周的长度为佳,一般在 2m 以上;池内药液的深度以车轮轮胎可浸入 1/2 为宜,10 ~ 15cm。进场车辆(运载畜禽及送料车辆)每次可用 3% ~ 5% 来苏儿或 0.3% ~ 0.5% 过氧乙酸溶液喷洒消毒或擦拭。

使用车辆前后需在指定的地点进行消毒。运输途中未发生传染病的车辆进行一般的粪便清除和热水洗刷即可;发生或有感染一般传染病可能性的车辆应先清除粪便,用热水洗刷后还要进行消毒,处理程序是先清除粪便、残渣及污物,然后用热水自车厢顶棚开始,再至车厢内外进行冲洗,直至洗水不呈粪黄色为止,洗刷后进行消毒;运输过程中发生恶性传染病的车厢、用具应经 2 次以上的消毒,并在每次消毒后再用热水清洗,处理程序是先用有效消毒液喷洒消毒后再彻底清扫,清除污物 0.5h 后再用消毒液喷洒,然后间隔 3h 左右用热水冲刷后正常使用。图 6 - 7 为车辆消毒。

图 6 - 7　车辆消毒

（三）道路消毒

场区各周围的道路每周要打扫 1 次;场内净道每周用 3% 氢氧化钠等药液喷洒消毒 1 次,在有疫情发生时,每天消毒 1 次;脏道每月喷洒消毒 1 次;畜禽舍周围的道路每天清扫 1 次,并用消毒液喷洒消毒。

（四）场地消毒

场内的垃圾、杂草、粪污等废弃物应及时清除,在场外无害处理。堆放过的场地,可用0.5%过氧乙酸或0.3%防消散或氢氧化钠等药液喷洒消毒;运动场在消毒前,应将表层土清理干净,然后用10%~20%漂白粉溶液喷洒,或用火焰消毒。

三、人员的消毒管理

人员是畜禽疾病传播中最危险、最常见也最难以防范的传播媒介,必须靠严格的消毒制度并配合设施进行有效控制。

所有进入生产区的人员,必须坚持"三踩一更"的消毒制度,即场区门前踏3%氢氧化钠池、更衣室更衣、消毒液洗手,踏生产区门前消毒池及各畜禽舍门前消毒盆消毒后方可入内。条件具备时,先沐浴更衣再消毒才能入畜禽舍内。场区禁止参观,严格控制非生产人员进入生产区,若因生产和业务必需,经兽医同意、场领导批准后更换工作服、鞋、帽,经消毒室消毒后方可进入。严禁外来车辆入内,若生产和业务需要,车身经过全面消毒后方可入内,场内车辆不得外出和私用。

饲养人员应经常保持自身卫生、身体健康,定期进行常见的人畜共患病检疫,同时应根据需要进行免疫接种,如发现患有危害畜禽及人的传染病者,应及时调离,以防传染。从疫区回来的外出人员要在家隔离1个月方可回场上班。饲养人员进出畜禽舍时,应穿专用的工作服、胶靴等,并对其定期消毒。饲养人员除工作需要外,一律不准在不同区域或其他舍之间相互走动。主管技术人员在不同单元区之间来往应遵从清洁区至污染区,从日龄小的畜群到

图6-8 进场人员消毒

日龄大的畜群的顺序。为保证疫病不由养殖场工作人员传入场内,家中不得饲养同类畜种,家属也不能在畜禽交易市场或畜禽加工厂内工作。任何人不准带饭,更不能将生肉及肉制品食物带入场内。场内职工和食堂不得从市场购肉,吃肉由场内宰杀健康畜禽供给。生产区不准养猫、养狗,职工不得将宠

物带入场内,不准在兽医治疗室以外的地方解剖尸体。图6-8为进场人员进入消毒。

四、畜禽舍的消毒管理

(一)鸡舍消毒

分空舍消毒和带鸡消毒两种,无论哪种情况都必须掌握科学的消毒方法才能达到良好的消毒效果。

1. 空舍消毒

空舍消毒的程序如下:

(1)清扫 在鸡舍饲养结束时,将鸡舍内的鸡全部移走,清除存留的饲料,未用完的饲料可作为垃圾或猪饲料使用,将地面的污物清扫干净,铲除鸡舍周围的杂草,并将其一并送往堆集垫料和鸡粪处。将可移动的设备运输到舍外,清洗暴晒后置于洁净处备用。

(2)洗刷 用高压水枪冲洗舍内的天棚、四周墙壁、门窗、笼具及水槽和料槽,达到去尘、湿润物体表面的作用。用清洁刷将水槽、料槽和料箱的内外表面污垢彻底清洗;用扫帚刷去笼具上的粪渣;铲除地表上的污垢,再用清水冲洗,反复2~3次。

(3)冲洗消毒 鸡舍洗刷后,用酸性和碱性消毒剂交替消毒,使耐酸或耐碱细菌均能被杀灭。一般使用酸性消毒剂,用水冲洗后再用碱性消毒剂,最后应清除地面上的积水,打开门窗风干鸡舍。

(4)粉刷消毒 对鸡舍不平整的墙壁用10%~20%氧化钙乳剂进行粉刷,现配现用。同时用1kg氧化钙加350ml水,配成乳剂撒在阴湿地面、笼下粪池内,在地与墙的夹缝处和柱的底部涂抹杀虫剂,确保杀死进入鸡舍内的昆虫。

(5)火焰消毒 用专用的火焰消毒器或火焰喷灯对鸡舍的水泥地面、金属笼具及距地面1.2m的墙体进行火焰消毒,各部分火焰灼烧时间达3s以上。

(6)熏蒸消毒 鸡舍清洗干净后,紧闭门窗和通风口,舍内温度要求18~25℃,相对湿度在65%~80%,用适量的消毒剂进行熏蒸消毒,密封3~7天后打开通风。

2. 带鸡消毒

带鸡消毒是定期把消毒液直接喷洒在鸡体上的一种消毒方法。此法可杀死或减少舍内空气中的病原体,沉降舍内的尘埃,维持舍内环境的清洁度,夏季防暑降温。

消毒时要求雾滴直径大小为80~100μm。小型禽场可使用一般农用喷雾剂,大型禽场使用专门喷雾装置。雏鸡2天进行一次带鸡消毒,中鸡和成鸡每周进行一次带鸡消毒。鸡舍消毒见图6-9。

鸡舍空舍消毒　　　　　　　　　　　带鸡消毒

图6-9　鸡舍消毒

(二)猪舍消毒

1. 空舍消毒

猪群全部转出(淘汰)后,应将猪粪垫料、杂物等彻底清除干净,舍内外地面、墙壁、房顶、屋架及猪笼、隔网、料盘等设备喷水浸泡,随后用高压水冲洗干净,必要时可在水中加上去污剂进行刷洗。不能用水冲洗的设备、用具应擦拭干净。待猪舍干燥后用0.5%过氧乙酸溶液等消毒药液喷洒地面、墙壁、设备、用具等;地面垫料平养的猪舍进垫料后,可用0.5%~2%碘制剂喷洒消毒一次,以防垫料霉变和杀灭细菌、原虫等。然后用福尔马林$28ml/m^3$(也可再加入14g高锰酸钾)加热熏蒸消毒24h以上,通风24h,空闲10~14d,后方可使用。猪舍闲置时间应在1个月以上,使用前10d,应重新熏蒸消毒1次。对猪舍的操作间、走道、门庭等每天清理干净,并用消毒液喷洒消毒。

2. 带猪消毒

带猪消毒对环境的净化和疾病的防治具有不可低估的作用。可选择对猪的生长发育无害而又能杀灭微生物的消毒药,如过氧乙酸、次氯酸钠、百毒杀等。用这些药液带猪消毒,不仅能降低舍内的尘埃,抑制氨气的产生和吸附氨气,使地面、墙壁、猪体表和空气中的细菌量明显减少,猪舍和猪体表清洁,还能抑制地面有害菌和寄生虫、蚊蝇等的滋生,夏天还有防暑降温功效。一般每周带猪消毒1次,连续使用几周后要更换另一种药,以便取得更好的预防效果。

猪舍消毒见图6-10。

猪舍空舍消毒

猪舍带猪消毒

图6-10　猪舍消毒

（三）牛、羊舍消毒

1. 牛、羊舍的消毒

健康的牛、羊舍可使用3%漂白粉溶液、3%～5%硫酸石炭酸合剂热溶液、15%新鲜石灰混悬液、4%氢氧化钠溶液、2%甲醛溶液等消毒。

已被病原微生物感染的牛、羊舍,应对其运动场、舍内地面、墙壁等进行全面彻底消毒。消毒时,首先将粪便、垫草、残余饲料、垃圾加以清扫,堆放在指定地点发酵或焚烧(深埋)。对污染的土质地面用10%的漂白粉溶液喷洒,掘起表土30cm,撒上漂白粉,与土混合后将其深埋,对水泥地面、墙壁、门窗、饲槽等用0.5%百毒杀喷淋或浸泡消毒,畜舍再用3倍浓度的甲醛溶液和高锰酸钾进行熏蒸消毒。

2. 牛体表消毒

牛体表消毒主要针对体外寄生虫侵袭的情况决定。养牛场要在夏季各检查一次虱子等体表寄生虫的侵害情况。对蠕形螨、蜱、虻等消毒与治疗见下表。

表6-2　牛体表消毒药剂名称、用量及注意事项

寄生虫	药剂名称及用量	注意事项
蠕形螨	14%碘酊涂擦皮肤,如有感染,采用抗生素治疗	定期用苛性钠溶液或新鲜石灰乳消毒圈舍,对病牛舍的围墙用喷灯火焰杀螨
蜱	0.5%～1%敌百虫、氰戊菊酯、溴氰菊酯溶液喷洒体表	注意药量,注意灭蜱和避虻放牧
虻	敌百虫等杀虫药剂喷洒	

3. 羊体表消毒

体表消毒指经皮肤、黏膜施用消毒剂的方法，具有防病治病兼顾的作用。体表给药可杀灭羊体表的寄生虫或微生物，有促进黏膜修复的生理功能。常用的方法有药浴、涂擦、洗眼、点眼等。

第二节　畜禽场废弃物的处理与利用

一、固态粪便的处理与利用

通过干清粪或固液分离得到的固态畜禽粪便中含有大量的有机质和氮、磷、钾等植物必需的营养元素，可以作为有机肥或加工成再生饲料，但畜禽粪便中也含有大量的病原微生物和寄生虫（卵），因此，只有经过无害化处理，才能加以利用。

畜禽粪便常见的处理方法有生物发酵法、干燥法、焚烧法等。

（一）粪便的处理

1. 生物发酵法

生物发酵法的原理是微生物利用畜禽粪便中的营养物质在适宜的碳氮比（C/N）、温度、湿度、通气量、pH 等条件下大量繁殖，在此过程中降解有机物，同时达到脱水、灭菌的目的。

（1）自然堆沤发酵　这种处理方法是让粪便在堆粪场自然堆腐熟化，符

图 6-11　堆粪场

合（GB 7959—2012）《粪便无害化卫生要求》要求后，直接施入有足够消纳能

力的土地,作为肥料供农作物吸收消化。这种处理方法简单,成本低,但机械化程度低,劳动生产率低,占地面积大,处理时间长、易受天气影响。为了降低对地表水及地下水的污染,堆粪场应采取有效的防渗防漏措施。地面宜为15~20cm混凝土、相对坡度2%;四周建1.5m左右高的砖墙;其上搭建雨棚,防止降雨(水)的进入;堆粪场内还应设渗滤水收集沟,并与污水收集系统相连(图6-11)。

(2)好氧高温发酵　这是在好氧条件下,利用好氧微生物的作用使之分解利用畜禽粪便中各种有机物,达到矿质化和腐殖化的过程。好氧发酵过程中会产生大量的热能使粪堆达到高温,所以称为好氧高温发酵。这种方法对有机物分解快、降解彻底、发酵均匀;发酵温度高,一般在55~65℃,高的可达70℃以上,杀灭病菌、寄生虫(卵)和杂草种子的效果好;脱水速度快、脱水率高、发酵周期短,所以常以畜禽粪便为原料,采用好氧高温发酵法制有机肥。

(3)好氧低温发酵　这是德国Biomest公司开发的一种新型发酵法,使发酵在密闭的反应器中进行,用电脑控制发酵温度在28~45℃,维持低温过程,发酵结束前短期内使料温升至66℃以杀灭物料中有害细菌(如大肠杆菌),而让其他有益细菌存活。好氧低温发酵过程短,对环境无污染,能耗较低,产品中可利用氮含量多15%,有益细菌的含量多95%。但此法对发酵物料的含水率要求较高,必须控制在55%。

(4)厌氧发酵　厌氧发酵是厌氧或兼性厌氧微生物以粪便中的原糖和氨基酸为养料生长繁殖,进行乳酸发酵、乙醇发酵或沼气发酵。粪便含水量低(60%~70%)的以乳酸发酵为主,粪便含水量高(>80%)的则以沼气发酵为主。厌氧发酵优点是无须通气,也不需要翻堆,能耗省,运行费用低,缺点是发酵周期长,占地面积大,脱水干燥效果差。

1)青贮发酵　青贮发酵是处理畜禽粪便较为简便、有效的一种方法。粪便中碳水化合物的含量低,因此,常和一些禾本科青饲料一起青贮。调整好青饲料与粪便的比例并掌握好适宜含水量,就可保证青贮质量。采用青贮的方式发酵经济可靠、投资省,只需建造青贮窖或水泥池,能耗少、处理费用低,养分损失少,杀灭病菌和寄生虫(卵)效果较好,但发酵时间较长,发酵前粪料需加调理剂,干燥效果差,产量低,适合于小规模畜禽养殖场,更适合于鸡场的鸡粪发酵。

2)沼气发酵　沼气发酵是由多种微生物在没有氧气存在的条件下分解有机物来完成的。不同发酵原料和发酵条件下沼气微生物的种类会有所不同,主要有发酵细菌、产氢产乙酸菌和产甲烷菌三大类。畜禽粪便是沼气发酵的主要和优质原料,分解速度相对较快,产气效果好。沼气发酵适合于高水分粪污的处理。

3)湿式厌氧发酵 湿式厌氧发酵是一种新型厌氧处理技术,已在欧洲得到应用发展。该技术要求畜禽粪便含水量在85%,进行热水保温中温厌氧发酵,发酵周期为18~20d,有机物分解率为72%~77%;若进行高温厌氧发酵,发酵周期可缩至15d,有机物分解率达80%~85%。该技术自动化、资源化程度高,对环境污染小,但投资、运行费用、工艺控制要求较高,适合大型养殖场应用。

2. 干燥法

干燥处理是利用燃料、太阳能、风等能量,对畜禽粪便进行处理。干燥的目的不仅在于减少粪便中的水分,而且还要达到除臭和灭菌(包括一些致病菌和寄生虫等)的效果。因此,干燥后的畜禽粪便大大降低了对环境的污染,干燥后的畜禽粪便可加工成颗粒肥料,便于储存和运输使用。

由于鸡的消化道短、吸收能力差,饲料的多数营养物质(约占70%)未被消化,以粪便形式排出体外,因而国内外常用干燥法对鸡粪进行处理。

(1)塑料大棚自然干燥 塑料大棚自然干燥是一种利用太阳能自然干燥粪便的处理方法。将粪便平铺在塑料棚内地面上,棚内设有两条铁轨,其上装有可活动的、带有风扇的干燥搅拌机,粪便在太阳光的照射下自然干燥发酵。具有投资小、易操作、成本低等优点,但存在处理规模小、土地占用量大、生产效率低、不能彻底灭菌、受天气影响大等缺点。

(2)高温快速干燥 高温快速干燥是我国20世纪90年代广泛采用的方法之一,是采用煤、电产生的能量进行人工干燥。干燥机大多为回转式滚筒,原来鸡粪中含水量为70%~75%,经过滚筒干燥,在短时间内(约12s)受到500~550℃高温作用,鸡粪中的水分可降低到13%以下。该方法的优点是不受季节、天气的限制,可连续、大批量生产;设备占地面积小;由鸡舍来的干鸡粪和由粪水中分离出的干物质,可直接送入高温烘干机;能保留鸡粪的养分(只损失4%~6%),同时可达到去臭、灭菌、除杂草等效果。但其缺点是一次性投资较大,煤、电等能耗较大,干燥处理时易产生强烈的恶臭。

(3)烘干法 烘干法是将鸡粪倒入烘干箱内,经70℃烘2h、140℃烘1h或180℃烘30min,可达到干燥、灭菌、耐储藏的效果。该方法的缺点是烘干时耗能多,处理产生臭气,并且高温条件下氮会有损失。

(4)热喷法 热喷法是一种能大批量处理畜禽粪便,使之转化为再生饲料的技术。鲜鸡粪经预干或加入干料使水分降低到30%以下时装入压力罐内,然后通入由锅炉产生的高温、高压蒸汽持续几分钟,再进行全压喷放,所得的热喷物料已不含虫菌且细碎、膨松、无臭味。其缺点是对原料含水率要求高、能耗大、生产能力低,且经过热喷处理后的鸡粪含水量仍较高,不耐储藏。

(5)微波干燥 采用大型的微波设备干燥鸡粪,一方面,微波的热效应使鸡粪温度升高,蒸发其中的水分;另一方面,微波的强大电场能破坏多种高分子的结构,引起蛋白质、酸和生理活性物质的变性,达到杀菌灭虫的效果。微波干燥降水速度快,除臭杀菌效果好。但由于微波处理的最佳进料湿度为35%,鲜粪必须做前期干燥处理,而且处理过程中降水幅度较小、投资大、处理成本高,且要使用大量电能,故推广应用困难。

3. 焚烧法

由于畜禽粪便的主要固态物质是有机物,其中有机碳含量高达25%~30%,可借用垃圾焚烧处理技术,在焚烧炉(800~1 000℃)下充分燃烧成为灰渣,产生的热量可用于发电等。焚烧法可使畜禽粪便在较短时间内减量90%以上,并杀灭粪便中的有害病菌和虫卵。但焚烧法投资大、处理费用昂贵,在燃烧处理时会使一些有利用价值的营养元素被烧掉,造成资源的浪费,并且燃烧时释放大量 CO_2 和其他有害气体,产生二次污染,故不宜提倡,一般在处理病死畜禽尸体时才采用。

(二)粪便的利用

畜禽粪便包含农作物所必需的氮、磷、钾等多种营养成分,施于农田有助于改良土壤结构,提高土壤的有机质含量,促进农作物增产;畜禽粪便还含有很高的有机物,易于进行生物处理并产生使用价值很高的沼气。因此充分研究和利用畜禽粪便,不仅可减少全球资源危机和环境危机,还能带来可观的经济效益和社会效益。

1. 肥料化利用

畜禽粪便中含有大量的有机物及丰富的氮、磷、钾等营养物质,是农业可持续发展的宝贵资源。粪便作肥料之前一般要经过处理,当前研究得最多的是好氧堆肥法。好氧堆肥是处理各种有机废物的有效方法之一,是一种集处理和资源循环再生利用于一体的生物方法。这种方法处理粪便的优点在于最终产物臭气少,且较干燥,容易包装、撒施,而且有利于作物的生长发育。

(1)好氧堆肥基本工艺 尽管好氧堆肥系统多种多样,但其基本工序通常都由前处理、主发酵(一次发酵)、后发酵(二次发酵)、后处理及储存等工序组成。工艺流程见下图(图6-12)。

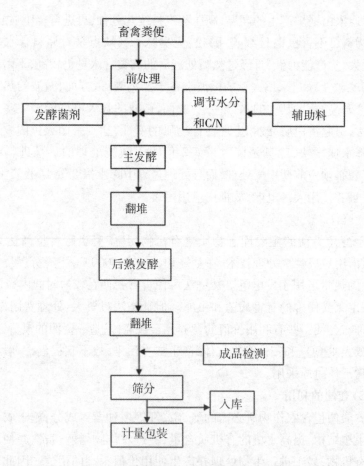

图 6-12 好氧堆肥生产有机肥工艺流程

1)前处理 在以畜禽粪便为堆肥原料时,前处理主要是调整水分和碳氮比。调整后应符合下列要求:粪便的起始含水率应为 40% ~60%;碳氮比应为(20~30):1,可通过添加植物秸秆、稻壳等物料进行调节,必要时需添加菌剂和酶制剂;pH 应控制在 6.5~8.5。前处理还包括破碎、分选、筛分等工序,这些工序可去除粗大垃圾和不能堆肥的物质,使堆肥原料和含水率达到一定程度的均匀化;同时原料的表面积增大,更便于微生物的繁殖,提高发酵速度。从理论上讲,粒径越小越容易分解。但是,考虑到在增加物料表面积的同时,还必须保持一定的孔隙率,以便于通风而使物料能够获得充足的氧气。一般而言,适宜的粒径范围是 12~60mm。

2)主发酵 主发酵可在露天或发酵装置内进行,通过翻堆或强制通风向堆积层或发酵装置内供给氧气。在原料和土壤中存在的微生物作用下开始发酵。首先是易分解物质分解,产生二氧化碳和水,同时产生热量,使堆温上升,这时微生物吸取有机物的硫、氮营养成分,在细菌自身繁殖的同时,将细胞中吸收的物质分解而产生热量。发酵初期物质的分解作用是靠嗜温菌(30～40℃为其最适宜生长温度)进行的,随着堆温的上升,适宜45～65℃生长的嗜热菌取代了嗜温菌。通常,将温度升高到开始降低为止的阶段为主发酵阶段。以生活垃圾和畜禽粪尿为主体的好氧堆肥,主发酵期4～12d。

3)后发酵　经过主发酵的半成品被送到后发酵工序,将主发酵工序尚未分解的有机物进一步分解,使之变成腐殖酸、氨基酸等比较稳定的有机物,得到完全成熟的堆肥制品。通常,把物料堆积到1～2m高以进行后发酵,并要有防雨水流入的装置,有时还要进行翻堆或通风。后发酵时间的长短,决定于堆肥的使用情况。例如,堆肥用于温床(能够利用堆肥的分解热)时,可在主发酵后直接使用;对几个月不种作物的土地,大部分可以不进行后发酵而直接施用;对一直在种作物的土地,则要使堆肥进行到能不致夺取土壤中氮的程度。后发酵时间通常在20～30d。

4)储存　堆肥一般在春、秋两季使用,夏、冬两季生产的堆肥只能储存,所以要建立储存6个月生产量的库房。储存方式可直接堆存在二次发酵仓中或袋装,这时要求干燥而透气,如果密闭和受潮则会影响制品的质量。

5)脱臭　在堆肥过程中,由于堆肥物料局部或某段时间内的厌氧发酵会导致臭气产生,污染工作环境,因此,必须进行堆肥排气的脱臭处理。去除臭气的方法主要有化学除臭剂除臭、碱水和水溶液过滤、熟堆肥或活性炭、沸石等吸附剂过滤。较为常用的除臭装置是堆肥过滤器,臭气通过该装置时,恶臭成分被熟化后的堆肥吸附,进而被其中好氧微生物分解而脱臭。也可用特种土壤代替熟堆肥使用,这种过滤器叫土壤脱臭过滤器。若条件许可,也可采用热力法,将堆肥排气(含氧量约为18%)作为焚烧炉或工业锅炉的助燃空气,利用炉内高温,热力降解臭味分子,消除臭味。

(2)好氧堆肥方法　目前,好氧堆肥方法应用较普遍的通常有5种:翻堆式条堆法、静态条堆法、发酵槽发酵法、滚筒式发酵法与塔式发酵法。

1)翻堆式条堆法　将畜禽粪便、谷糠粉等物料和发酵菌经搅拌充分混合,水分调节在55～65%,堆成条堆状(图6－13)。典型的条形堆宽为4.5～7.5m,高为3～3.5m,长度不限,但最佳尺寸要根据气候条件、翻堆设备、原料性质而定。每2～5d可用机械或人工翻垛一次,35～60d腐熟。此种形式的特点是投资较少,操作简单,但占地面积较大,处理时间长,易受天气的影响,易对地表水造成污染,适用于中小型养殖场。

图6-13　翻堆式条堆法

2)静态条堆法　这是翻堆式条堆法的改进形式,在发达国家普遍使用。静态条堆法与翻堆式条堆法的不同之处在于:堆肥过程中不进行物理的翻堆进行供氧,而是通过专门的通风系统进行强制供氧。通风供氧系统是静态条堆法的核心,它由高压风机、通风管道和布气装置组成。根据是正压还是负压通风,可把强制通风系统分成正压排气式和负压吸气式两种(图6-14)。静态条堆法的优点在于:相对于翻堆式条堆法,其温度及通气条件能得到更好控制;产品稳定性好,能更有效地杀灭病原菌及控制臭味;堆腐时间相对较短,一般为2~3周;由于堆腐期相对较短,占地面积相对较小。

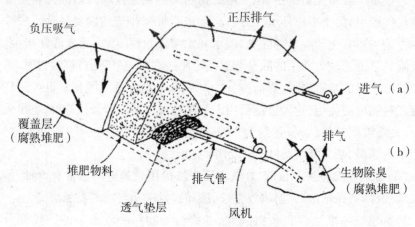

图6-14　静态条堆法示意图

a.正压排气通风　b.负压吸气通风

3）发酵槽发酵法　发酵槽发酵法是目前国内较流行的一种堆肥系统,它是将待发酵物料按照一定的堆积高度放在一条或多条发酵槽内,在堆肥化过程中根据物料腐熟程度与堆肥温度的变化,每隔一定时期,通过用翻堆设备对槽内的物料进行翻动,让物料在翻动过程中能更好地与空气接触(图6-15)。发酵槽式堆肥系统通常由四部分组成:槽体装置、翻堆设备、翻堆机运转设备、布料及出料设备。该形式操作简单,生产环境较好,适用于大中型养殖场。

图6-15　发酵槽发酵法

图6-16　滚筒式发酵机

4）滚筒式发酵法　发酵滚筒(图6-16)为钢结构,并设有驱动装置,安装成与地面倾斜1.5°~3°,采用皮带输送机将物料送入滚筒,滚筒定时旋转,一方面使物料在翻动中补充氧气,另一方面,由于滚筒是倾斜的,在滚筒转动过程中,物料由进料端缓慢向出料端移动。当物料移出滚筒时,物料已经腐熟。该形式自动化程度较高,投资相对较低,且生产环境较好,适用于中小型养殖场。

5)塔式发酵法　主要有多层搅拌式发酵塔(图6-17a)和多层移动床式发酵塔(图6-17b)两种。多层搅拌式发酵塔被水平分隔成多层,物料从仓顶加入,在最上层靠内拨旋转搅拌耙子的作用,边搅拌翻料,边向中心移动,然后从中央落下口下落到第二层。在第二层的物料则靠外拨旋转搅拌耙子的作用,从中心向外移动,并从周边的落下口下落到第三层,以下依此类推。可从各层之间的空间强制鼓风送气,也可不设强制通风,而靠排气管的抽力自然通风。塔内前二、三层物料受发酵热作用升温,嗜温菌起主要作用,到第四、第五层进入高温发酵阶段,嗜热菌起主要作用。通常全塔分5~8层,塔内每层上物料可被搅拌器耙成垄沟形,可增加表面积,提高通风供氧效果,促进微生物氧化分解活动。一般发酵周期为5~8d,若添加特殊菌种作为发酵促进剂,可使堆肥发酵时间缩短到2~5d。这种发酵仓的优点在于搅拌很充分,但旋转轴扭矩大,设备费用和动力费用都比较高。除了通过旋转搅拌耙子搅拌、输送物料外,也可用输送带、活动板等进行物料的传送,利用物料自身重力向下散落,实现物料的混合和获得氧气。图6-17b所示是多层移动床式发酵塔,其工作过程与多层搅拌式发酵塔基本相同。

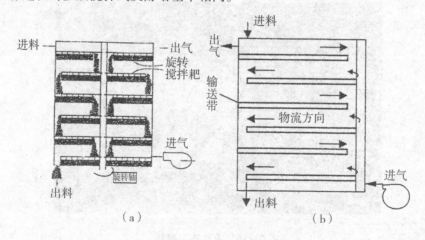

图6-17　多层发酵塔
a.搅拌式　b.移动床式

2. 能源化利用

畜禽粪便转化成能源主要有两种方法:一种是将畜禽粪便直接投入专用炉中焚烧,供应生产用热;一种是进行厌氧发酵生产沼气,为生产生活提供能源。

畜禽粪便生产沼气可采用干发酵技术,即将高含固率的畜禽粪便直接作为发酵原料,利用厌氧微生物发酵产生沼气,反应体系中的固体含量(TS)通常在 20% ~ 40%。干发酵技术具有系统稳定、处理量大、占地面积小等优势,其容积产气率较传统湿式发酵高 2 ~ 3 倍,且发酵残余物含固率较高,避免了发酵沼液处理处置困难等问题。但是,由于干发酵底物固体含量较高,接种物与底物混合困难,因此导致发酵过程传质、传热均存在一定问题。

3. 饲料化利用

畜禽粪便特别是鸡粪中含有大量未消化的蛋白质、B 族维生素、矿物质元素、粗脂肪和一定数量的碳水化合物,氨基酸品种比较齐全,且含量丰富,所以经过青贮、干燥加工等处理后可成为较好的饲料资源。

近年来,随着水产业及庭院经济的发展,畜禽粪便开始大量用作喂鱼的饲料,同时也有畜禽粪便养殖蝇蛆、蚯蚓的报道。但由于畜禽粪便能量低,矿物质含量较高,营养不平衡;加之畜禽生产过程中大量使用各种添加剂,其大部分残留在粪便中,粪便再作为饲料使用时,可能会出现超标甚至中毒的问题,所以目前发达国家已不主张使用畜禽粪便作饲料。

在我国,对畜禽场的干粪和由粪水中分离出的干物质,进行肥料化利用是最佳方法,这对于无公害食品的生产和绿色基地的建设具有十分重要的意义。

二、污水的处理与利用

国内外对规模化畜禽场废水的处理方法主要有综合利用和处理达标排放两大类。综合利用是生物质能多层次利用、建设生态农业和保证农业可持续发展的好途径。但是,目前由于我国畜禽场饲养管理方式落后,加上综合利用前厌氧处理的不到位,常使畜禽废水在综合利用的过程中产生许多问题,如废水产生量大、成分复杂、处理后污染物浓度仍很高、所用稀释水量多和受季节灌溉影响等。对于处理达标排放的来讲,虽然国内外所用的工艺流程大致相同,即固液分离→厌氧消化→好氧处理,但是,对于我国处于微利经营的养殖行业来讲,建设该类粪污处理设施所需的投资太大、运行费用过高。因此,探寻设施投资少、运行费用低和处理高效的养殖业粪污处理方法,已成为解决养殖业污染的关键所在。

畜禽养殖场产生的污水应根据养殖种类、养殖场规模、周边可消纳粪污土地、区域环境要求等因素,采用不同的处理与综合利用方法。总体上来说,应该一次性投资低,处理过程中运行成本低,废水处理效率高,废水资源化利用程度高。

(一)常见污水处理利用模式

1.沉淀处理还田模式

这是一种采用物理沉淀和自然发酵的方法来达到污水减排处理目的的治污方法,最常用的是三级沉淀法。

3个沉淀池串联在一起(图6-18),第一级主要起沉淀作用,也有部分有机物质进行分解;第二、第三级处于厌氧消化状态,主要对污水中溶解的有机质进行厌氧分解。污水在三个沉淀池内进行沉淀、处理,处理后出水供周边农田或果园利用,池底沉积粪污作为有机肥直接利用或和固体粪便一起进行有机肥生产。

图6-18 三级沉淀池

沉淀池大小需根据养殖量确定,但池体容积最低不得小于50m³;池体有效深度一般为1.5~2m。三级沉淀池建设可采用砖混结构,为防止池底渗透,底部采用钢筋混凝土浇筑。池体四周墙采用砖砌24墙,墙面水泥抹浆,浆厚度不得低于10mm。池顶加盖预制板,防止雨水进入。每格池体进出水口均开口于隔墙顶部一侧,左右交错,进出口、漫溢口均设栏网,便于固液分离,适当减缓流速,截留浮渣,提升沉淀效果。

该方法沉淀池建设简单,操作方便,成本较低,但对粪污处理不够彻底,处理效率低下,需要经常清淤,且周边要有大量农田消纳粪污。

2.生态利用模式:厌氧发酵(沼气池处理)+还田

该模式就是将污水厌氧消化后,出水灌溉农田或果园,沼液、沼渣作为有机肥还田利用的一种能源生态型处理模式。

主要工艺流程(图6-19):污水经过格栅,将残留的干粪和残渣拦截并清除,清除出的残渣出售或生产有机肥。而经过格栅拦截后的污水则进入厌氧消化池进行沼气发酵。发酵后的出水、沼液还田利用,沼渣可直接还田或制造有机肥。

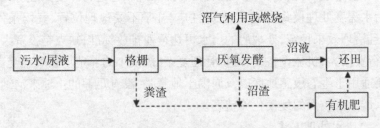

图6-19 污水生态利用模式工艺流程

该模式实现了养殖—沼气—种植结合,没有沼渣、沼液的后处理环节,投资相对较省,能耗低,而且不需专人管理,运转费用低;但需要有大量农田来消纳沼渣和沼液,要有足够容积的储存池来储存暂时没有施用的沼液。这种模式适用于气温较高、土地宽广、有足够的农田消纳养殖场粪污的农村地区,特别是种植常年施肥作物,如蔬菜、经济类作物的地区。

3. 深度处理模式:污水深度处理达到排放标准

该模式是污水经厌氧发酵等工艺处理后,厌氧出水必须再经过进一步处理,达到国家和地方排放标准,既可以达标排放,也可以作为灌溉用水或场区回用。

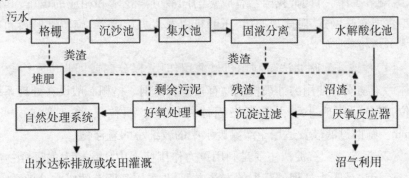

图6-20 污水深度处理模式工艺流程

主要工艺流程(图6-20):养殖场污水经过预处理,去除大的悬浮物并经水质、水量调节后,进行厌氧生物处理,厌氧出水通常有机质含量仍较高,达不到排放标准,所以进入好氧单元进行好氧生物处理。厌氧处理产生的沼渣可和固态粪便一起制造有机肥,沼气可经净化处理后通过输配气系统,用于居民生活用气、锅炉燃烧、沼气发电等。经过好氧处理后,为保证处理污水达到排放标准,可根据可供利用的土地资源面积和适宜的场地条件,在通过环境影响评价和技术经济比较后,选用适宜的自然处理工艺进行深度处理。

污水深度处理模式占地少,适应性广,几乎不受地理位置、气候条件的限制,而且治理效果稳定,处理后的出水可达行业排放标准;缺点是投资大,能耗高,运行费用大,机械设备多,维护管理复杂,规模小的养殖场较难承受。该模式主要适用于生态敏感地区以及周围土地紧张、没有足够的土地来消纳粪污,且污水产生量较大的规模化养殖场。

(二)废水处理方法

1. 物理处理

无论畜禽养殖场废水采用什么系统或综合措施进行处理,都必须首先进行物理处理达到固液分离的目的。这是一道必不可少的工艺环节,其重要性及意义主要在于:首先,一般养殖场排放出来的废水中固体悬浮物含量很高,相应的有机物含量也很高,通过固液分离可使液体部分的污染物负荷量大大降低;其次,通过固液分离可防止较大的固体物进入后续处理环节,防止设备的堵塞损坏等。此外,在厌氧消化处理前进行固液分离也能增加厌氧消化运转的可靠性,减小厌氧反应器的尺寸及所需的停留时间,降低设施投资并提高COD 的去除效率。物理处理技术一般包括:筛滤、离心、过滤、浮除、沉降、沉淀、絮凝等工序。目前,我国已有成熟的固液分离技术和相应的设备,其设备类型主要有筛网式、卧式离心机、压滤机以及水力旋流器、旋转锥形筛和离心盘式分离机等。

(1)筛滤法 筛滤法是利用机械截留作用,以分离或回收废水中较大的固体污染物质。使用的处理构筑物有格栅和筛网。格栅一般设在处理系统的首位,栅条间距应小于去除污染固体物中最小颗粒尺寸,一般介于 15 ~ 50mm。筛网过滤装置适用于滤除废水中的较细小的悬浮物。

(2)沉淀法 沉淀法主要是利用重力作用使水中比重较大的悬浮物质下沉。沉淀法是废水处理最基本的方法之一,几乎用于所有的废水处理系统中。使用的构筑物有沉淀池、沉沙池等。按照沉淀池在废水处理中的作用不同,又分为初次沉淀池与二次沉淀池。前者常位于生物处理构筑物之前用作预处理,后者设于生物处理构筑物之后,用以分离活性污泥或生物膜。沉沙池是用以处理废水中的沙粒以及其他较大的无机颗粒。

（3）过滤法　过滤法通过颗粒材料（如砂砾）或多孔介质（如滤布、微孔管）以截留分离废水中较小的悬浮物质，常用的设备有沙滤池、微孔滤管等。

（4）离心分离法　离心分离法是利用机体转动产生离心力，使与废水比重不同的微小悬浮物或乳化油等进行分离，常用的设备有离心机、旋流分离器等。

2. 厌氧生物处理

废水厌氧生物处理法又称"厌氧消化"，是在无氧条件下，依赖兼性厌氧菌和专性厌氧菌的生物化学作用，对有机物进行生物降解的过程，也称为厌氧消化。厌氧消化过程划分为 3 个连续的阶段，即水解酸化阶段、产氢产乙酸阶段和产甲烷阶段。第一阶段为水解酸化阶段：复杂的大分子、不溶性有机物先在细胞外酶的作用下水解为小分子、溶解性有机物，然后渗入细胞体内，分解产生挥发性有机酸、醇类、醛类等；第二阶段为产氢产乙酸阶段：在产氢产乙酸细菌的作用下，第一阶段产生的各种有机酸被分解转化成乙酸 H_2 和 CO_2；第三阶段为产甲烷阶段：产甲烷细菌将乙酸、乙酸盐、CO_2 和 H_2 等转化为甲烷。厌氧生物处理的优点：处理过程消耗的能量少，有机物的去除率高，沉淀的污泥少且易脱水，可杀死病原菌，不需投加氮、磷等营养物质。但是，厌氧菌繁殖较慢，对毒物敏感，对环境条件要求严格，最终产物尚需需氧生物处理。

对于畜禽养殖产生的高浓度有机质污水，通常先进行厌氧处理之后再进行后续处理。因为厌氧消化可以将大量的可溶性有机物去除，自身耗能少、运行费用低，且产生能源（沼气）。

厌氧反应器容积宜根据水力停留时间（HRT）确定，水力停留时间（HRT）不宜小于 5d。宜采用常温发酵，但温度不宜低于 20℃。当温度条件不能满足工艺要求时，厌氧反应器应设置加热保温措施。厌氧反应器应达到水密性与气密性的要求，应采用不透气、不透水的材料建造，内壁及管路应进行防腐处理。

目前用于处理养殖场污水的厌氧反应器很多，其中较为成熟且常用的厌氧反应器有上流式厌氧污泥床反应器（UASB）、完全混合厌氧反应器（CSTR）、升流式固体厌氧反应器（USR）等。

（1）上流式厌氧污泥床反应器　上流式厌氧污泥床反应器（UASB）（图 6-21）。废水自下而上地通过厌氧污泥床反应器，在反应器的底部有一个高浓度、高活性的污泥层，大部分的有机物在这里被转化为 CH_4 和 CO_2。由于气态产物（消化气）的搅动和气泡黏附污泥，在污泥层之上形成一个污泥悬浮层。反应器的上部设有三相分离器，完成气、液、固三相的分离。被分离的消化气从上部导出,被分离的污泥则自动沉落到悬浮污泥层,出水则从澄清区流出。

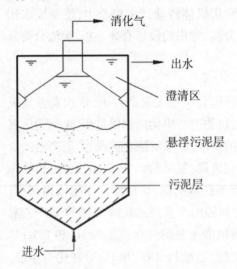

图6-21　上流式厌氧污泥床反应器

　　上流式厌氧污泥床反应器的优点是:反应器内的污泥浓度高,水力停留时间短;反应器内设三相分离器,污泥自动回流到反应区,无须污泥回流设备,无须混合搅拌设备;污泥床内不需填充载体,节省造价且避免堵塞。缺点是反应器内有短流现象,影响处理能力;难消化的有机固体、SS 不宜太高;运行启动时间长,对水质和负荷变化较敏感。

图6-22　完全混合厌氧反应器

（2）完全混合厌氧反应器　完全混合厌氧反应器是在一个密闭罐体内完成料液发酵并产生沼气（图6-22）。反应器内安装有搅拌装置，使发酵原料和微生物处于完全混合状态。投料方式采用恒温连续投料或半连续投料运行。新进入的原料由于搅拌作用很快与反应器内的全部发酵液菌种混合，使发酵底物浓度始终保持相对较低状态。为了提高产气率，通常需对发酵料液进行加热，一般用在反应器外设热交换器的方法间接加热或采用蒸汽直接加热。

完全混合厌氧反应器的优点是投资小、运行管理简单，适用于 SS 含量较高的污水处理；缺点是容积负荷率低，效率较低，出水水质较差。

（3）升流式固体厌氧反应器　升流式固体厌氧反应器（USR）（图6-23），是一种结构简单、适用于高悬浮固体有机物原料的反应器。原料从底部进入消化器内，与消化器里的活性污泥接触，使原料得到快速消化。未消化的有机物固体颗粒和沼气发酵微生物靠自然沉降滞留于消化器内，上清液从消化器上部溢出，这样可以得到比水力滞留期高得多的固体滞留期（SRT）和微生物滞留期（MRT），从而提高了固体有机物的分解率和消化器的效率。

升流式固体厌氧反应器处理效率高，不易堵塞，投资较省、运行管理简单，容积负荷率较高，适用于含固量很高的有机废水。缺点是结构限制相对严格，单体体积较小。

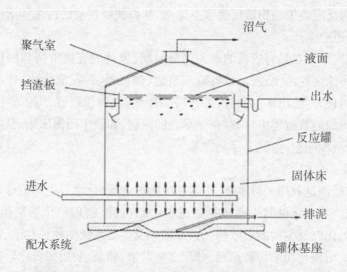

图6-23　升流式固体厌氧反应器示意图

3. 好氧生物处理

好氧生物处理是在有氧气的情况下，依赖好氧菌和兼性厌氧菌的生化作

251

用来进行的。细菌通过自身的生命活动,即氧化、还原、合成等过程,把一部分被吸收的有机物氧化成简单的无机物(CO_2、H_2O、NO_3^-、PO_4^{3-} 等),获得生长和活动所需能量,而把另一部分有机物转化为生物所需的营养物质,使自身生长繁殖。

好氧生物处理宜采用具有脱氮功能的工艺,如序批式活性污泥法(SBR)、氧化沟等。

(1)序批式活性污泥法 序批式活性污泥法(SBR)是活性污泥法的一种变型,它的反应机制以及污染物质的去除机制与传统活性污泥基本相同,仅运行操作不同。SBR工艺是按时间顺序进行进水、反应(曝气)、沉淀、出水、排泥等五个程序操作,从污水的进入开始到排泥结束称为一个操作周期,一个周期均在一个设有曝气和搅拌装置的反应器(池)中进行。这种操作通过微机程序控制周而复始反复进行,从而达到污水处理之目的。

SBR工艺最显著的工艺特点是不需要设置二沉池和污水、污泥回流系统;通过程序控制合理调节运行周期使运行稳定,并实现除磷脱氮;占地少,投资省,基建和运行费低。

(2)氧化沟 又名氧化渠(图6-24),因其构筑物呈封闭的环形沟渠而得名,它是活性污泥法的一种变型。该工艺使用一种带方向控制的曝气和搅动装置,向反应池中的物质传递水平速度,从而使被搅动的污水和活性污泥在闭合式渠道中循环。

氧化沟法特点是有较长的水力停留时间、较低的有机负荷和较长的污泥龄;相比传统活性污泥法,可以省略调节池、初沉池、污泥消化池,处理流程简单,超作管理方便;出水水质好,工艺可靠性强;基建投资省,运行费用低。但是,在实际的运行过程中,仍存在一系列的问题,如产生污泥膨胀问题,流速不均及污泥沉积问题,污泥上浮问题等。

4. 自然处理

自然处理是利用天然水体、土壤和生物的物理、化学与生物的综合作用来净化污水。其净化机制主要包括过滤、截留、沉淀、物理和化学吸附、化学分解、生物氧化以及生物的吸收等。其原理涉及生态系统中物种共生、物质循环再生原理、结构与功能协调原则,分层多级截留、储藏、利用和转化营养物质机制等。这类方法投资省、工艺简单、动力消耗少,但净化功能受自然条件的制约。宜采用的自然处理工艺有人工湿地、土地处理和稳定塘。

(1)人工湿地 是由人工建造和控制运行的与沼泽地类似的地面(图6-

图 6-24 氧化沟

25)。将污水、污泥有控制的投配到经人工建造的湿地上,污水与污泥在沿一定方向流动的过程中,主要利用土壤、人工介质、植物、微生物的物理、化学、生物三重协同作用,对污水、污泥进行处理的一种技术。其作用机制包括吸附、滞留、过滤、氧化还原、沉淀、微生物分解、转化、植物遮蔽、残留物积累、蒸腾水分和养分吸收及各类动物的作用。

图 6-25 人工湿地

  人工湿地处理系统可以分为以下几种类型:自由水面人工湿地处理系统,人工潜流湿地处理系统,垂直水流型人工湿地处理系统。人工湿地处理系统具有缓冲容量大、处理效果好、工艺简单、投资省、运行费用低等特点。

  人工湿地适用于有地表径流和废弃土地、常年气温适宜的地区,选用时进水 SS 宜控制为小于 500mg/L,应根据污水性质及当地气候、地理实际状况,选择适宜的水生植物。

（2）土地处理　　土地处理是通过土壤的物理、化学作用以及土壤中微生物、植物根系的生物学作用，使污水得以净化的自然与人工相结合的污水处理系统。

土地处理系统通常由废水的预处理设施、储水湖、灌溉系统、地下排水系统等部分组成。处理方式有地表漫流、灌溉、渗滤3种。采用土地处理应采取有效措施，防止污染地下水。

（3）稳定塘　　旧称氧化塘或生物塘，是一种利用天然净化能力对污水进行处理的构筑物的总称。其净化过程与自然水体的自净过程相似。通常是将土地进行适当的人工修整，建成池塘，并设置围堤和防渗层，依靠塘内生长的微生物及菌藻的共同作用来处理污水。

稳定塘污水处理系统能充分利用地形，结构简单，可实现污水资源化和污水回收及再用。具有基建投资和运转费用低、运行维护简单、便于操作、无须污泥处理等优点。缺点是占地面积过多；气候对稳定塘的处理效果影响较大；若设计或运行管理不当，则会造成二次污染。

稳定塘适用于有湖、塘、洼地可供利用且气候适宜、日照良好的地区。蒸发量大于降水量地区使用时，应有活水来源，确保运行效果。稳定塘宜采用常规处理塘，如兼性塘、好氧塘、水生植物塘等。

三、其他废弃物的处理与利用

（一）畜禽尸体的处理与利用

畜禽尸体的处置是一个备受关注的环境问题。畜禽尸体很可能携带病原，是疾病的传染源，为防止病原传播危害畜群安全，必须对畜禽尸体进行无害化处理。常用的处理畜禽尸体的方法有以下几种：

1.土埋法

土埋法是将畜禽尸体直接埋入土壤中，在厌氧条件下微生物分解畜禽尸体，杀灭大部分病原生物。土埋法适用于处理非传染病死亡的畜禽尸体。采用土埋法处理动物尸体，应注意：兽坟应远离畜舍、放牧地、居民点和水源；兽坟应地势高燥，防止水淹；畜禽尸体掩埋深度应不小于2m；在兽坟周围应洒上消毒药剂；在兽坟四周应设保护设施，防止野兽进入翻刨尸体。

2.焚烧法

焚烧法是将动物尸体投入焚尸炉焚毁。用焚烧法处理尸体消毒最为彻底，但需要专门的设备，消耗能源。焚烧法一般适用于处理具有传染性疾病的动物尸体。

3.生物热坑法

生物热坑应选择在地势高燥、远离居民区、水源、畜舍、工矿区的区域,生物热坑坑底和四周墙壁应有良好的防水性能。坑底和四周墙壁常以砖砌或用涂油木料制成,应设防水层。一般坑深 7 ~ 10m,宽 3m。坑上设两层密封锁盖。凡是一般性死亡的畜禽,随时抛入坑内,当尸体堆积至距坑口 1.5m 左右时,密闭坑口。坑内尸体在微生物的作用下分解,分解时温度可达 65℃以上,通常密闭坑口后 4 个月,可全部分解尸体。用这种方法处理尸体不但可杀灭一般性病原微生物,而且不会对地下水及土壤产生污染,适合对畜牧场一般性尸体进行处理。

4.蒸煮法

蒸煮法是将动物尸体用锅或锅炉产生的蒸汽进行蒸煮,以杀灭病原。蒸煮法适用于处理非传染性疾病且具有一定利用价值的动物尸体。

我国《畜禽养殖业污染防治技术规范》(HJ/T 81—2001)规定了病死禽畜尸体处理应采用焚烧炉焚烧或填埋的方法。在养殖场比较集中的地区,应集中设置焚烧设施,同时对焚烧产生的烟气应采取有效的净化措施;不具备焚烧条件的养殖场应设置两个以上的安全填埋井,进行填埋时,在每次投入畜禽尸体后,应覆盖一层厚度大于 10cm 的生石灰,井填满后,须用黏土填埋压实并封口。病死畜禽尸体要及时处理,严禁随意丢弃,严禁出售或作为饲料再利用。

(二)畜禽垫草、垃圾的处理与利用

畜牧场废弃的垫草及场内生活和各项生产过程产生的垃圾除和粪便一起用于生产有机肥或生产沼气外,还可在场内下风处选一地点焚烧,焚烧后的灰用土覆盖,发酵后可变为肥料。

四、臭气的控制

(一)臭气的产生及危害

养殖场有味气体来源于多个方面,如动物呼吸、动物皮肤、饲料、死禽死畜、动物粪尿和污水等,其中动物粪尿和污水在堆放过程中有机物的腐败分解是养殖场气味的主要发生源,它们一般来自于养殖舍地面、粪水储存池、粪便堆放场等。

动物从饲料中吸收养分,同时将未消化的养分以粪便的形式排出。动物粪便是含有碳水化合物、脂肪、蛋白质、矿物质、维生素及其代谢产物等多种成分的复杂化合物,这些化合物是微生物繁殖生长的营养来源,它们在有氧条件

下会彻底氧化，不会产生恶臭，但在厌氧条件下，这些物质被微生物消化降解产生各种带有气味的有害气体。和动物粪便一样，污水在厌氧或缺氧条件下也会产生有味气体。

研究表明，动物粪便在18℃的情况下经70d以后，有24%的植物纤维片段和43%的粗蛋白发生降解，碳水化合物会转化成挥发性脂肪酸、醇类及二氧化碳等，这些物质略带臭味和酸味。含氮化合物会转化生成氨、乙烯醇、二甲基硫醚、硫化氢、三甲胺等，这些气体有的具有腐败洋葱臭，有的具有腐败的蛋臭、鱼臭等。但也有些恶臭是这些有机物通过酶解作用形成的，如硫酸盐类被水解成硫化氢，马尿酸生成苯甲酸等。各种具有不同臭味的气体混合在一起形成恶臭。

畜禽场散发的恶臭及有害气体成分很多，但主要以氨、硫化氢、硫醇类、粪臭素为主。恶臭会对周围环境造成污染，称为畜禽传染病、寄生虫病和人畜共患疾病的传染途径。由畜禽舍和粪污堆场、储存池、处理设施产生并排入大气的恶臭物质，除引起不快、产生厌恶感外，恶臭的大部分成分对人和动物有刺激性和毒性。吸入某些高浓度恶臭物质可引起急性中毒，但在生产条件下这种机会极少。长时间吸入低浓度恶臭物质，开始是引起反射性的呼吸抑制，呼吸变浅变慢，肺活量减小，继而使嗅觉疲劳而改变嗅觉阈，同时也解除了保护性呼吸抑制而导致慢性中毒。氨、硫化氢、硫醇、硫醚、有机酸、酚类等恶臭物质均有刺激性和腐蚀性，可引起呼吸道炎症和眼病；脂肪族、胺、醇类、酮类、酯类等恶臭物质，对中枢神经系统均可产生强烈刺激，不同程度地引起兴奋或麻醉作用。此外，长时间吸入恶臭物质会改变神经内分泌功能，降低代谢机能和免疫功能，使生产力下降，发病率和死亡率升高。

另外，不仅部分有害气体分子会吸附在微小尘粒上、建筑物表面上、人和动物身体上，长时间不散去，污染养殖舍内的空气，导致疾病的传播；吸附有这些气体分子的微小尘粒还会随风飘散，散播到很远的地方，导致养殖场区和附件居民区空气质量的下降，对居民的健康造成一定威胁。由于这些有害气体对环境的污染不只局限在地表面上，还有空间的、立体的，因此，从某种意义上讲，养殖场的臭气对环境的影响不低于固态粪便和污水。

（二）影响臭气产生及扩散的因素

影响臭气产生和扩散的主要因素主要有以下几个方面：

1. 畜禽对饲料的消化和利用率

日粮中营养物质不完全吸收是畜禽舍恶臭和有害气体产生的主要因素。

提高日粮营养物质消化率,尤其是提高饲料中氮和磷的利用率,降低畜禽粪便氮和磷的排出,是解决养殖场恶臭的关键所在。

2.畜禽养殖场的选址

畜禽养殖场的规划、布局若不合理,会对日后生产产生不利影响,且要为环境保护付出很高的代价。例如,养殖场若建在对环境要求较高的区域或建在离居民区较近的区域,为达到环保要求或减少居民的埋怨,养殖场就必须付出很大代价,以保证环境质量。

3.畜禽舍的设计

畜禽舍设计合理与否与养殖场臭气的散布快慢有很大关系。不正确的排水系统、畜禽舍地面排水不畅等均会增加臭气的产生及散发。

4.畜禽养殖管理

畜禽养殖管理不当也会增加恶臭的生成和散发。如畜禽舍内不及时清粪、不加强通风;畜禽粪便、污水储存方式不当;施肥方法不正确等均会导致恶臭的产生和传播。

(三)臭气控制

目前,臭气的控制方法有多种多样,而最有效的控制方法就是控制产生臭气的源头和扩散的渠道。这就要从整个养殖系统上来考虑,如提高畜禽对饲料的消化率和利用率以减少臭气的产生;在饲料或粪尿中添加除臭剂以减少臭气的排放;选择养殖场的位置、方向以减少臭气对周围环境的影响;合理设计通风系统和养殖房舍,并对畜禽粪尿和污水进行及时、有效、科学的收集、储存和处理,以减轻臭气的产生及散发对环境的污染。此外,对已产生的臭气,还可以采用物理、化学或生物学的方法进行控制。控制粪污臭气常用的除臭技术主要有以下几个方面:

1.吸收与吸附法

(1)吸收法　吸收法是利用恶臭气体的物理或化学性质,用适当的液体作为吸收剂,使恶臭气体与其接触,并使这些有害组分溶于或与吸收剂发生反应,气体得到净化。

用水作吸收液吸收氨气、硫化氢气体时,其脱臭效率主要与吸收装置中液气比有关。当温度一定是,液气比越大,则脱臭效率也越高。水吸收的缺点是耗水量大、废水难以处理。因为在常温、常压下,气体在水中的溶解度很小,并且很不稳定,当外界因素如温度、溶液 pH 变动或者搅拌、曝气时,臭气有可能从水中重新逸散出来,造成二次污染。

使用化学吸收液时,由于在吸收过程中伴随着化学反应,生成物性质一般较稳定,因而脱臭效率较高,且不易造成二次污染。选择吸收方式时,应尽可能选择化学吸收,这样可以提高脱臭效果,同时也可节省大量用水。恶臭气体浓度较高时一级吸收往往难以满足脱臭的要求,此时可采用二级、三级或多级吸收。对复合性恶臭也可使用几种不同的吸收液分别吸收。

(2)吸附法　气体被附着在某种材料外表面的过程称为吸附。吸附的效率取决于材料的孔隙度;此外吸附的效果还取决于被处理气体的性质。一般来说,溶解度高、易于转化成液体的气体的吸附效果较好。吸附方法简单、方便,但使用一段时间后需要更换或重新活化吸附材料,因而会增加成本。吸附法比较适于低浓度(小于5mg/L)有味气体的处理。

在养殖场里,常用的方法是向粪便或舍内放置吸附剂来减少气味的散发,常见的吸附剂有沸石粉、锯末、膨润土、蒿属植物等。在我国农村长期有用秸秆、杂草、泥炭、干细土等垫圈的习惯。研究认为,畜禽粪的碳氮比与含氮臭气成分氨的挥发之间有显著的负相关,即各种畜禽粪之间,碳氮比越低则氨挥发量越高。这是因为微生物在分解有机物的同时,也利用其中的营养物质合成自身的细胞体,微生物在合成自身细胞体时需要的碳氮比约为25:1,当碳氮比大于此值时,微生物以利用矿化的氮来合成细胞体的蛋白质为主。低的碳氮比和碳氮化合物降解的不同步,会使有机氮降解为氨氮,大部分的氨氮无法及时被微生物同化而逸出,不仅产生了恶臭,而且损失了大量的养分。而通过向畜禽粪中添加含纤维素和木质素较多的植物残体(如秸秆、木屑等)可以提高碳氮比,吸附产生的部分氨气。

天然沸石是一种含水的碱金属或含碱土金属的铝硅酸盐矿物,有很大的吸附表面和很多大小均一的空腔和通道,可选择性地吸附胃肠中的细菌及NH_4、H_2S、CO_2、SO_2等有毒物质,同时由于它的吸水作用,降低了畜禽舍内空气湿度和粪便水分,减少了氨气等有害气体的产生。与沸石结构相似的海泡石、膨润土、蛭石、硅藻石等矿物也有类似的吸附作用。

2. 化学与生物除臭剂法

化学除臭剂可通过化学反应把有味的化合物转化为无味或较少气味的化合物。化学物质对畜禽粪的保氮除臭原理有两个方面:一是氧化剂类物质对粪肥中的挥发性物质氨等发生氧化作用而减少挥发;二是中和剂类物质对粪肥中的挥发性物质氨等发生酸碱中和反应而减少挥发。

常用的化学氧化剂有高锰酸钾、重铬酸钾、硝酸钾、过氧化氢、次氯酸盐和臭氧等,其中高锰酸钾除臭效果相对较好。臭氧是一种比较强的氧化剂,它的主要作用是杀灭那些能产生挥发性有机化合物的微生物,同时氧化降解那些有味的化合物成无味或较少气味的化合物。除了使用比较普遍的氧化剂外,还有抗活性剂和表面活化剂等。抗活性剂可与有味气体化合物结合以减少气味的产生;表面活性剂则可通过在表面形成一层薄膜并与有味化合物产生化合反应,从而减少气味的产生。

除臭固化剂是化学处理粪便的发展产物,是采用在多种氧化物中加入一定比例的化学盐及少量的植物激素,冷加工成的细微颗粒,其表面孔隙度多、表面积大、吸附力强。由于这些物质经高温灼烧而成,化学性质十分稳定,因而不会造成环境污染。固化剂与粪便混合后,将粪便中的营养成分固定下来,改变粪中环球菌繁殖所需的酸性条件,从而抑制它们的繁殖数量,防止大量分解释放硫化氢气体,达到除臭目的。试验研究表明,经除臭固化剂处理过的鸡粪,肥效高、肥效快而持久,能提高花芽分化率,是花果种植的优质肥料。

生物除臭剂(如生物助长剂和生物抑制剂等),可通过控制(抑制或促使)微生物的生长减少有味气体的产生。生物助长剂包括活的细菌培养基、酶或其他微生物生长促进剂等。通过这些助长剂的添加可加快动物粪便降解过程中有味气体的生物降解过程,从而减少有味气体的产生。生物抑制剂的作用却相反,它是通过抑制某些微生物的生长以控制或阻止有机物质的降解进而控制气味的产生。如用生物发酵床垫料处理粪便,其方法是在饲养猪舍床面上先铺一层锯末,再撒上一层可以分解粪尿的微生物,这些微生物可在短时间内将猪粪中的蛋白质分解,把氨气变成硝酸、硫化氢变成硫酸,达到除臭目的。但这种方法在夏季很可能造成病原菌繁殖。

3. 生物过滤与生物洗涤法

生物过滤和生物洗涤就是在有氧条件下,利用好氧微生物的活动,把有味气体转化为无味或较少气味气体的方法。

生物过滤器(图6-26)由具有一定孔隙度的生物滤床及相应的供氧系统等组成。在生物滤床内部布置有一些带有小孔的管道,污染的空气经风机送入管道后通过小孔被均匀地分布到滤床中。送入的空气被吸附在生物滤床材料的表面和含水层中,为滤床中的微生物提供氧气,并作为微生物的养分被消化利用,有味的气体被转化为无味或少味的气体。生物过滤过程实际上是一个十分复杂的生物、物理与化学的过程,包括吸附、吸收、生物氧化等多方面的作用。由于生物过滤依靠的是好氧微生物的活动,因此向滤床中提供足够的氧气是十分重要的，一般认为 $35 \sim 180 m^3/hm^2$ 是比较适宜的通风量。生物滤料对除臭效果的好坏起决定性的作用，常用的滤床材料有土壤、泥炭、堆肥和树皮等。堆肥含有大量的微生物菌群，其颗粒也有较大的表面积，被认为是最好的滤床材料之一。堆肥材料的缺点是随着时间的延长，孔隙度会下降，颗粒尺寸会减小，因而会降低处理效果。在堆肥中添加黏土、泥炭和聚苯乙烯颗粒可改善其处理性能和使用寿命。

图 6 - 26　生物过滤器

生物洗涤器主要由"生物垫"和洗涤供水系统组成。当污染的空气流过"生物垫"时，洗涤水从另一端也同时流过"生物垫"。洗涤水和空气为生长在生物垫上的微生物提供生长所必需的水分和氧气，其中一些有味的气体化合物作为微生物的养分被消化利用，气味的强度因此而降低。"生物垫"是微生物依附生长的地方，初始其上并没有多少期望的微生物，因此，开始时有一个"驯化"期，要等到其上的好氧微生物达到一定的数量后方可投入正常使用。"生物垫"必须保持一定的温度、pH，水流和空气的分布要均匀，以便为微生物生长提供最优的条件。洗涤用水可循环使用，但当其中的某些化学物质（如氨等）达到一定浓度时则需要排放掉，因此，生物洗涤存在一个洗涤废水的出路问题。此外，在气候比较寒冷的地区，微生物的生长活动会受到限制，洗涤效果会降低。研究表明，温度每增加 10℃，微生物的降低速率可提高 1 倍左右。

生物过滤与生物洗涤用于气味的去除投资少、运行成本低，一般不会产生有害物质，是比较有发展前途的生物处理方法。目前，生物除臭技术也得到了新的发展,如利用生物膨胀床技术处理含氨臭气。该装置把有利于脱臭微生物生长的营养液装入反应器中,然后将填料浸在溶液中,废气由底部通入,填料在溶液中成流化悬浮状态,这样就克服了生物过滤法反应条件不易控制的缺点,运行费用也较低,并且操作也比较方便。

畜牧业常用的除臭方法对不同的养殖场、不同的地区会有其不同的适用性。近几年,由于生物技术迅速发展,利用生物技术去除气味和有害气体在发达国家得到了越来越多的重视,同时也获得了较好的应用。

总之,在我国,恶臭污染正逐渐引起人们的重视,但恶臭污染防治技术远远落后于畜禽粪便及污水的治理技术,且多集中于几种可促进生长和改善饲料效率的添加剂上。今后我国也应加快开发和推广那些价格便宜、处理成本低、操作简单的除臭技术应用于养殖业中,以减轻因养殖业发展给农村环境保护带来的压力。

第三节　畜禽场环境监测与评价

一、水质监测

水质监测包括对畜牧场水源的监测和对畜牧场周围水体污染状况的监测。

(一)监测项目

水质的监测项目包括物理指标和一般化学指标、微生物指标、毒理指标等,主要有水温、pH、生化需氧量、化学耗氧量、悬浮物、氨氮、总磷、总硬度、铅、砷、铜、硒、细菌总数、总大肠菌群、蛔虫卵等的监测。一般情况下,细菌学指标和感官性状指标列为必检项目,其他指标可根据当地水质情况和需要选定。

(二)监测点(采样位置)的确定

在对调查研究结果和有关资料进行综合分析的基础上,监测点的选取应有代表性、合理性和科学性,即能较真实、全面地反映水质及污染物的空间分布和变化规律;应根据监测目的和监测项目,并考虑人力、物力等因素确定监测断面和采样点。设置畜禽养殖场水质监测点时要兼顾污染物的排放总量的监测和养殖场废弃物对当地水环境的影响,通常在附近的饮用水源、排污口、纳污水体、地下水井等处布设监测点位。

(三)监测时间和频率

畜禽场水源水质监测应根据水源种类、水质情况等确定具体监测次数。若畜禽场水源为深层地下水,因其水质比较稳定,1 年测 1~2 次即可;若是河流等地面水,每季或每月应定时监测 1 次。

针对畜牧场环境管理进行的监督性监测,应根据要求或需要确定监测时间和频率。一般地方环境监测站对畜禽养殖企业的监督性监测每年至少 1 次;如被国家或地方环境保护行政主管部门列为年度监测的重点排污单位,应增加到每年 2~4 次。如果是畜禽场进行自我监测,则按生产周期和生产特点确定监测频率,一般每周 1 次。畜禽场若有污水处理设施并能正常运转使污水能稳定排放,监督监测可采瞬时样。对于排放流量有明显变化的污水,要根据排放情况分时间单元采样再组成混合样品。

(四)水样的采集

1. 采样前的准备

采水样前应先将采样器及盛样容器准备好。采样器材质常采用聚乙烯塑料、有机玻璃、硬质玻璃和金属铜、铁等。清洗时,先用自来水冲去灰尘等杂物,用洗涤剂去除油污,自来水冲洗后,再用 10% 盐酸或硝酸溶液洗刷,再用自来水冲洗干净备用。

盛放水样的容器通常有聚乙烯塑料容器和硬质玻璃容器。塑料容器常用于金属和无机物的监测项目;玻璃容器常用于有机物和生物等的监测项目。容器在使用前必须经过洗涤。盛装测金属类水样的容器,先用洗涤剂清洗、自来水冲洗,再用 10% 盐酸或硝酸溶液浸泡 8h,用自来水冲洗,最后用蒸馏水清洗干净;盛装测有机物水样的容器先用洗涤剂冲洗,再用自来水冲洗,最后用蒸馏水清洗干净。

2. 采样量

采样量与监测方法和水样组成、性质、污染物浓度有关。按监测项目计算后,再适当增加 20%~30% 作为实际采样量。供一般物理与化学监测用水样 2~3 个,待测项目很多时采集 5~10 个,充分混合后分装于 1~2 个储样瓶中。采集的水样除一部分作监测,还要保存一部分备用。正常浓度水样的采样量(不包括平行样和质控样)见表 6-3。

表 6-3 水样采集量

监 测 项 目	水样采集量(ml)	监 测 项 目	水样采集量(ml)
悬浮物	100	BOD	1 000
pH	50	COD	100
色度	50	氯化物	50
嗅	200	硫酸盐	50
浊度	100	硫化物	250
硬度	100	碘化物	100
电导率	100	酚	1 000
凯氏氮	500	苯胺类	200
硝酸盐氮	100	硝基苯	100
亚硝酸盐氮	50	油	1 000
氨氮	400	有机氯农药	2 000
磷酸盐	50	铬	100
溶解氧	300	砷	100

3. 采样注意事项

采样时采样器应先用采样点的水冲洗 3 次,然后再采样。测定悬浮物、pH、溶解氧、BOD、油类、硫化物、余氯、放射性、微生物等项目需单独采样;测定溶解氧、BOD 和有机污染物等项目的水样必须充满容器;pH、溶解氧和电导率等项目宜在现场测定。进行地下水采样时,若从监测井利用抽水机设备采样,启动后应先放水数分钟,将积留在管道内的杂质及陈旧水排出,然后用采样容器接取水样;对于自喷泉水,可在涌水口处直接采样;对于自来水,也要先将水龙头完全打开,放水数分钟,排出管道内积存的死水后再采样。采样时要同步测量水文和气象参数;在采样现场,用纯水按样品采集步骤装瓶,与水样同样处理,以掌握采样过程中环境条件与操作条件对监测结果的影响。采样结束前要仔细检查采样记录和水样,若有漏采或不符合规定者,应立即补采和重新采样。

(五)水样的运输

样品采集后,除一部分供现场测定使用外,大部分要运回实验室进行分析测定。在水样运输过程中,应继续保证样品的完整性、代表性,使之不受污染、损坏和丢失,为此必须遵守各项保护措施:根据采样记录和样品登记表清点样品,防止差错;样品瓶要塞紧内、外盖,必要时用封口胶、石蜡封口;为避免水样在运输过程中震动、碰撞导致损失或沾污,应将其装箱,并用泡沫塑料或纸条挤紧,在箱顶贴上标记;需冷藏的样品,应采取制冷保存措施;冬季应采取保温措施,以免冻裂样品瓶;样品运输时要有专人押运,送到实验室时,接受者与送样者双方应在样品登记表上签名,以示负责。

（六）水样的保存

各种水质的水样,从采集到分析测定这段时间内,由于环境条件的改变,微生物新陈代谢活动和化学作用的影响,会引起水样某些物理参数及化学组分的变化。若不能及时运输或尽快分析时,则应根据不同监测项目的要求,放在性能稳定的材料制作的容器中,采取适宜的保存措施。保存水样主要有以下方法:

1. 冷藏或冷冻法

冷藏或冷冻的作用是抑制微生物活动,减缓物理挥发和化学反应速度,用这种保存方法可把有机物毫无变化地保存下来。

2. 加入化学试剂保存法

在水样中,加入一定量的化学试剂作抑制剂、杀菌剂或防腐剂,以抑制生物的作用;或调节水样的酸度,防止沉淀、水解、氧化还原等反应的产生,使水样的成分、状态和元素的价态保持相对的稳定。

（1）加入生物抑制剂　如在测定氨氮、硝酸盐氮、化学需氧量时,在水样中加入 $HgCl_2$,可抑制生物的氧化还原作用;对测定酚的水样,用 H_3PO_4 调至 pH 为 4 时,加入适量 $CuSO_4$,即可抑制苯酚菌的分解活动。

（2）调节 pH　测定金属离子的水样常用 HNO_3 酸化至 pH 为 1~2,既可防止重金属离子水解沉淀,又可避免金属被器壁吸附;测定氰化物或挥发性酚的水样加入 NaOH 调至 pH 为 12,使之生成稳定的酚盐等。

（3）加入氧化剂或还原剂　如测定汞的水样需加入 HNO_3（至 pH < 1）和 $K_2Cr_2O_7$（0.05%）,使汞保持高价态;测定硫化物的水样,加入抗坏血酸,可以防止被氧化。

应当注意,加入的保存剂不能干扰以后的测定;保存剂的纯度最好是优级纯的,还应做相应的空白试验,对测定结果进行校正。

虽然可采用一定的保存方法,但水样存放时间越短越好。水样的最长存放时间为:清洁水样 72h,轻污染水样 48h,严重污染水样 12h。

二、土壤监测

(一)监测项目与监测频次

土壤监测项目分常规项目、特定项目和选测项目。常规项目原则上为《土壤环境质量标准》(GB 15618—2009)中所要求控制的污染物;特定项目为《土壤环境质量标准》(GB 15618—2009)中未要求控制的污染物,但根据当地环境污染状况,确认在土壤中积累较多、对环境危害较大、影响范围广、毒性较强的污染物,或者污染事故对土壤环境造成严重不良影响的物质,具体项目由各地自行确定。选测项目一般包括新纳入的在土壤中积累较少的污染物、由于环境污染导致土壤性状发生改变的土壤性状指标以及生态环境指标等,由各地自行选择测定。

监测频次与监测项目相应,土壤监测项目与监测频次见表6-4。监测频次原则上按表6-4执行,常规项目可按当地实际适当降低监测频次,但不可低于5年1次;选测项目可按当地实际适当提高监测频次。

表6-4 土壤监测项目与监测频次

项目类别		监测项目	监测频次
常规项目	基本项目	pH、阳离子交换量	每3年1次 农田在夏收或秋收后采样
	重点项目	镉、铬、汞、砷、铅、铜、锌、镍、六六六、滴滴涕	
特定项目		特征项目	及时采样,根据污染物变化趋势决定监测频次
选测项目	影响产量项目	全盐量、硼、氟、氮、磷、钾等	每3年监测1次 农田在夏收或秋收后采样
	污水灌溉项目	氰化物、六价铬、挥发酚、烷基汞、苯并芘、有机质、硫化物、石油类等	
	POPs与高毒类农药	苯、挥发性卤代烃、有机磷农药等	
	其他项目	结合态铝(酸雨区)、硒、钒、氧化稀土总量、钼、铁、锰、镁、钙、钠、铝、硅、放射性比活度等	

(二)监测点(采样位置)的确定

土壤监测点布设,必须以能代表整个场区为原则,在可能造成污染的方位和地块布点。大气污染型土壤监测和固体废物堆污染型土壤监测以污染源为中心放射状布点,在主导风向和地表水的径流方向适当增加采样点(离污染源的距离远于其他点);灌溉水污染监测、农用固体废物污染型土壤监测和农用化学物质污染型土壤监测单元采用均匀布点;灌溉水污染监测采用按水流方向带状布点,采样点自纳污口起由密渐疏;综合污染型土壤监测单元布点采用综合放射状、均匀、带状布点法。

(三)采样

采样点可采表层样或土壤剖面。一般监测采集表层土,采样深度 0~20cm,特殊要求的监测(土壤背景、环评、污染事故等)必要时选择部分采样点采集剖面样品。剖面的规格一般为长 1.5m,宽 0.8m,深 1.2m。挖掘土壤剖面要使观察面向阳,表土和底土分两侧放置。按采样面积、地形或差异性分5~10 个点进行采样,然后混合均匀按四分法取 1kg 土样装入样品袋,多余部分弃去。采样的同时,由专人填写样品标签、采样记录;标签一式两份,一份放入袋中,一份系在袋口,标签上标注采样时间、地点、样品编号、监测项目、采样深度和经纬度。采样结束,需逐项检查采样记录、样袋标签和土壤样品,如有缺项和错误,及时补齐更正。

(四)样品运输

在采样现场样品必须逐件与样品登记表、样品标签和采样记录进行核对,核对无误后分类装箱。运输过程中严防样品的损失、混淆和沾污;对光敏感的样品应有避光外包装;对于易分解或易挥发等不稳定组分的样品要采取低温保存的运输方法,并尽快送到实验室分析测试。土壤样品应由专人送到实验室,送样者和接样者双方同时清点核实样品,并在样品交接单上签字确认,样品交接单由双方各存一份备查。

(五)样品制备

1. 风干

除了测定游离挥发酚、硫化物等不稳定组分需要新鲜土样外,多数项目的样品需经风干后才能进行测定。在风干室将土样放置于风干盘中,摊成 2~3cm 的薄层,适时地压碎、翻动,拣出碎石、沙砾、植物残体。

2. 样品粗磨

在磨样室将风干的样品倒在有机玻璃板上,用木槌敲打,用木碾、木棒、有机玻璃棒再次压碎,拣出杂质,混匀,并用四分法取压碎样,过孔径 0.85mm(20 目)尼龙筛。过筛后的样品全部置无色聚乙烯薄膜上,并充分搅拌混匀,再采用四分法取其两份,一份交样品库存放,另一份作样品的细磨用。粗磨样可直接用于土壤 pH、阳离子交换量、元素有效态含量等项目的分析。

3. 细磨样品

用于细磨的样品再用四分法分成两份,一份研磨到全部过孔径 0.25mm(60 目)筛,用于农药或土壤有机质、土壤全氮量等项目分析;另一份研磨到全部过孔径 0.15mm(100 目)筛,用于土壤元素全量分析。

4. 样品分装

研磨混匀后的样品,分别装于样品袋或样品瓶,填写土壤标签一式两份,瓶内或袋内一份,瓶外或袋外贴一份。

制样过程中应注意将采样时的土壤标签与土壤始终放在一起,严禁混错,样品名称和编码始终不变;制样工具每处理一份样品后擦抹(洗)干净,严防交叉污染。

(六)样品保存

制备好的土样按样品名称、编号和粒径分类于样品库保存。若无样品库,可在常温、阴凉、干燥、避阳光、密封条件下进行保存。分析取用后的剩余样品一般保留半年,预留样品一般保留 2 年。

测试项目需要新鲜样品的土样,采集后用可密封的聚乙烯或玻璃容器在 4℃ 以下避光保存,样品要充满容器。避免用含有待测组分或对测试有干扰的材料制成的容器盛装保存样品,测定有机污染物用的土壤样品要选用玻璃容器保存。

三、空气质量监测

(一)监测项目

监测项目包括畜禽舍的温热环境(如气温、空气湿度、气流、畜禽舍通风换气量)、光环境(畜禽舍光照强度、光照时间、采光系数)、空气卫生指标。空气卫生监测主要是对畜禽场空气中污染物质和可能存在的大气污染物进行监测,主要以恶臭、氨、硫化氢、二氧化碳、二氧化硫、二氧化氮、细菌总数为主,若为无窗畜禽舍或饲料间,还需测粉尘、噪声等。

(二)监测时间和频率

1. 经常性监测

常年在固定测点设置仪器,供管理人员随时监测。旨在随时了解家畜环境基本因子的状况,及时掌握其变化情况,以便于及时调整管理措施。如在畜舍内设置干湿球温度表,随时观察畜舍的空气温度、湿度。

2. 定期定点监测

全年中每月或每旬或每季各进行一次调查监测。测定之日全天间隔一定时间观测及采样 3～4 次,观测及采样时间应包括全天空气环境状况最清新、中等及最污浊时刻。

3. 临时性监测

根据畜禽健康状况或环境中污染物剧增时进行测定。如当寒流、热浪突然袭击时,当呼吸道疾病发病率升高或大规模清粪时需要进行这种短时间的临时性测定,以确定污染危害程度。

(三)监测方法

首先须调查研究,应了解畜禽舍的类型,使用情况,畜群管理方式及头数,以及其生产性能健康状况等;其次要在舍内外选择能代表环境状况的位点,最后进行监测。

畜禽舍温热环境的监测方法:参见第一章第二节相关内容。气流速度测定可用微风速仪等仪器(图 6 – 27)测定,测点应根据测定目的,选择有代表性的位置,如通风口处、门窗附近、畜床附近等。

图 6 – 27 风速仪

畜舍空气中有害物质的检测方法一般可采用化学分析、生物学检测或直接使用仪器仪表测定。进行气体采样时,应根据大气污染物的存在状态、浓度、物理化学性质及分析方法的灵敏度不同,选用不同的采样方法和采样仪器。当大气污染物浓度较高,或分析方法较灵敏,用少量气样就可以满足监测分析要求时,用直接采样法,常用的采样仪器有注射器、塑料袋、采样管等;当大气中被测物质浓度很低,或所用分析方法灵敏度不高时,需用富集采样法对大气中的污染物进行浓缩。富集采样的时间一般都比较长,测得结果是在采样时段内的平均浓度。富集采样法有溶液吸收法、固态阻留法、自然沉降法等。

1. 氨气的检测

(1)pH 试纸法 pH 试纸法是采用中性蒸馏水作为氨气的吸收液,将 pH 试纸浸入吸收液中,通过比对颜色校准表来确定氨气的浓度,这种方法廉价并且读数直观,但是灵敏度和精度较差。

(2)比色法 比色法是以生成有色化合物的显色反应为基础,通过比较或测量有色物质溶液颜色深度来确定待测组分含量,最典型的应用为纳氏试剂比色法。

(3)氨气检测仪检测法 这是利用氨气检测仪(图 6 - 28)直接进行测定。此方法简便,容易操作,能够迅速地检测出畜舍内氨气的浓度,但是测定结果的真实度与检测仪的灵敏度与精确度有关。通常精度高的检测仪价格昂贵,对一般中小规模的养殖企业来说,要配备这样昂贵的氨气检测仪不够经济。

图 6 - 28　氨气检测仪

2. 硫化氢的检测

(1)定性检测法 以醋酸铅浸湿的试纸,悬于畜舍空气中片刻,有硫化氢存在时,因形成硫化铅使试纸变为黑色。这种方法只能判断舍内是否存在硫化氢,但无法测出硫化氢的真实浓度。

(2)化学分析法 这是以化学反应为基础,利用反应中沉淀生成或颜色变化等现象测量硫化氢气体的浓度。化学分析法无论灵敏度还是测量极限都较低,用得比较多的是碘量法和硝酸银比色测定法。很多国标中测定硫化氢都采用这两种方法。

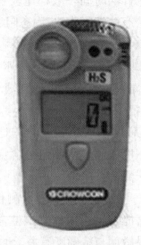

图6-29　硫化氢测定仪

（3）硫化氢测定仪检测法　硫化氢测定仪（图6-29）是利用硫化氢气体分子在气体传感器敏感膜上发生物理或化学吸附（或电化学反应），这种吸附（或反应）导致传感器的某种性能（或电信号）发生改变，通过测量这个改变值的大小来反映气体浓度的变化。利用便携式硫化氢测定仪能满足简便、快速、现场检测等要求。

3. 二氧化碳的检测

（1）二氧化碳检测仪检测　便携式二氧化碳测定仪（图6-30）通常体积小，携带方便，能随时随地进行气体检测，具有快速简便的优点，但数据可靠性要受到仪器检测精度的影响。

（2）化学分析法　二氧化碳检测最常用的化学分析法是容量滴定法。其原理是空气中的二氧化碳被过量的氢氧化钡溶液吸收，生成碳酸钡沉淀，剩余的氢氧化钡溶液用标准草酸溶液滴定至酚酞试剂红色消失。由容量滴定法滴定结果和所采集的空气体积，可计算出空气中二氧化碳的浓度。

4. 恶臭的检测

（1）仪器测定法　主要用于测定单一的恶臭物质，单一恶臭物质主要包括小分子的有机酸、酮、酯、醛类、胺类，以及硫化氢、甲苯、苯乙烯等。通常要利用精密分析仪器采用气相色谱法、分光光度法等进行，所以一般分析费用较高，分析时间也比较长。

（2）嗅觉测定法　传统的仪器测定虽然能够测定单一恶臭气体的浓度，但却不能反映恶臭气体对人体的综合影响，为此人们引进了嗅觉测定法，即通

图 6 - 30　二氧化碳测定仪

过人的嗅觉器官对恶臭气体的反应来进行恶臭的评价和测定工作。比较常用的是三点比较式臭袋法。

三点比较式臭袋法又称臭气浓度法,所谓臭气浓度指恶臭气体用无臭空气进行稀释,稀释到刚好无臭时,所需的稀释倍数。这种方法的特点是不是直接判断臭气强度的大小,而是通过判定臭气的有无,再通过计算,间接判定臭气的强弱,现在此方法已作为国家标准发布。

5. 粉尘的检测

空气中粉尘的检测除了可采用粉尘测定仪直接测定外,通常采用重量法进行测定,即抽取一定体积的含尘空气,将粉尘阻留在已知质量的滤膜上,由采样后滤膜的增量,求出单位体积空气中粉尘的质量。

6. 微生物的检测

空气微生物卫生标准,是以细菌为标准,因病毒测定技术要求较高,在一般实验室难以运用。细菌选用的指标是菌落总数,表示方法为 cfu/m^3。

(1)沉降法　将盛有培养基的平皿(直径 9cm)放在采样点暴露一定时间(5min),经 37℃、48h 培养后,计算出其上所生长的菌落数。此法简单,使用普遍,但由于只有一定大小的颗粒在一定时间内才能降到培养基上,同时易受气流等环境因素影响较大,因此,所测得微生物数量欠准确,检验结果比实际存在数量少。

(2)简易定量测定法　用无菌注射器定量抽取空气,将所取空气压入培养基内部,经培养后,统计菌落数量,推算 1L 空气所含菌量,即可定量测定空气中微生物,此法简单易行。

（3）过滤法　该法是抽取定量空气通过一种液体吸收剂,然后取此液体定量培养,计数出菌落数。

（4）撞击法　采用撞击式空气微生物采样器采样,通过抽气动力作用,使空气通过狭缝或小孔而产生高速气流,从而使悬浮在空气中的带菌粒子撞击到营养琼脂平板上,经37℃、48h 培养后,根据取样时间和空气流量计算每立方米空气中所含的细菌菌落数。气流撞击法能够比较准确地测定空气中细菌的含量。

四、畜禽场环境质量评价技术与方法

环境质量评价就是按照一定的评价标准和评价方法对环境质量状况进行定量评定、解释和预测。通常按评价的时间、内容及所在区域可将环境质量评价划分为多种类型,实际工作中可根据实际情况、需要和评价目的选择适当的类型和方法对畜牧场及周围地区环境质量进行评价,畜牧场周围地区一般是指以畜牧场为中心至 1～2.5km 半径范围内的区域。

（一）评价指标分类

根据污染物的毒理学特征和生物吸收、富集特性,将畜禽场环境质量评价标准中的指标分为严格控制指标和一般控制指标两类。表6－5 所列指标为严格控制指标,其他未列出的指标为一般控制指标。

表6－5　严格控制指标

序号	类别	指标
1	水质	牧场灌溉用水：铅（Pb）、镉（Cd）、汞（Hg）、砷（As）、氰化物（CN⁻）、铬（六价）
		畜禽饮用水：铅（Pb）、镉（Cd）、汞（Hg）、砷（As）、铬（六价）、氰化物（CN⁻）、硝酸盐
2	土壤	铅（Pb）、镉（Cd）、汞（Hg）、砷（As）、铬（Cr）
3	空气	二氧化硫（SO₂）、二氧化氮（NO₂）

（二）评价步骤

严格控制指标应采用单项污染指数法进行评价,任何一项严格控制指标浓度（含量）超标,即判定为不合格,评价结束;如果严格控制指标浓度（含量）不超标,则应进行一般控制指标的评价。一般控制指标应首先采用单项污染指数法进行评价,如果每一项指标浓度（含量）都不超标,即判定为合格,评价结束;如果至少有一项指标浓度（含量）超标,则应采用综合污染指数法进行

评价。

(三)评价方法

1. 单项污染指数法

单项污染指数法应按式(1)进行。

$$P_i = \frac{P_i}{S_i} \tag{1}$$

式中：P_i——环境中污染物 i 的单项污染指数；

i——环境中污染物 i 的浓度(含量)实测值；

S_i——污染物 i 的评价标准(容许浓度或含量限值)。

若 $P_i \leqslant 1$，则指标浓度(含量)未超标，判定为合格。

若 $P_i > 1$，则指标浓度(含量)超标。

2. 综合污染指数法

土壤和水环境质量综合污染指数法应按式(2)进行，环境空气质量综合污染指数法应按式(3)进行。

$$P = \sqrt{\frac{\left(\dfrac{P_i}{S_i}\right)_{max}^2 + \left(\dfrac{P_i}{S_i}\right)_{avt}^2}{2}} \tag{2}$$

式中：P——土壤(水)综合污染指数。

(P_i/S_i)max——单项污染指数最大值。

(P_i/S_i)avr——单项污染指数平均值。

$$I = \sqrt{\left[\max\left|\frac{P_1}{S_1}, \frac{P_2}{S_2}, \cdots, \frac{P_n}{S_n}\right|\right] \times \frac{1}{n} \times \sum_{i=1}^{w}\frac{P_i}{S_i}} \tag{3}$$

式中：I——空气污染综合指数；

P_i/S_i——单项污染指数；

若 P 或 $I \leqslant 1$，判定为合格；

若 P 或 $I > 1$，判定为不合格。

(四)评价指标限值

1. 水环境质量评价指标限值

(1)场区灌溉用水水质评价指标限值　参照表6-6中的相关内容。

表 6-6　场区灌溉用水水质评价指标限值

序号	评价指标	指标限值	单位
1	pH	5.5 ~ 8.5	
2	水温	35	℃
3	悬浮物	200	mg/L
4	生化需氧量(BOD$_5$)	150	
5	化学需氧量(CODcr)	300	
6	凯氏氮	30	
7	总磷(以 P 计)	10	
8	阴离子表面活性剂(LAS)	8.0	
9	氯化物	250	
10	硫化物	1.0	
11	氟化物	3.0	
12	氰化物	0.5	
13	全盐量	2 000(盐碱土地)、1 000(非盐碱土地)	
14	石油类	10	
15	挥发酚	1.0	
16	苯	2.5	
17	三氯乙醛	0.5	
18	丙烯醛	0.5	
19	硼	3.0	
20	镉	0.005	mg/L
21	锌	2.0	
22	硒	0.02	
23	铅	0.1	
24	铜	1.0	
25	汞	0.001	
26	铬(六价)	0.1	
27	砷	0.1	
28	粪大肠菌群数	10 000	个/L
29	蛔虫卵数	2	

（2）畜禽饮用水水质评价指标限值　参照表6-7中的相关内容。

表6-7　畜禽饮用水水质评价指标限值

序号	评价指标	指标限值		单位
		畜	禽	
1	色	30		度
2	浑浊度	20		NTU
3	臭和味	不得有异臭、异味		—
4	pH	5.5~9.0	6.5~8.5	
5	总硬度（以 $CaCO_3$ 计）	1 500		
6	溶解性总固体	4 000	2 000	
7	硫酸盐（以 SO_4^{2-} 计）	500	250	
8	氟化物（以 F^- 计）	2.0	2.0	
9	氰化物	0.20	0.05	
10	砷	0.20	0.20	
11	汞	0.01	0.001	
12	铅	0.10	0.10	mg/L
13	铬（六价）	0.10	0.05	
14	镉	0.05	0.01	
15	硝酸盐	10.0	3.0	
16	六六六	0.005		
17	滴滴涕	0.001		
18	乐果	0.08		
19	敌敌畏	0.001		
20	总大肠菌群	100（成年）3（幼年）	3	个/L

（3）畜禽场生产用水水质评价指标限值　见表6-8。

表6-8　畜禽场生产用水水质评价指标

序号	评价指标	指标限值	单位
1	pH	6.0~9.0	
2	嗅	无不快感	
3	浑浊度	10	NTU
4	色	30	度
5	溶解性总固体	1 500	
6	生化需氧量（BOD_5）	15	
7	氨氮	10	
8	阴离子表面活性剂（LAS）	1.0	mg/L
9	溶解氧≥	1.0	
10	总余氯	接触30min后≥1.0,管网末端≥0.2	
11	总大肠菌群	3	个/L

2.土壤环境质量评价指标限值

畜禽场土壤环境质量评价指标限值见表6-9中的相关内容。

表6-9　畜禽场土壤环境质量评价指标限值

序号	评价指标	指标限值	单位
1	镉	1.0	
2	汞	1.5	
3	砷	40	
4	铜	400	
5	铅	500	
6	铬	300	mg/kg
7	锌	500	
8	镍	200	
9	六六六	1.0	
10	滴滴涕	1.0	
11	土壤中寄生虫卵数	10	个/kg

3. 环境空气质量评价指标限值

畜禽场环境空气质量评价指标限值见表6-10中的相关内容。

表6-10　环境空气质量评价指标限值

序号	评价指标	取值时间	指标限值（场区）	单位
1	氨气		5	
2	硫化氢		2	
3	二氧化碳	一日平均	750	mg/m³
4	可吸入颗粒物		1	
5	总悬浮颗粒物		2	
6	恶臭（稀释倍数）		50	倍
7	噪声	昼间	60	dB
		夜间	50	

第四节　畜禽场绿化

一、绿化的意义

（一）改善场区小气候

绿化可以明显改善畜牧场内的温度、湿度、气流等状况。在冬季,绿地的平均温度及最高温度均比没有树木低,但最低温度较高,因而缓和了冬季严寒时的温度日较差,气温变化不致太大。夏季,一部分太阳辐射热被树木稠密的树冠所吸收,而树木所吸收的辐射热量,又绝大部分用于蒸腾和光合作用,所以温度的提高并不很大,一般绿地夏季气温比非绿地低 3 ~ 5℃,草地的地温比空旷裸露地表温度低得多。

绿化可增加空气的湿度,绿化区风速较小,空气的乱流交换较弱,土壤和树木蒸发的水分不易扩散,空气中绝对湿度普遍高于未绿化地区,由于绝对湿度大,平均气温较低,因而相对湿度高于未绿化地区 10% ~ 20%,甚至可达30%。绿化树木对风速有明显的减弱作用,因气流在穿过树木时被阻截、摩擦和过筛等作用,将气流分成许多小涡流,这些小涡流方向不一,彼此摩擦可消耗气流的能量,故即使冬季也能降低风速 20%,其他季节可达 50% ~ 80%。因此,畜牧场植树和绿化裸露地表对改善小气候确有明显效果。

(二)净化空气

畜牧场由于牲畜集中、饲养量大、密度高,在一定的区域内耗氧量大,而由畜禽舍内排出的二氧化碳也比较集中,与此同时,还有少量氨等有害气体一起排出。如果绿化畜牧场环境,由于绿色植物等进行光合作用,吸收大量的二氧化碳,同时又放出氧,所以畜牧场的树木或周围的农作物均能净化空气。许多植物且能吸收氨,生长中的植物能使畜牧场中污染大气的氨的浓度下降,这些被吸收的氨,在生长中的植物群落所需要的总氮量中占很大比例,有的可达10%~20%,因而可减少对这些植物的施肥量。畜牧场附近的玉米、大豆、棉花或向日葵都会从大气中吸收氨而促其生长;植物还能吸收大气中的二氧化硫、氟化氢等。

(三)减少微粒

大型畜牧场空气中的微粒含量往往很高,在畜牧场内及其四周,如种有高大树木的林带,能净化、澄清大气中的粉尘。植物叶子表面粗糙不平,多绒毛,有些植物的叶子还能分泌油脂或黏液,能滞留或吸附空气中的大量微粒。当含微粒量很大的气流通过林带时,由于风速降低,可使直径大的微粒下降,其余的粉尘及飘尘可为树木枝叶滞留或为黏液物质及树脂所吸附,使大气中含微粒量大为减少,空气因而较为洁净。在夏季,空气穿过林带时,微粒量下降35.2%~66.5%,微生物减少21.7%~79.3%。由于树木总叶面积大,吸滞烟尘的能力也很大,好像是空气的天然滤尘器。

树叶的气孔多在叶子的背侧,叶正面只有少量的气孔。叶子吸附微粒时,光合作用受到影响,但不致使气孔完全堵塞而死亡。蒙尘林木经雨水淋洗后,又可以再起净化微粒的作用。

草地减少微粒的作用也很显著,除其可吸附空气中微粒外,还可固定地面的尘土,不使飞扬。

(四)减弱噪声

树木与植被等对噪声具有吸收和反射的作用,可以减弱噪声的强度,树叶的密度越大,则减噪的效果也越显著。栽种树冠大的树木,可减弱畜禽鸣声,对周围居民不会造成明显的影响。

(五)减少空气及水中细菌含量

森林可以使空气中含微粒量大为减少,因而使细菌失去了附着物,数目也相应减少;同时,某些树木的花、叶能分泌一种芳香物质,可以杀死细菌、真菌等。含有大肠杆菌的污水,若从宽30~40m的松林流过,细菌数量可减少为原有的1/18。

（六）防疫、防火作用

畜牧场外围的防护林带和各区域之间种植隔离林带，都可以防止人畜任意往来，减少疫病传播的机会。由于树木枝叶含有大量的水分，并有很好的防风隔离作用，可以防止火灾蔓延，故在畜牧场中进行绿化，可以适当减小各建筑物的防火间隔。

二、畜禽场常规绿化

畜禽场的绿化规划是总体规划的有机组成部分，要在畜禽场建设总规划的同时进行绿化规划。绿化规划设计布局要合理，以保证安全生产；绿化时不能影响地下、地上管线和畜禽舍的采光；在进行绿化苗木选择时要考虑各功能区特点、地形、土质特点、环境污染等情况；为了达到良好的绿化美化效果，树种的选择，除考虑其满足绿化设计功能、易生长、抗病害等因素外，还要考虑其具有较强的抗污染和净化空气的功能。在满足各项功能要求的前提下，还可适当结合畜禽生产，种植一些经济植物，以充分合理地利用土地，提高整场的经济效益。

（一）行政管理区和生活区绿化

该区是与外界社会接触和员工生活休息的主要区域。该区的环境绿化可以适当进行园林式的规划，提升企业的形象和优美员工的生活环境。为了丰富色彩，宜种植容易栽培和管理的花卉灌木为主。如榕树、构树、大叶黄杨、臭椿、波斯菊、紫茉莉、牵牛、银边翠、美人蕉、葱兰、石蒜等。

（二）场区道路绿化

对场区道路进行绿化，不仅可以起到路面遮阳和排水护坡的作用，还可以减少灰尘、净化空气。道路绿化宜采用乔木为主，乔灌木搭配种植。如选种塔柏、冬青、侧柏、杜松等四季常青树种，并配置小叶女贞或黄杨成绿化带。也可种植银杏、杜仲以及牡丹、金银花等，既可起到绿化观赏作用，还能收药材。

（三）畜禽舍及仓库周围的绿化

这些地方是场区绿化的重点部位，在进行设计时应充分考虑利用园林植物的净化空气、杀菌、减噪等作用，要根据实际情况，有针对性地选择对有害气体抗性较强及吸附粉尘、隔音效果较好的树种。对于生产区内的畜禽舍，不宜在其四周密植成片的树林，而应多种植低矮的花卉或草坪，以利于通风，便于有害气体扩散。在堆放饲草及干粗饲料的仓库或堆放处周围，要注意防火，以栽种四季常绿的耐火树种为好，如冬青、珊瑚树等；不可选含大量油脂的针叶树种，如油树、马尾松等。

(四)绿地绿化

畜牧场不应有裸露地面,除植树绿化外,还应种草、种花,搞好环境绿化、美化。

三、边界隔离绿化

(一)场界林带

在畜牧场场界周边,应种植高大的乔木或乔、灌木混合林带,也可规划种植水果类植物带。该林带一般由 2~4 行乔木组成。在我国北方地区,为了减轻寒风侵袭,降低冻害,在冬季主风向一侧应加宽林带的宽度,一般需种植树木应在 5 行以上,宽度应达到 10m 以上。场界绿化带的乔木以高大挺拔、枝叶茂密的杨、柳、榆树、泡桐或常绿针叶树木等为宜;灌木类可选河柳、紫穗槐、侧柏等,起到防风阻沙安全等作用;水果类可选苹果、葡萄、梨树、桃树、荔枝、龙眼、柑橘等。

(二)场区隔离带

在畜牧场各功能区之间或不同单元之间,可以以乔木和灌木混合组成隔离林带或以栽种刺笆为主,防止人员、车辆及动物随意穿行,起到防疫、隔离、安全等作用。这种林带一般中间种植 1~2 行乔木,两侧种植灌木,宽度以 3~5m 为宜。树种一般可采用绿篱植物小叶杨树、松树、榆树、丁香、榆叶等;刺笆可选陈刺、黄刺梅、红玫瑰、野蔷薇、花椒等。

四、遮阳与防暑绿化

由于绿化对改善场区小气候作用很大,所以一般在畜禽舍南侧和西侧,或在运动场周围和中央种植树木或植物进行遮阳防暑。

种植时应根据树种特点和太阳高度角,确定适宜的植树位置。绿化的树种应选主干高、树冠大的落叶乔木,同时树应种于畜禽舍窗间壁处,以免影响采光。还可搭架种植爬蔓植物,使南墙、窗口和屋顶上方形成绿荫棚。爬蔓植物宜穴栽,穴距不宜太小,垂直攀爬的茎叶需注意修剪,以免生长过密,影响畜禽舍通风与采光。

在运动场的南、东、西三侧,应设 1~2 行遮阳林。一般可选择枝叶开阔,生长势强,冬季落叶后枝条稀少的树种,如杨树、槐树、法国梧桐等。在运动场内植树,宜用砖石砌筑树台,以免家畜破坏树木。

总之,搞好畜禽场绿化是一项效益非常显著的环保生态工程,它对于优化环境、促进畜禽健康、保证畜牧生产的正常进行、提升企业的文明形象都具有十分重大的意义。

第五节　畜禽场灭鼠灭虫

一、防治鼠害

（一）鼠的危害

鼠是许多疾病的储存宿主，通过排泄物污染、机械携带及直接咬伤畜禽的方式，不仅传播人类各种传染病，而且直接或间接传播畜禽传染病，主要有鼠疫、钩端螺旋体病、脑炎、流行性出血热、鼠咬热等。因此，鼠类鼠可形成人或各种动物传染病的疫源地，造成人和动物疾病的流行。

鼠盗食粮种，糟蹋粮食和饲料；盗食树种，毁坏树苗，影响绿化；鼠会咬伤畜禽，造成畜禽应激，破坏畜禽厩舍建筑及养殖场设备等，对养殖业危害极大。

（二）防鼠

鼠的生存和繁殖同环境和食物来源有直接的关系。如果环境良好、食物来源充足则鼠可以大量繁殖；如果采取某些措施，破坏其生存条件和食物来源，则可控制鼠的生存和繁殖。

1. 防止鼠类进入建筑物

鼠类为啮齿动物，啃咬能力强，善于挖洞、攀登。当畜禽舍的基础不坚实或封闭不严密时，鼠类常常通过挖洞或从门窗、墙基、天棚、屋顶等处咬洞窜入室内。因此，加强建筑物的坚固性和严密性是防止鼠类进入畜舍，减少鼠害的重要措施。要求畜禽舍的基础坚固，以混凝土砂浆填满缝隙并埋入地下1m左右；舍内铺设混凝土地面；门窗和通风管道周边不留缝隙，通风管口、排水口设铁栅等防鼠设施；屋顶用混凝土抹缝，烟囱应高出屋顶1m以上，墙基最好用水泥制成，用碎石和砖砌墙基，应用灰浆抹缝。墙面应平直光滑，以防鼠沿粗糙墙面攀登。砌缝不严的空心墙体，易使鼠藏匿营巢，要填补抹平。为防止鼠类爬上屋顶，可将墙角处做成圆弧形。墙体上部与天棚衔接处应砌实，不留空隙。瓦顶房屋应缩小瓦缝和瓦、椽间的空隙并填实。用砖、石铺设的地面和畜床，应衔接紧密并用水泥灰浆填缝。各种管道周围要用水泥填平。通气孔、地脚窗、排水沟（粪尿沟）出口均应安装孔径小于1cm的铁丝网，以防鼠窜入。

2. 清理环境

鼠喜欢黑暗和杂乱的场所，因此，畜禽舍和加工厂等地的物品要放置整齐、通畅、明亮，使鼠不易藏身。畜禽舍周围的垃圾要及时清除，不能堆放杂物，任何场所发现鼠洞时都要立即堵塞。

3.断绝食物来源

大量饲料应放置饲料袋内在离地面15cm的台或架上,少量饲料放在水泥结构的饲料箱或大缸中,并且要加金属盖,散落在地面的饲料要立即清扫干净,使老鼠无法接触到饲料,则鼠会离开畜禽舍,反之,则鼠会集聚到畜禽舍取食。

4.改造厕所和粪池

鼠可吞食粪便,这些场所极易吸引鼠,因此,应将厕所和粪池改造成使老鼠无法接近粪便的结构,同时也使鼠失去藏身躲避的地方。

(三)灭鼠

1.器械灭鼠

器械灭鼠方法简单易行,效果可靠,对人、畜无害。灭鼠器械种类繁多,主要有夹、关、压、卡、翻、扣、淹、粘、电及超声波灭鼠等方法。但采用器械灭鼠应考虑好器械放置位置,以免伤及禽类等小动物。

2.毒饵灭鼠

又称化学灭鼠,是将化学药物加入饵料或水中,使鼠食后致死。毒饵灭鼠效率高、使用方便、成本低、见效快,缺点是能引起人、畜中毒。有些老鼠对药剂有选择性、拒食性和耐药性,所以,使用时须选好药剂和注意使用方法,以保证安全有效。

养殖场的鼠类以孵化室、饲料库、畜禽舍最多,是灭鼠的重点场所。投放毒饵时,要采取措施隔离畜禽,防止误食中毒。实行笼养或栏养的机械化畜禽场,只要防止毒饵混入饲料中即可。在采用"全进全出"制的生产程序时,可结合舍内消毒时一并进行。选用鼠长期吃惯了的食物作饵料,突然投放,使饵料充足,分布广泛,以保证灭鼠的效果。鼠尸应及时清理,以防被人、畜误食而发生二次中毒。灭鼠剂主要包括:

(1)速效灭鼠剂 如磷化锌、毒鼠磷、甘氟、灭鼠宁等。此类药物毒性强、作用快,食用一次即可毒杀鼠类。但鼠类易产生拒食性,对人畜不安全。药物甚至老鼠尸体被家畜误食后,会造成家畜中毒死亡。

(2)抗凝血类灭鼠剂 如敌鼠钠盐、杀鼠灵等,此类药物为慢性或多剂量灭鼠剂,一般需多次进食毒饵后蓄积中毒致死,对人畜安全。

(3)其他灭鼠剂 使用不育剂,使雌鼠或雄鼠失去繁殖能力。据报道,以10mg/kg已雌二苯酸酯制成的药饵可使雌鼠和雄鼠不育。

灭鼠药物较多,要根据不同方法选择安全、高效、允许使用的灭鼠药物。

对禁止使用的灭鼠剂(氟乙酰胺、氟乙酸钠、毒鼠强、毒鼠硅、伏鼠醇等)、已停产或停用的灭鼠剂(安妥、砒霜或白霜、灭鼠优、灭鼠安)、不再登记作为农药使用的消毒剂(士的宁、鼠立死、硫酸砒等)等,严禁使用。

3. 熏蒸灭鼠

某些药物在常温下易气化为有毒气体或通过化学反应产生有毒气体,这类药剂通称熏蒸剂。利用有毒气体使鼠吸入而中毒致死的灭鼠方法称熏蒸灭鼠。熏蒸灭鼠的优点:具有强制性,不必考虑鼠的习性;不使用粮食和其他食品,且收效快,效果一般较好;兼有杀虫作用;对畜禽较安全。缺点:只能在可密闭的场所使用;毒性大,作用快,使用不慎时容易中毒;用量较大,有时费用较高;熏杀洞内鼠时,需找洞、投药、堵洞,功效较低。

目前使用的熏蒸剂有两类:一类是化学熏蒸剂,如磷化铝等,另一类是灭鼠烟剂。化学熏蒸剂和烟剂的共同特点是:有强制性,作用快,一般情况下对非靶动物安全,不需诱饵,但支出多,工效低,对有的鼠种效果较差。化学熏蒸剂毒力有选择性,使用方便,价格低,效果好,有解毒剂;烟剂对非靶动物更安全,但使用前需点火,可能引起火灾。使用烟剂时,应尽量减少漏洞,和毒饵法一样,烟剂也不可连用。

4. 生物灭鼠

生物灭鼠即利用鼠类的天敌灭鼠,畜禽场极少采用此法。

灭鼠时机和方法选择要摸清鼠情,选择适宜的灭鼠时机和方法,做到高效、省力。一般情况下,4~5月是各种鼠类觅食、交配期,也是灭鼠的最佳时期。

二、防治蚊蝇

蚊蝇是畜禽疾病的主要传播媒介,如猪瘟、伪狂犬病、钩端螺旋体病、猪痢疾、附红细胞体病、疥螨等多种疾病都可以通过蚊蝇机械性的传播;蚊蝇叮咬会对畜禽的休息产生影响,甚至使畜禽产生应激反应;同时蚊蝇对养殖场工作人员的生活也会产生很大影响。因此消灭蚊蝇成为目前规模化养殖场的一项重要工作。

为控制和杀灭蚊蝇,可通过环境控制、药物杀灭、生物防治相结合的方法。

1. 搞好畜禽场环境卫生

蚊虫需在水中产卵、孵化和发育,蝇蛆也需在潮湿的环境及粪便废弃物中生长。因此,进行环境改造,清除滋生场所是简单易行的方法,抓好这一环节,辅以其他方法,能取得良好的防除效果。

填平无用的污水池、土坑、水沟和洼地是永久性消灭蚊蝇滋生的好办法。保持排水系统畅通，对阴沟、沟渠等定期疏通，勿使污水潴积。对储水池等容器加盖，以防蚊蝇飞入产卵。对不能清除或加盖的防火储水器，在蚊蝇滋生季节，应定期换水。永久性水体（如鱼塘、池塘等），蚊虫多滋生在水浅而有植被的边缘区域，修整边岸，加大坡度和填充浅湾，能有效地防止蚊虫滋生。经常清扫环境，不留卫生死角，及时清除家畜粪便、污水，避免在场内及周围积水，保持畜牧场环境干燥、清洁。排污管道应采用暗沟，粪水池应尽可能加盖。采用腐熟堆肥和生产沼气等方法对粪便污水进行无害化处理，铲除蚊蝇滋生的环境条件。

2. 物理防治

在畜禽舍安装合适的纱门、纱窗，防止蚊蝇侵入；用光、电、声等捕杀、诱杀或驱逐蚊蝇，如使用捕蝇笼、灭蚊灯、粘蝇纸等。电气灭蝇灯、超声波对蚊蝇都具有良好的防治效果。

3. 化学防治

化学防除虫害是指使用天然或合成的毒物，以不同的剂型（粉剂、乳剂、油剂、水悬剂、颗粒剂、缓释剂等），通过各种途径（胃毒、触杀、熏杀、内吸等），毒杀或驱逐蚊蝇等害虫的过程。化学杀虫剂在使用上虽存在抗药性、污染环境等问题，但它们具有使用方便、见效快、并可大量生产等优点，因而仍是当前防除蚊蝇的重要手段。

定期用杀虫剂杀灭畜舍、畜体及周围环境的害虫，可以有效抑制害虫繁衍滋生。应优先选用低毒高效的杀虫剂，避免或尽量减少杀虫剂对家畜健康和生态环境的不良影响。常用的杀虫剂有：

（1）菊酯类杀虫剂　菊酯类杀虫剂是一种神经毒药剂，可使蚊蝇等迅速呈现神经麻痹而死亡。菊酯类杀虫剂杀虫力强，特别是对蚊的毒效比敌敌畏、马拉硫磷等高10倍以上。对蝇类不产生抗药性，故可长期使用；对人畜毒性小，杀虫效果好。

（2）马拉硫磷　马拉硫磷为有机磷杀虫剂，是世界卫生组织推荐用的室内滞留喷洒杀虫剂，杀虫作用强而快，也可作熏杀。杀虫范围广，可杀灭蚊、蝇、蛆、虱等，对人和畜的毒害小，适于畜舍内使用。

（3）敌敌畏　敌敌畏为有机磷杀虫剂。具有胃毒、触毒和熏杀作用，杀虫范围广，可杀灭蚊、蝇等多种病虫，杀虫效果好，但对人畜毒害大，易被皮肤吸收而中毒，在畜禽舍内使用时，应特别注意安全。

（4）昆虫激素　近年来出现了采用人工合成的昆虫激素杀虫剂防治有害昆虫。这种方法是将昆虫激素混合于畜禽饲料中，此类激素对畜禽无害且不能为畜禽利用，可杀死粪中的蛆虫。

4. 生物防治

利用有害昆虫的天敌灭虫。例如，可以结合畜禽场污水处理，利用池塘养鱼，鱼类能吞食水中的孑孓和幼虫，具有防治蚊子滋生的作用。另外，蛙类、蝙蝠、蜻蜓等均为蚊、蝇等有害昆虫的天敌。此外，应用细菌制剂——内菌素杀灭血吸虫的幼虫，效果良好。

防蚊灭蝇的方法很多，畜禽场应根据本场的实际情况，灵活选用一些既经济又实用的办法，切实把蚊蝇的危害降低到最低程度。

第七章　畜禽场规划与设计关键技术

现代畜禽场的规划与设计的主要内容因规划对象与规划层次的不同而异,主要分发展规划、各种项目的总体规划与单个项目的建设规划。某个区域内不同类型和层次的畜禽场的总体布局属于总体规划;而单个畜禽场的规划与设计属于项目建设规划,它的内容可归纳为:畜禽场场址选择、畜禽场工艺设计、畜禽场分区规划与布局、畜禽场的配套设施等方面。

第一节　畜禽场场址选择

一、畜禽场场址的基本要求

畜禽场场址的选择,是做好畜禽生产的第一步,一个理想的畜禽场场址,需具备以下几个条件:

第一,满足基本的生产需要,包括饲料、水、电、供热燃料与交通。

第二,足够大的面积,用于建设畜禽舍,储存饲料,堆放垫草和粪便,控制风、雪与径流,扩建,能消纳与利用粪便的土地。

第三,适宜的周边环境,主要包含地形与排污,自然遮护,和居民区与周边单位保持足够的距离与适宜的风向,可合理地使用附近的土地,符合当地的区域规划与环境距离的要求。图7-1为标准化养殖小区。

图7-1　标准化养殖小区

二、场址选择的主要因素

在选择场址时,不仅要依据畜禽场的生产任务与经营性质,而且要对人们的消费观念与消费水平、国家畜禽生产区域分布与相关政策、地方生产发展与资源利用等做好深入细致的调查研究。

1. 自然条件因素

(1)地势地形　地势指的是场地的高低起伏状况;地形指的是场地的形状、范围以及地物——山岭、河流、道路、草地、树林、居民点等相对平面位置状况。要求地形开阔整齐,地形整齐便于合理布置牧场建筑物和各种设施,并有利于充分利用场地。地形狭长,建筑物布局势必拉大距离,使道路、管线加长,并给场内运输和管理造成不便。地形不规则或边角太多,则会使建筑物布局凌乱,且边角部分无法利用。畜禽场的场地必须选在地势较高、平坦、排水良好与向阳被风的地方。

平原地区一般场地比较平坦、开阔,场址应注意选择在较周围地段稍高的地方,以利排水。地下水位要低,以低于建筑物地基深度0.5m以下为宜。

靠近河流、湖泊的地方,应比当地水文资料中最高水位高1~2m,以防涨水时受水淹没。低洼潮湿的建场,不利于畜禽的体热调节和肢蹄健康,而利于病原微生物和寄生虫的生存,造成畜禽频繁发病,并严重影响建筑物的使用寿命。

山区建场应选在稍平缓坡上,坡面向阳,避免冬季北风的侵袭,总相对坡度不超过25%,建筑区相对坡度应在2.5%以内。坡度过大,不但在施工中需要大量填挖土方,增加工程投资,而且在建成投产后也会给场内运输和管理工作造成不便。山区建场还要注意地质构造情况,避开断层、滑坡、塌方的地段,也要避开坡底和谷地以及风口,以免受山洪和暴风雪的袭击,如图7-2。

图7-2 平原和山区养殖场

(2)水源水质 畜禽场的生产过程需要大量的水,而水质好坏直接影响牧场人、畜健康。畜禽场要有水质良好和水量丰富的水源,同时便于取用和进行防护。首先要了解水源的情况,如地下水(河流、湖泊)的流量,汛期水位;地下水的初见水位和最高水位,含水层的层次、厚度和流向。对水质情况需了解酸碱度、硬度、透明度,有无污染源与有害化学物质等。同时,对提取水样做水质的物理、化学与生物污染等方面的化验分析。这样便于计算拟建场地地段范围内的水的资源,供水能力,能否满足畜禽场生产、生活、消防用水的要求。在仅有地下水源地区建场,第一步应先打一眼井。如果打井时出现任何意外,如流速慢、泥沙或水质问题,最好是另选场址,这样可减少损失。对畜牧场而言,建立自己的水源,确保供水是十分必要的。另外,水源水质和建筑工程实施用水也有关系,主要与砂浆和钢筋混凝土拌水的质量要求有关。水中有机质在混凝土凝固过程中发生化学反应,会降低混凝土的强度、锈蚀钢筋,形成对钢混结构的破坏。

水量充足是指能满足场内人、畜引用和其他生产、生活用水的需要,且在干燥或冻结时期也能满足场内全部用水需要。人员生活用水可按每人每天20～40L计算,家畜饮用水和饲料管理用水可按表4－2估算。消防用水按我国防火规范规定,场区设地下式消火栓,每处保护半径不大于50m,消防水量按每秒10L计算,消防延迟时间按2min考虑。灌溉用水则应根据场区绿化、饲料种植情况而定。

水质要清洁,不含细菌、寄生虫卵及矿物毒物。在选择地下水作水源时,要调查是否因水质不良而出现过某些地方性疾病。国家农业部在《畜禽饮用水质量标准》(NY 5027—2008)、《无公害食品　畜禽产品加工用水水质》(NY 5028—2008)中明确规定了无公害畜牧生产中的水质要求。水源不符合饮用水卫生标准时,必须经净化消毒处理,达到标准后方能引用。

(3)土壤　土壤的物理、化学、生物学特征,对牧场的环境、生产影响力较大。要求土壤未被生物学、化学、放射性物质污染过,因土壤一旦被污染,自净周期很长。

土壤类型,影视透水透气性强、毛细血管作用弱,吸湿性和导热性弱,质地均匀,抗压性强的土壤。黏土的透水、透气性差,降水后易潮湿、泥泞,若受到粪尿等有机物的污染后,进行厌氧分解而产生有害气体,污染场区空气,且有机物在厌氧条件下降解速度慢,污染物不易被消除,进而通过水的流动和渗滤污染水体。突然潮湿也易造成各种微生物、寄生虫和蚊蝇滋生,并易使建筑物受潮,降低其隔热性能和使用年限。此外,黏土的抗压能力较小,易膨胀,需加大基础设计强度。沙土及沙石土的透水透气性好,易干燥,受有机污染后自净能力强,场区空气卫生状况好,抗压能力一般较强,不易冻胀;但其热容量小,场区昼夜温差大。沙壤土和壤土的特性介于沙土和黏土之间,应是做畜牧场最好的土壤,但它们同时也是最有农耕价值的土壤,为不与农争田,也为了降低土地购置费用,一般可选择沙土或沙石土作畜牧场地,但要求土地未被病原污染过。

对施工地段地质状况的了解,主要是收集工地附近的地质勘察资料,地层的构造状况,如断层、陷落、塌方及地下泥沼地层。对土层土壤的了解也很重要,如土层土壤的承载力,是否是膨胀土或回填土。膨胀土遇水后膨胀,导致基础破坏,不能直接作为建筑物基础的受层力;回填土土质松紧不均,会造成建筑物基础不均匀沉降,使建筑物倾斜或遭破坏。遇到这样的土层,需要做好加固处理,不便处理的或投资过大的则应放弃选用。此外,了解拟建地段附近土质情况,对施工用材也有意义,如砂层可以作为砂浆、垫层的骨料,可以就地取材节省投资。

(4)气候因素　主要指与建筑设计有关和造成畜禽场小气候的气候气象资料,如气温、风力、风向及灾害性天气的情况。拟建地区常年气象变化包括平均气温、绝对最高和最低气温、土壤冻结程度、降水量和积雪深度、最大风力、常年主导风向、风频率、日照情况等。气候资料不仅在畜禽舍热工设计时需要,而且对畜禽场的防暑、防寒措施及畜禽舍朝向、遮阳设施的设置等均有非常重要的意义。风向、风力、日照情况与畜舍的建筑方位、朝向、间距、排列次序均有关系。

2. 社会条件因素

(1)地理位置　畜禽场场址尽量接近饲料产地与加工地,靠近产品销售地,确保其有合理的运输半径。畜禽场要求交通便利,能源充足,有利防疫,便于粪便处理和利用,尤其是大型集约化商品场,其物资需求与产品销量很大,对外联系密切,所以要保证交通方便。畜牧场周围3km内无大型化工厂、矿工或其他畜牧场等污染源。畜牧场外必须通有公路,不过不能和主要交通线路交叉。为了确保防疫安全,避免噪声对健康与生产性能的影响,畜禽场和主要干道的距离一般在300m以上。按照畜牧场建设标准,要求距离国道、省际公路500m;距省道、区际公路300m;一般道路100m。对有围墙的畜牧场,距离可适当缩短50m;距居民区1 000～3 000m。

(2)水电供应　供水及排水要统一考虑,可采用自来水公司供水系统,但需要了解水量能否保证。也可在本场打井修建水塔,采用深层水作为主要供水来源或者作为地面水量不足时的补充水源。畜禽场的生产和生活用电都要求可靠的供电条件,特别是一些生产环节如孵化、育雏、机械通风等电力供应必须绝对保证。要了解供电源的位置,与畜禽场的距离,最大供电允许量,是否常停电,有无可能双路供电等。一般建设畜禽场都要求有二级供电电源。在三级以下供电电源时,则需自备发动机,以保证场内供电的稳定可靠。为减少供电投资,应尽可能靠近输电线路,以缩短新线路敷设距离。

(3)疫情环境　为防止畜牧场受到周围环境的污染,选址时应避开居民

畜禽环境管理关键技术

点的污水排出口,不能将场址选择化工厂、屠宰场、制革厂等极易产生环境污染企业的下风或附近。不同畜禽场,特别是具有共患传染病的畜种,两场间应该保持安全距离。

3. 其他

（1）土地征用　选择场址必须符合本地区农牧业生产发展总体规划、土地利用发展规划和城乡建设发展规划的用地要求。必须遵守十分珍惜和合理利用土地的原则,不得占用基本农田,尽量利用荒地和劣地建场。大型畜牧企业分期建设时,场址选择应一次完成,分期征地。近期工程应集中布置,征用土地满足本期工程所需面积。远期工程可预留用地,随建随征。征用土地可按场区总平面设计图计算实际占地面积。以下地区或地段的土地不宜征用:规定的自然保护区、生活饮用水水源保护区、风景旅游区,受洪水或山洪威胁及有泥石流、滑坡等自然灾害多发地带,自然环境污染严重的地区。

（2）畜牧场外观　要注意畜舍建筑和蓄粪池的外观。例如,选择一种长形建筑,可利用一个树林或一个自然山丘作背景,外加一个修整良好的草坪和一个车道,给人一种美化的环境感觉。在畜舍建筑周围嵌上一些碎石,既能接住房顶流下的水(比建屋顶水槽更为经济和简便),又能防止啮齿类动物的侵入。

畜牧场的畜舍特别是蓄粪池一定要避开邻近居民的视线,可能的话,利用树木等将其遮挡起来。不要忽视畜牧场应尽的职责,建设安全护栏,防止儿童进入,为蓄粪池配备永久性的盖罩。

（3）与周围环境的协调　多风地区尤其在夏秋季节,由于通风良好,有利于畜牧场及周围难闻气温的扩散,但易对大气环境造成不良影响。因此,畜牧场和蓄粪池应尽可能远离周围住宅区,以最大限度地驱散臭味、减轻噪声和减低蚊蝇的干扰,建立良好的邻里关系。

应仔细核算粪便和污水的排放量,以准确计算粪便的储存能力,并在粪便最易向环境扩散的季节里,储存好所产生的所有粪便,防止深秋至翌年春天因积雪、冻土或涝地易使粪便发生流失和扩散。建场的同时,最好是规划一个粪便综合处理利用厂,化害为益。

在开始建设以前,应获得市政、建设、环保等有关部门的批准。

第二节　畜禽场工艺设计

一、畜禽场生产工艺设计的基本原则

畜牧生产工艺涉及整体、长远利益,其正确与否,对建成后的正常运转、生产管理与经济效益都将产生很大的影响。适宜的畜禽生产工艺能够解决生产中各个环节的衔接关系,以充分发挥其品种的生产潜力、促进品种改良。应遵循以下几个基本原则:必须是现代化的、科学化的畜禽生产企业;通过环境调控措施,消除不同季节气候差异,实现全年均衡生产;采用工程技术手段,保证做到环境自净,确保安全生产;建立专业场,专业车间,实行专业化生产,以便能高水平发挥技术专长与管理;畜禽舍设置符合畜禽生产工艺流程与饲养规模,每一个阶段畜禽数量、栏位数、设备应按比例配套,尽可能是畜禽舍得到充分的利用;全场或小区或整舍使用"全进全出"的运转方式,以切断病原微生物的繁衍途径;分工明确,责任到人,落实定额,与畜禽舍分栋配套,以群划分,以人定责,以舍定岗。

二、畜禽生产工艺设计的内容与方法

畜禽生产工艺设计主要是文字材料,它是畜禽技术人员依据行业有关规定而制订的建场方案,是进行畜禽场规划与设计的最基本的依据,也是畜禽场建成后实施生产技术、组织经营管理、实现与完成预定生产任务的决策性文件。畜禽场的生产工艺设计主要包含:

1. 畜禽场的性质和任务

(1)畜禽场的性质　畜禽场的性质通常按繁殖体系分为原种场(曾祖代场)、祖代场、父母代场与商品场。畜禽场的规模一般根据市场需要、国家规定以及能量供应、管理水平及环境污染等,鉴于牧场污物处理的难度,新建畜牧场规模不宜过大,尤其是离城镇较近的牧场。国外早已对畜禽生产规模形成了法律性文件,规定每平方千米载畜量。

(2)畜禽场的任务　原种场的任务是生产配套的品系,向外提供祖代种畜、种蛋、精液、胚胎等,原种场由于育种工作的严格要求,必须单独建场,不允许进行纯系繁育以外的任何生产活动,一般由专门的育种机构承担;祖代场的任务是改良品种,运用从原种场获得的祖代产品,通过科学的方法来繁殖培育下级场所所需的优良品质,通常,培育一个新的品种,需要有大量的资金和较长的时间,并且要有一定数量的畜牧技术人员,现在家畜品种的祖代场一般饲

养有四个品系;父母代场的任务是利用从祖代场获得的畜种,生产商品所需的种源;商品代场是利用从父母代场获得的种源专门从事商品代畜产品的生产。一般来说,祖代场、父母代场与商品代场常常是以一业为主,兼营其他性质的生产活动。如祖代鸡场在生产父母代种蛋、种鸡的同时,也有分场生产一些商品代蛋鸡供应市场。商品代猪场为了解决本场所需的种源,往往也饲养相当数量的父母代种猪。

奶牛场一般区分不明显,因为在选育中一定会产生商品奶。故表现出同时向外供应鲜奶和良种牛双重任务,但各场的侧重点不同,有的以供奶为主,有的则着重于选育良种。

2. 畜禽场的规模

有的按存栏头(只)数计,有的则按年出栏商品畜禽数计。如商品鸡场和猪场、肉牛场按年出栏量计,种猪场亦可按基础母猪数计,种鸡场则多按种鸡套数计,奶牛场则按产乳母牛数计等,如表7－1、表7－2。

表7－1　养鸡场种类及规模的划分 *

类别			大型场	中型场	小型场
种鸡场	祖代鸡场		≥1.0	<1.0,≥0.5	<0.5
	父母代	蛋鸡场	<0.5	<3.0,≥1.0	<0.5
		肉鸡场	<0.5	<5.0,≥1.0	<0.5
	蛋鸡场		≥20.0	<20.0,≥5.0	<0.5
	肉鸡场		≥100.0	<100.0,≥50.0	<0.5

注:*规模单位:万只,万鸡位;肉鸡年出栏数,其余鸡场规模系成年母鸡鸡位。

表7－2　养猪场种类及规模的划分

类型	年出栏商品猪头数	年饲养种猪头数
小型场	≤5 000	≤300
中型场	5 000 ~ 10 000	300 ~ 600
大型场	>10 000	>600

畜禽场性质与规模确定,应当按照市场要求,而且考虑技术水平、投资能力与各方面条件。种畜禽场需尽量纳入国家或地区的繁殖体系,其性质与规模和国家或地区的需求与计划相适应,建场时需慎重考虑。盲目追求高层次,大规模极易造成失败。场区面积应本着节约用水、少占或不占耕地的原则,根据初步设计确定的面积和长度来选择。尚未做出初步设计时,可根据拟建牧

场的性质和规模确定。

3. 畜禽生产工艺流程

畜禽场生产工艺方案的确定,必须满足以下原则:符合畜禽生产技术要求;有利于畜牧场防疫卫生要求;达到减少粪污排放量及无害化处理的技术要求;节水、节能;能够提供高生产率。

(1)猪场生产工艺流程 现代化养猪普遍采用分段式饲养,"全进全出"的生产工艺,它是适合集约化养猪生产要求,提高养猪生产效率的保证。同样它也需要首先要根据当地的经济、气候、能源交通等综合条件因地制宜地确定饲养模式。猪场的饲养规模不同,技术水平就不一样,为了使生产和管理方便、系统化,提高生产效率,可以采用不同的饲养阶段。例如,猪场的四段饲养工艺流程设计为空怀及妊娠期—哺乳期—仔猪保育期—生长育肥期,确定工艺后,同时确定生产节拍。生产节拍也称为繁殖节律。是指相邻两群哺乳母猪转群的时间间隔(天数),在一定时间内对一群母猪进行人工授精或组织自然交配,使其受胎后及时组成一定规模的生产群,以保证分娩后形成确定规模的哺乳母猪群,并获得规定数量的仔猪。合理的生产节拍是"全进全出"工艺的前提,是有计划利用猪舍和合理组织劳动生产管理,均衡生产商品肉猪的基础。根据猪场规模,年产 5 万~10 万头商品肉猪的大型企业多实行 1d 或 2d 制,即每天有一批母猪配种、产仔、断奶、仔猪保育和肉猪出栏;年产 1 万~3 万头商品肉猪的企业多实行 7d 制;一般猪场采用 7d 制生产节拍便于生产和生产劳动的组织管理。

这种"全进全出"的方式可以采用以猪舍局部若干栏位为单位转群,转群后进行清洗消毒,也有的猪场将猪舍按照转群的数量分隔成单元,以单元"全进全出";如果猪场规模在 3 万~5 万头,可以按每个生产节拍的猪群设计猪舍,全场以舍为单位"全进全出"。年出栏在 10 万头左右的猪场,可以考虑以场为单位实行"全进全出"生产工艺。

猪场规模为 10 万头左右工艺流程如图 7−3 所示。

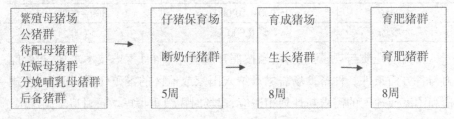

图 7−3 "全进全出"的饲养工艺流程

以场为单位实行"全进全出"制,有利于防疫,有利于管理,可以避免猪场过于集中给环境控制和废弃物处理带来负担。

需要说明的是饲养阶段的划分不是固定不变的。例如,有的猪场将妊娠母猪群分为妊娠前期和妊娠后期,加强对妊娠母猪的饲养管理,提高母猪的分娩率;如果收购商品肉猪按照生猪屠宰后的瘦肉率高低计算价格,为了提高瘦肉率一般将育肥期分为育肥前期和育肥后期,仔育肥前期自由采食,育肥后期限制饲喂。总之,饲养工艺流程中饲养阶段的划分必须根据猪场的性质和规模,以提高生产力水平为前提来确定。

（2）各种鸡种生产工艺的流程　各种生产鸡种生产工艺的合理设计关系到生产效率的高低应遵循单栋舍、小区或全场的"全进全出"原则。在现代化养鸡场中首先要确定饲养模式,通常一个饲养周期分育雏,育成和成年鸡3个阶段。育雏期为0~7周龄,育成期为8~20周龄,成年产蛋鸡为21~76周龄。商品肉鸡场由于肉鸡上市时间在6~8周龄,一般采用一段式地面或网上平养。

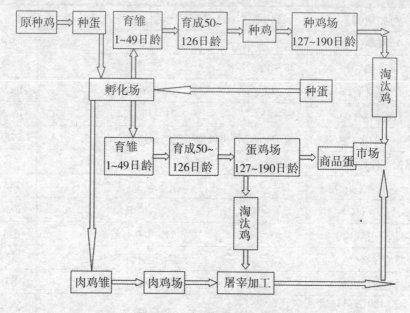

图7-4　鸡场饲养工艺流程

由饲养工艺流程可以确定鸡舍类型:鸡场饲养工艺流程如图7-4所示。由图中可以看出,工艺流程确定之后需要建什么样的鸡舍也就随之确定下来了。例如,图中凡标明日龄的就是要建立的相应鸡舍。如种鸡场,要建育雏舍,该舍饲养 1 ~ 49 日龄鸡雏;要建育成舍,该舍接受由育雏舍转来的 50 日龄鸡雏,从 50 ~ 126 日龄在育成舍饲养,还需建种鸡舍,饲养 127 ~ 90 日龄的种鸡,其他舍以此类推。

4. 主要工艺参数

生产工艺参数是现代畜禽场的生产能力、技术水平、饲料消耗和以前相应设置的重要根据。一般来说,这些工艺参数是畜禽场投产后的成长指标和定额的指标。参数的正确与否,对整个设计和生产流程组织都将产生很大影响,所以,应当对参数反复推敲,谨慎确定。主要生产指标包括:根据养殖场畜禽品种、性质、畜群结构、主要的畜群生产性能指标如种畜禽利用年限,公母畜比例,种蛋受精率,种蛋孵化率,年产蛋量,畜禽各饲养阶段的死淘率,饲料好料量、繁殖周期、情期受胎率、年产窝(胎)数,窝(胎)产活仔数,仔畜出生重和劳动定额等。猪场工艺参数见表 7 - 3。

表 7 - 3　某万头商品猪场工艺参数

项目	参数	项目	参数
妊娠期(d)	114	每头母猪年产活仔数[头/(头·年)]	
哺乳期(d)	35	出生时	19.8
保育期(d)	28 ~ 35	35 日龄	17.8
断乃至受胎(d)	7 ~ 14	30 ~ 70 日龄	16.9
繁殖周期(d)	159 ~ 163	71 ~ 180 日龄	16.5
母猪年产胎次(胎/年)	2.24	每头母猪年产肉量[活重 kg/(头·年)]	1 575.0
母猪窝产仔数(头/窝)	10	平均日增重[g/(头·d)]	
窝产活仔数(头/窝)	9	出生至 35 日龄	156
成活率(%)		36 ~ 70 日龄	386
哺乳仔猪(%)	90	71 ~ 180 日龄	645
断奶仔猪(%)	95	公母猪年更新率(%)	33
生长育肥猪(%)	98	母猪情期受胎率(%)	85
出生至 180 日龄体重(kg/头)		公母比例(本交)	1:25
出生重(kg)	1.2	圈舍消毒空圈时间(d)	7
35 日龄(kg)	6.5	繁殖节律(d)	7

项目	参数	项目	参数
70 日龄	20	周配种次数	1.2 ~ 1.4
180 日龄	90	母猪临产前进产房时间(d)	7
		母猪配种后原圈观察时间(d)	21

5. 各种环境参数

工艺设计中,应提供温度、湿度、通风量、风速、光照时间与强度、有害气体浓度、利用年限、生产性能指标和饲料定额等。

6. 饲养方式

鸡的饲养方式可以分为笼养、网上平养、局部网上饲养与地面平养(图7-5、图7-6)。猪的饲养方式大部分都使用单栏饲养与小群饲养方式(图7-7)。奶牛的饲养方式通常分为拴系饲养、定位饲养、散放饲养等(图7-8)。

图 7-5　鸡笼养、网上平养

7. 畜群结构与畜群周转

任意一个牧场,在明确生产性质、规模、生产工艺以及相应的各种参数后,就可判断各类畜群和饲养天数,将畜群划分为若干阶段,然后对每个阶段的存栏数量进行计算,确定畜禽结构组成。根据畜禽组成以及各类畜禽之间的功能关系,可制订相应的生产计划与周转流程。

根据畜牧场规模,一般以适繁母畜为核心组成畜群。然后按照饲养工艺不同的饲养阶段确定各类畜群、饲养天数及畜群组成。不同规模猪场猪群结构见表7-4。

图7-6　鸡局部网上饲养、地面平养

图7-7　猪单栏饲养与小群饲养

图7-8　奶牛拴系饲养、散放饲养

表7-4　不同规模猪场猪群结构（单位:头）

猪群种类	存栏头数					
生产母猪	100	200	300	400	500	600
空怀配种母猪	25	50	75	100	125	150
妊娠母猪	51	102	153	204	255	306
哺乳母猪	24	48	72	96	120	144
后备母猪	10	20	26	39	46	52
公猪(含后备公猪)	5	10	15	20	25	30
哺乳仔猪	200	400	600	800	1 000	1 200
保育仔猪	216	438	654	876	1 092	1 308
生长育肥	495	990	1 500	2 010	2 505	3 015
总存栏	1 026	2 058	3 095	4 145	5 168	6 205
全年上市商品猪	1 612	3 432	5 148	6 916	8 632	10 348

　　前面述及规模化猪场的生产节拍大多为7d,各段饲养期也就形成了若干周数。生产中一般把各个饲养群分为若干组,猪多以组为单位由一个饲养阶段转入下一个饲养阶段。当生产节拍为7d市时,各阶段周转猪组的数目正好是这个饲养阶段的饲养周期。每个饲养群各周转猪组数日龄正好相差1周。各饲养段猪组数保持不变。

　　规模化鸡场的鸡群组成见表7-5,规模化鸡场的工艺流程见图7-4,蛋鸡场鸡群周转计划和鸡舍比例方案见表7-6。

　　在集约化牧场生产工艺中,应尽量采用"全进全出"的转群方式,畜舍和设备可经彻底消毒、检修后空舍1~2周后再接受新群,这样有利于兽医的卫生防疫,可防止疫病的交叉感染,目前我国的鸡场,大多都采用"全进全出"的转群制度。

表7-5　20万只综合蛋鸡场的鸡群组成

项目	商品代			父母代			
	雏鸡	育成鸡	成年鸡	雏鸡和育成鸡		成年鸡	
				公	母	公	母
入舍数量(只)	264 479	238 692	222 222	395	3 950		
成活率(%)	95	98	90	90	90		
选留率(%)	95	95		90	90		
期末数量(只)	238 692	222 222	200 000	320	3 200	312	3 112

299

表7-6　蛋鸡场鸡群周转计划和鸡舍比例方案

方案	鸡群类别	周龄	饲养天数	消毒空舍天数	占舍天数	占舍天数比例	鸡舍栋数比例
1	雏鸡	0~7	49	19	68	1	2
	育成鸡	8~20	91	11	102	1.5	3
	产蛋鸡	21~76	392	16	408	6	12
2	雏鸡	0~6	42	10	52	1	1
	育成鸡	7~19	91	13	104	2	2
	产蛋鸡	20~76	399	17	416	8	8

三、畜禽场工程工艺设计

建场前工作的场区规划和建筑设计、设别选型与配套以及建设中的工程施工都必须依靠工程技术。畜禽场建成后的饲养管理、环境控制等依然离不开工程技术。

1. 畜禽场工艺设计中的要点

规模化畜禽生产的饲养密度高、技术规范严,实行企业管理。为使畜禽场有良好效益,在工程工艺设计时应注意几点:国土面积、节能意识、动物需求、环保工程、清洁生产、工程防疫等。

2. 工程工艺设计的原则

节约土地,有节能意识,关注动物需求,人性化操作,清洁生产,工程防疫。

3. 工程工艺设计的主要内容

根据生产工艺提出的饲养规模、饲养方式、饲养管理定额、环境参数等,对相关工程设施,仔细推敲,以确保工程技术的可行性与合理性,并在此基础上来确定不同畜禽舍的种类与数量,选择畜禽舍建筑形式与建设标准,确定单体建筑平面图、剖解图的基本尺寸、设备选型、畜舍环境控制技术、工程防疫、粪污处理与利用技术等工程技术方案。

第三节　畜禽场分区规划与布局

畜禽场的功能分区是否合理,各区建筑物布局是否得当,不仅影响基建投资、经营管理、生产组织、劳动生产率和经济效益,而且影响场区的环境状况和防疫卫生。因此,认真做好畜禽场的分区规划,确定厂区各种建筑物的合理布局,十分必要。

一、畜禽场规划

场地规划是指将畜禽场内划分为几个区,合理安排其相互关系。

1.畜禽场地规划的目的

合理利用场地,便于卫生防疫,便于组织生产、提高劳动生产率。

2.功能分区与总体布局

畜禽场的分区规划是否合理不仅影响基建投资、经营管理、组织生产、劳动生产率和经济效益,而且影响环境和防疫卫生。因此,要认真做好畜禽场的分区规划,确定场区各个建筑物的合理布局。

(1)分区规划应遵守的原则　在体现方针、任务的前提下,做到节约用地;应全面考虑畜禽粪尿、污水处理利用;合理利用地形地物,有效利用原有道路、供水、供电线路及原有建筑物等,以减少投资,降低成本;为场区今后的发展留有余地。

(2)畜禽场建筑设施组成　畜禽场建筑与设施因畜禽不同而异,见表7 - 7、表7 - 8、表7 - 9。

(3)畜禽场功能分区　畜禽场的功能分区指的是将功能相同或相似的建筑物集中在场地一定范围内。畜禽场通常分为生活管理区、辅助生产区、生产区和隔离区。生活管理区和辅助生产区应位于场区常年主导的上风处和地势较高处,隔离区位于场区常年主导风向的下风处和地势较低处(图7 - 9、图7 - 10)。

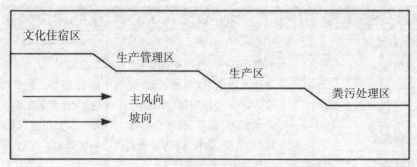

图7 - 9　按地势、风向的分区规划示意图

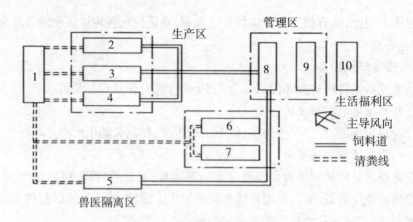

図 7 - 10　某鸡场区域规划示意图

1.粪污处理　2.3.4.产蛋鸡舍　5.兽医隔离区　6.7.育雏、育成鸡舍　8.饲料加工
9.料库　10.办公生活区

表 7 - 7　鸡场建筑设施

	生产建筑设施	辅助生产建筑设施	生活与管理建筑
种鸡场	育雏舍、育成舍、种鸡舍、孵化厅	消毒门廊、消毒沐浴室、兽医化验室、急宰间和焚烧间、饲料加工间、饲料库、蛋库、汽车库、修理间、变配电房、发电机房、水塔、蓄水池和压力罐、水泵房、物料库、污水及粪便处理设施	办公用房、食堂、宿舍、文化娱乐用房、围墙、大门、门卫、厕所、场区其他工程
蛋鸡场	育雏舍、育成舍、蛋鸡舍		
肉鸡场	育雏舍、肉鸡舍		

表 7 - 8　猪场建筑设施

生产建筑设施	辅助生产建筑设施	生活与管理建筑
配种、妊娠舍	消毒沐浴室、兽医化验室、急宰间和焚烧间、饲料加工间、饲料库、汽车库、修理间、变配电房、发电机房、水塔、蓄水池和压力罐、水泵房、物料库、污水及粪便处理设施	办公用房、食堂、宿舍、文化娱乐用房、围墙、大门、门卫、厕所、场区其他工程
分娩哺乳舍		
仔猪培育舍		
育肥猪舍		
病猪隔离舍		
病死猪无害化处理设施		
装卸猪台		

表7-9　牛场建筑设施

	生产建筑设施	辅助生产建筑设施	生活与管理建筑
奶牛场	成年奶牛舍、青年牛舍、育成牛舍、犊牛舍或犊牛岛、产房、挤奶厅	消毒沐浴室、兽医化验室、急宰间和焚烧间、饲料加工间、饲料库、青贮窖、干草房、汽车库、修理间、变配电房、发电机房、水塔、蓄水池和压力罐、水泵房、物料库、污水及粪便处理设施	办公用房、食堂、宿舍、文化娱乐用房、围墙、大门、门卫、厕所、场区其他工程
肉牛场	母牛舍、后备牛舍、育肥牛舍、犊牛舍		

　　另外,进行畜禽场总体布局时,首先应考虑人的工作条件和生活环境,其次是保证畜禽群不受污染源的影响,因此应遵循以下要求:生活管理区和生产辅助区应位于常年主导风向的上风处和地势较高处,隔离区位于常年主导风向的下风处和地势较低处;生产区与生活管理区、辅助生产区应严格分开;辅助生产区的设施要紧靠生产区布置;管理区应靠近场区大门内侧集中布置;隔离区与生产区之间应设置卫生间距和绿化隔离带。

二、畜禽场建筑设施布局

　　畜禽场建筑设施的规划布局就是合理设计各种房舍建筑物及设施的排列方式与次序,确定每栋建筑物与每种设施的位置、朝向与相互间的间距。畜禽场布局合理与否,关系到畜禽生产联系和管理工作、劳动强度和生产效率,也关系到场区和畜舍小气候以及卫生防疫、防火等。

　　1.依据生产环节确定建筑物之间的最佳生产联系

　　(1)建筑物排列　畜禽场的建筑物通常是横向成排(东西),竖向成列(南北)。要根据当地气候、场地地形、地势、建筑物种类与数量,尽可能做到合理、整齐、紧凑和美观。畜禽场畜舍布置的主要有单列式、双列式和多列式等形式。

　　(2)建筑物的位置　功能关系,是指放射建筑物和设施之间,在畜禽生产中的相互关系。畜禽生产过程中由很多生产环节组成,可以在不同建筑物中进行。畜禽场建筑物的布局应按彼此间的功能联系统筹安排,将联系密切的建筑物与设施相互靠近安置,以便生产,否则将会影响生产的顺利进行且导致无法克服的后果。

　　为了便于卫生防疫,场地地势和当地主风向恰好一致时容易安排,管理区与生产区的建筑物在上风口与地势高处,病畜管理区内建筑物在下风口与地势低处。

2. 为减轻劳动强度、提高劳动强度创造条件

必须在遵守兽医卫生与防火要求的基础上,按建筑物之间的功能联系,尽可能使建筑物配置紧凑,以保证最短的运输、供电与供水线路,同时为实现生产过程机械化、减少基建投资、管理费用和生产成本创造条件。

3. 畜禽舍朝向

应考虑当地地理纬度、地段环境、局部气候特征及建筑用地条件等因素。适宜的朝向不仅可以合理利用太阳辐射,夏季避免过多热量进入舍内,冬季则最大限度地允许太阳辐射进入舍内提高舍温。同时,还能合理利用主风向,改善通风条件,以获得良好的畜禽舍环境。确定畜禽舍最佳朝向很复杂,需要充分了解各地的主导风向,包括风向频率图以及太阳高度角。我们可以根据日照确定畜舍朝向,也要根据通风、排污要求来确定朝向。

4. 畜禽舍间距的确定

排列时畜禽舍与舍之间均有一定距离要求。若距离过大,可能导致占地太多、浪费土地,而且会增加道路、管线等基础设施长度,增加投资,管理也不方便;若距离过小,则将加大各舍间的干扰,对畜禽舍采光、通风防疫、防火等不利。要综合考虑到采光、通风、防疫和消防等因素,来规划设计合适的畜舍间距。

畜禽舍的间距主要由防疫间距来决定。间距的设计可按表7-10、表7-11 参考选用。

表7-10 鸡舍防疫间距 （单位:m）

类别		同类鸡舍	不同类鸡舍	距孵化场
祖代鸡场	种鸡舍	30~40	40~50	100
	育雏、育成舍	20~30	40~50	50 以上
父母代鸡场	种鸡舍	15~20	30~40	100
	育雏、育成舍	15~20	30~40	50 以上
商品鸡场	蛋鸡舍	10~15	15~20	300 以上
	肉鸡舍	10~15	15~20	300 以上

表7-11 猪、牛舍防疫间距 （单位:m）

类别	同类畜舍	不同类畜舍
猪场	10~15	15~20
牛场	10~15	15~20

第四节 畜禽场的配套设施

一、防护措施

为了保证畜禽场防疫安全,避免一切可能的污染与干扰,畜禽场四周要建立较高围墙或防疫沟,以防止场外人员和其他动物进入场区。

在场内各区域间,也可设较小的防疫沟或围墙,或种植隔离林带。不同年龄的畜群,应使它们之间留有足够的卫生防疫距离。

在畜禽场大门及各区域入口处,应设消毒池,人的脚踏消毒槽或喷雾或喷雾消毒室更衣换鞋间等。装设紫外线灭菌灯,应强调照射时间。

二、畜禽运动场

舍外运动场应当选在背风向阳的地方,一般利用畜舍间距,也可在畜舍两侧分别设置。运动场的面积既要能保证畜禽自由活动,又要节约用地,通常家畜运动场的面积按每头家畜所占舍内平均面积的 3～5 倍计算。运动场要平坦,稍有坡度,便于排水与保持干燥。在运动场的西侧及南侧,应设遮阳棚或种植树木,以遮挡夏季烈日。运动场围栏外应设排水沟。

三、道路规划

畜禽场道路包括与外部交通道路联系的场外干道和场区内部道路。场外干道担负着全场的货物和人员的运输任务,路面最小宽度应能保证两辆中型运输车辆的错车,为 6～7m。场内道路的功能不仅是运输,同时也具有卫生防疫作用,因此道路规划设计要满足分流与分工、联系简洁、路面质量、路面宽度和绿化防疫等要求。

道路分类,按功能分为人员出入、运输饲料用的清洁道(净道)与运输粪污、病死畜禽的污物道(污道),有些场还设供畜禽转群和装车外运的专用通道。按道路负担的作用分为主要干道、次要干道和支道。

道路设计标准,清洁道通常是常去的主干道,路面最小宽度要求保障运输车辆通行,单车道宽度 3.5m,双车道 6.0m,易用水泥混凝土路面,也可选择用整齐石块或条石路面,路面横坡(路面横断方向的坡度,即高度与水平距离之比)为 1.0%～1.5%,纵坡(路面纵向的坡度)为 0.3%～8.0%。污道宽度 3.0～3.5m,路面宜用水泥混凝土路面,也可用碎石、石灰渣土路面,但这类面横坡为 2.0%～4.0%,纵坡 0.3%～8.0%。与畜禽舍、饲料库、产品库、兽医建筑物、储粪场等连接的次要干道与支道,宽度一般为 2.0～3.5m。

对道路规划设计的要求有：一是要求净污分开与分流明确；二是要求路线简洁；三是路面质量好，要求坚实、排水良好；四是道路的设置应不妨碍场内排水，路两侧应有排水沟，并应植树；五是道路通常和建筑物长轴平行或垂直布置。

四、场内的排水设施

目的是为了排除雨水、雪水，保持场地干燥卫生。通常在道路一侧或两侧设明沟排水，沟壁、沟底可砌砖、石。

五、储粪池的设置

应设在生产区的下风向，与畜禽舍至少保持 100m 的卫生间距，便于运往农田。储粪池通常深为 1m，宽 9～10m，长 30～50m。底部用黏土夯实或做水泥底。

畜舍的设计要满足畜禽的生产和生活需要，满足动物福利，同时又要便于饲养管理。畜舍设计的内容包括畜舍类型选择、畜舍平面设计、剖面设计和立体设计等。平面设计包括圈栏、舍内通道、门、窗、排水系统、粪尿沟、环境调控设备、附属用房等；剖面设计内容包括确定畜舍各部位、各种构件以及舍内设备或设施的高度尺寸。

主要参考文献

［1］GB/T 17824.3—2008，规模化养猪场环境参数及环境管理［S］.

［2］Lewis，赵晓芳.光照对肉鸡生长速度和饲料利用率的影响［J］.中国家禽，2008,30（1）:39-40.

［3］Noblet J，Le dividich J，Van Milgen J. Thermal environment and swine nutrition. In: Swine nutrion. 2nd edition. CRC Press LLC，2001.

［4］安立龙.家畜环境卫生学［M］.北京:高等教育出版社,2011.02.

［5］蔡长霞.畜禽环境卫生［M］.北京:中国农业出版社,2006.

［6］董红敏.分娩猪舍滴水降温系统试验研究［J］.农业工程学报,1998,14（4）:168-172.

［7］董艳萍,赵凤藜,王欣,等.畜禽舍恶臭污染控制新技术［J］.农业灾害研究,2012,2（04）:39-42.

［8］冯春霞.家畜环境卫生［M］.北京:中国农业出版社,2001.1.

［9］贵州省畜牧兽医学校.家畜环境卫生(第二版)［M］.北京:中国农业出版社,2012.

［10］何晴,董红敏,陶秀萍,等.畜禽场排出空气的净化技术［J］.中国农业气象,2000（4）:18-21.

［11］李保明.家畜环境与设施［M］.北京:中央广播电视大学出版社,2004.

［12］李凯年,逯德山.为畜禽生存、生长与生产构建良好的环境(上)［J］.中国动物保健,2008（12）:15-20.

［13］李凯年,逯德山.为畜禽生存、生长与生产构建良好的环境(下)［J］.中国动物保健,2009（1）:15-22.

［14］李明丽,刘学洪,鲁绍雄.紫外线照射对动物免疫系统影响的研究

进展[J].家畜生态学报,2008,29(4):95-96.

[15]李震钟.家畜环境卫生学附牧场设计[M].北京:中国农业出版社,2000.

[16]李震钟.家畜环境生理学[M].北京:中国农业出版社,1999.

[17]刘鹤翔.家畜环境卫生[M].重庆:重庆大学出版社,2007.

[18]刘虹,陈良惠.我国半导体照明发展战略研究[J].中国工程科学,2011,13(6):39-42.

[19]刘建,张庆才,曾丹,等.LED灯光照对笼养蛋鸡生长发育和生产性能的影响[J].中国家禽,2012,34(10):16-19.

[20]刘卫东,赵云焕.畜禽环境控制与牧场设计[M].郑州:河南科学技术出版社,2012.

[21]马承伟.我国南方地区畜禽舍夏季采用浅层地道风降温问题的探讨[J].农业工程学报,1997,13(S):173-176.

[22]邵燕华.中国南方地区夏季猪舍降温效果的实验研究[M].杭州:浙江大学出版社,2002.

[23]汪开英,代小蓉.畜禽场空气污染对人畜健康的影响[J].中国畜牧杂志,2008(10):32-35.

[24]王清义,王占彬,杨淑娟.光照对仔猪和繁殖母猪的影响[J].黑龙江畜牧兽医,2003,(8):66-67.

[25]魏荣,李卫华.农场动物福利良好操作指南[M].北京:中国农业出版社,2011.

[26]颜培实,李如治.家畜环境卫生学(第四版)[M].高等教育出版社,2011.

[27]张德宁,袁洪波,李丽华.基于STC89C52和TSL2561的鸡舍光照测控系统[J].农机化研究,2011,6:149-152.

[28]张学松.色光对家禽生产的影响[J].中国家禽,2002,24(3):39-41.

[29]赵希彦.畜禽环境卫生[M].北京:化学工业出版社,2009.09.

[30]郑翠芝.畜禽生产环境与环保[M].哈尔滨:哈尔滨地图出版社,2004.